国家科学技术学术著作出版基金资助出版

微生物被膜形成的分子调控与安全控制

徐振波　刘君彦　朱军莉 等　著

科学出版社

北　京

内 容 简 介

本书基于作者对多种常见典型微生物被膜形成的研究,对微生物被膜的定义与形成、表型、基因组学、相关基因的检测、耐药性、形成的影响条件、形成过程的调控机制、成熟与分散脱落的分子调控,以及抑制清除与安全控制等进行详细阐述,以期为读者了解和研究微生物被膜作出详尽、全面的介绍和分析。

本书适合从事微生物和相关领域学习与研究的学生、科研人员参考使用,亦适合从事微生物相关药物研究的专业技术工作者参考阅读。

图书在版编目(CIP)数据

微生物被膜形成的分子调控与安全控制 / 徐振波等著. —北京:科学出版社,2023.6

ISBN 978-7-03-075042-6

Ⅰ.①微… Ⅱ.①徐… Ⅲ.①微生物–包膜–分子机制–研究 Ⅳ.①Q939

中国国家版本馆 CIP 数据核字(2023)第 037194 号

责任编辑:马 俊 高璐佳 / 责任校对:郑金红
责任印制:吴兆东 / 封面设计:无极书装

科学出版社 出版

北京东黄城根北街 16 号
邮政编码:100717
http://www.sciencep.com
北京建宏印刷有限公司印刷

科学出版社发行 各地新华书店经销

*

2023 年 6 月第 一 版 开本:787×1092 1/16
2024 年 1 月第二次印刷 印张:16
字数:379 000

定价:198.00 元
(如有印装质量问题,我社负责调换)

本书著者名单

徐振波　　刘君彦

朱军莉　　杨　亮

龚湘君　　赵喜红

苏健裕　　陈定强

前　言

微生物一般是个体较小、肉眼较难观察的微小生物的统称，一般包括细菌、真菌、病毒与少量藻类等。微生物具有悠久历史，最早出现于约 32 亿年前，且数量众多。据权威专家估计，目前已知的微生物种类已超 10 万种，但可能仅为自然界中的 1%。作为最早出现的生命形式，微生物与地球和人类的发展息息相关。微生物能引起人体多个部位的多种急性与慢性感染等疾病，尤其在抗生素面世前，是引起人类死亡最常见的病原。近年来，由于细菌耐药性而引起广泛重视的"超级细菌"问题凸显。据上海市微生物学会预计，当前"超级细菌"在全球每年约引起 70 万人死亡，而到 2050 年则可能引起多达 1000 万人死亡。但同时，具有益生或食用作用的微生物，如乳酸菌、双歧杆菌等益生菌和酿酒酵母等，也与人类的生活密不可分。近年来，对肠道微生物的研究表明，在人体中长期存在的肠道菌群，与人类的健康更是有紧密联系。因此，多年来，微生物研究一直是生命科学与人类健康的热点。

微生物被膜（microbial biofilm）是微生物最重要的存在方式，自然界超过 90% 的微生物以微生物被膜状态存在，引起超过 65% 的感染性疾病及 80% 的食品加工污染。在细菌耐药性与"超级细菌"方面，以微生物被膜状态存在的微生物具有更高的耐药性和耐压基因水平传播速率。有研究表明，形成微生物被膜后，微生物耐药性可提高 100～1000 倍。微生物领域的许多热点问题，均与微生物被膜相关。著名期刊 Nature 根据微生物领域的研究热点，于 2015 年推出新的子刊 npj Biofilms and Microbiomes，专注于关注微生物被膜与微生物组等热点问题。

本书基于作者前期对多种常见典型微生物的微生物被膜形成的研究，介绍了几种重要"超级细菌"与重要食源性病原微生物如沙门氏菌、阪崎肠杆菌等，微生物被膜形成过程中的表型、基因组等方面的成果；并结合生物信息学与微生物组学分析，阐释了微生物被膜形成的分子调控机制、微生物被膜中的群体微生物、微生物被膜的抑制清除与安全控制等内容。

著　者

2023 年 3 月

目　　录

第一章 微生物被膜概述

1.1 微生物被膜的定义

微生物被膜（microbial biofilm），是微生物最重要的存在形式。自然界中，超过90%的微生物以微生物被膜形式存在，由其引起的人类感染性疾病与食品加工污染分别占65%与80%[1-3]。微生物被膜是微生物在生长过程中为抵抗外界不良环境而相互黏附或黏附于惰性或活性实体表面，同时分泌多糖基质（藻酸盐多糖）、纤维蛋白、脂质蛋白等，将其自身包裹于其中而形成的一种聚集有大量微生物群体的膜状结构，是微生物的一种特殊生存方式[2, 3]。通过采取这种生长方式，与浮游细菌相比，微生物被膜具有多种优势，例如，微生物在形成该状态后，对外界环境的压力（如抗生素、消毒剂、紫外线等）的抵抗能力显著增强；具有更高的耐药性及耐压基因水平传播速率。研究表明，形成微生物被膜后，微生物耐药性可提高100～1000倍。可见，微生物被膜对微生物感染性疾病的治疗与食品工业中的污染的治理造成影响[2, 3]。

1.2 微生物被膜的形成

Costerton等在1999年最早对微生物被膜进行阐述，认为被膜的整个结构可分为游离菌、表层菌和里层菌；游离菌代谢比较活跃，菌体较大；而里层菌被包裹于多糖中，代谢率较低，多处于休眠状态，一般不进行频繁分裂，菌体较小。微生物被膜中的多糖主要是细胞间多糖黏附素（polysaccharide intercellular adhesin, PIA）和多聚N-乙酰葡萄糖胺[2-4]。同时，微生物被膜具有独特的三维结构（图1-1），包括内里的细胞及其分泌的黏性物质和胞外多糖，并具有原始的循环系统特征[3-5]。

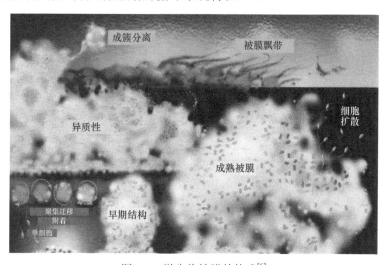

图 1-1 微生物被膜的构成[6]

以金黄色葡萄球菌为例，其微生物被膜的形成是通过两步实现的，包括初始的细菌黏附于表面和后续的微生物被膜形成。后者包括细菌增殖、内部菌体粘连以及胞外多糖分泌等过程。

在第一阶段，金黄色葡萄球菌黏附于接触表面，是微生物被膜形成的最基本条件。早期研究集于该阶段的表型影响因素，如细菌的疏水性、外膜蛋白、表面电荷和结构、接触材料特性、微生物生长特性及外环境因子（pH、温度、流体流速等）等。第二阶段是微生物被膜的形成。该阶段包括三个步骤，首先是细菌增殖；然后是膜内菌体粘连，并在固体表面移动、扩展；最后是胞外多聚物（extracellular polymeric substance，EPS）的形成，形成微菌落。在形成微菌落后，细菌对抗生素和紫外线的抗性、遗传交换效率、降解大分子物质的能力及二级代谢产物的产率得到不同程度的提高。一旦菌体大量分泌胞外多糖，将很快形成由多糖包围的微生物被膜；成熟微生物被膜结构是不均匀的，在微菌落间围绕着输水通道，可以运送养料、酶、代谢产物和排出废物等[1, 2]。Shirtliff和 Leid 认为，在微生物被膜内的微菌落是高度有组织的细菌群体，细菌与细菌之间通过群体感应（quorum sensing）作用进行信息交流[1]。细菌的生长状态从浮游状态到形成微生物被膜，是一个从低密度到高密度、从无组织状态到有组织状态的过程，其中涉及一系列基因的开启或关闭。

因此，微生物被膜形成的动态过程，包括不同种属及不同株微生物间的差异，不同时间与空间的菌体状态，以及多种微生物共同形成的复合微生物被膜，均决定了微生物被膜的状态与特性。后续章节，将着眼于微生物被膜的形成过程，基于作者前期对多种常见典型微生物的微生物被膜形成的研究，如对几种重要的超级细菌与典型食源性微生物如沙门氏菌、阪崎肠杆菌等的微生物被膜形成过程中的表型及基因组等的研究，结合生物信息学与微生物组学分析对微生物被膜形成分子调控机制，微生物被膜中的群体微生物，微生物被膜的抑制清除与安全控制理论等方面展开详细叙述。

参 考 文 献

[1] Shirtliff M, Leid J G. The role of biofilms in device-related infections[M]. Berlin and Heidelberg: Springer-Verlag, 2009.

[2] Costerton J. Introduction to biofilm[J]. International Journal of Antimicrobial Agents, 1999, 11(3-4): 217-221.

[3] Chmielewski R, Frank J. Biofilm formation and control in food processing facilities[J]. Comprehensive Reviews in Food Science & Food Safety, 2010, 2(1): 22-32.

[4] Speranza B, Corbo M, Speranza B, et al. The impact of biofilms on food spoilage[M]. *In*: Bevilacqua A, Corbo M R, Sinigaglia M. The Microbiological Quality of Food. Cambridge: Woodhead Publishing, 2017.

[5] Janssens J, Steenackers H, Robijns S, et al. Brominated furanones inhibit biofilm formation by *Salmonella enterica* serovar typhimurium[J]. Applied & Environmental Microbiology, 2008, 74(21): 6639-6648.

[6] Fux C A, Stoodley P, Hall-Stoodley L, et al. Bacterial biofilms: a diagnostic and therapeutic challenge[J]. Expert Review of Anti-Infective Therapy, 2003, 1(4): 667-683.

第二章　微生物被膜表型

2.1　概　　述

在自然环境和食品工业中，微生物存在方式可分为游离态和生物被膜态，后者是大多微生物存在的主要方式。微生物被膜是微生物附着在表面（活体或非活体表面），借助自身分泌的胞外多糖和细胞外基质，将大量细胞聚集在内的具有复杂立体结构的动态群体生长方式[1]。不同于普通游离状态，微生物被膜中的微生物因其被包裹和外层存在多糖基质，对外界环境的压力（如抗生素、消毒剂、紫外线等）的抵抗能力显著增强，给人类公共卫生和食品安全带来极大的威胁。因此，微生物被膜对食品工业安全及由其引起的细菌性感染治疗造成了一定的影响或困难[2, 3]。

随着研究方法的发展和多学科领域的交叉与拓宽，在过去的几十年中，微生物被膜的定量和定性的研究方法也越来越成熟。这些方法根据原理大致可分为三大类：①基于微生物被膜胞外基质和微生物被膜内的总细胞数量（包括活细胞和死细胞）的定量试验；②基于活细胞的活菌计数试验；③基于微生物被膜胞外基质成分的定量试验。在相关研究中，对微生物被膜的结构、活性，以及细菌组成动态变化规律等方面的研究取得了很大的进展。

微生物被膜定性研究方法主要借助各种染色法（如银染法）、光学和光谱学方法（如光学显微镜和电子显微镜技术等）等进行微生物被膜检查与监测，如 MTT[3-(4,5-二甲基噻唑-2)-2,5-二苯基四氮唑溴盐]/XTT{3,3′-[1-(苯氨酰基)-3,4-四氮唑]-二(4-甲氧基-6-硝基)苯磺酸钠}染色法、二乙酸荧光素（FDA）试验等。而微生物被膜定量的研究方法则包括琼脂平板菌落计数法、结晶紫染色法、1,9-二甲基亚甲蓝（DMMB）试验等。

2.2　微生物被膜总量

2.2.1　CV 染色法检测原理

目前对微生物被膜总量进行检测的方法主要包括结晶紫（crystal violet，CV）染色法及 SYTO9/碘化丙啶（PI）染色法[4]。CV 染色法由 Christensen 等在 1985 年第一次描述，随后经过不断改进得以应用于微生物被膜的定量研究[5]。该法利用结晶紫染料与带负电荷分子结合，可以染细胞和胞外多聚物（extracellular polymeric substance，EPS），最后根据吸光度测定微生物被膜总量。由于细胞（包括活细胞、死细胞）和各种基质都可以被染色，故 CV 染色法被认定是评估微生物被膜的总量的基本染色方法。Pitts 等的研究表明 CV 染色法在测定细菌微生物被膜生物量上具有一定优势，但较难应用于分析微生物被膜的内在功能[6]。

SYTO9 是一种能够对核酸进行染色的荧光染料，它通过被动扩散的方式实现穿过细胞膜与细菌菌体（包括活细胞和死细胞）的 DNA 结合[7]。由于死细胞的细胞膜通透性改变和碘化丙啶（PI）只能穿过不完整的细胞壁的特点，PI 可以进入死细胞实现对死细胞的染色。由于 DNA 也是胞外基质的一部分，因此可以通过 SYTO9 与 DNA 的结合间接反映微生物被膜总生物量的变化规律[8]。

2.2.2 金黄色葡萄球菌微生物被膜总量的检测

2.2.2.1 金黄色葡萄球菌微生物被膜形成能力的研究

本研究中笔者采用结晶紫染色法对 519 株金黄色葡萄球菌微生物被膜的形成能力进行研究，具体方法如下：①取 37℃、180 r/min 条件下振荡过夜培养的菌液稀释 50～100 倍后转至新鲜的胰蛋白胨大豆肉汤培养基（TSB）中再培养 3 h 左右以获得对数生长期的细菌，在 600 nm 可见光下稀释培养液浓度至吸光度为 0.001。②将稀释好的培养液按 200 μL/孔加入无菌 96 孔板中，37℃静置培养 48 h。③培养结束后，先用无菌生理盐水冲洗各孔 3 次，除去杂质和浮游菌，然后用 0.01% 的无菌结晶紫液染色 15 min。④染色结束后，用无菌水洗涤 2 次，最后采用 95% 的乙醇将结晶紫洗脱下来。⑤移取 125 μL 洗脱液于新的酶标板中，于 540 nm 处用酶标仪测定各孔的吸光度。

光密度（optical density，OD）值可以反映细菌微生物被膜在实体表面的黏附程度、积累总量等情况。计算公式如下：

临界 OD 值（OD_C）=阴性对照组的平均值（OD_0）+3×标准差（SD）

相对 OD 值（SI）=微生物被膜平均 OD/OD_C

当 $0 < OD \leqslant 2OD_C$，菌株形成少量微生物被膜；当 $2OD_C < OD \leqslant 4OD_C$，菌株形成中等量微生物被膜；当 $OD > 4OD_C$，菌株形成大量微生物被膜。

当 $0 < SI \leqslant 2$ 时，菌株微生物被膜形成能力较弱（以"+"表示）；当 $2 < SI \leqslant 4$ 时，则微生物被膜形成能力中等（以"++"表示）；当 $SI > 4$ 时，表明微生物被膜形成能力强（以"+++"表示）。

本研究对 519 株金黄色葡萄球菌的微生物被膜总量进行定量检测与分析，结果显示（表 2-1），519 株菌株可在实体表面形成一定量的微生物被膜。其中 65.9%（342/519）的菌株可形成少量微生物被膜，26.4%（137/519）的菌株可形成中等量微生物被膜，而 7.7%（40/519）的菌株可形成大量微生物被膜。

表 2-1 519 株金黄色葡萄球菌微生物被膜的定量检测

菌株	SI（GM±SD）	被膜形成能力	菌株	SI（GM±SD）	被膜形成能力
3548	1.61±0.42	+	111019	0.72±0.02	+
4506	1.70±0.45	+	111073	0.47±0.02	+
4541	1.49±0.47	+	111102	1.25±0.00	+
4567	1.90±0.27	+	111191	2.02±0.01	++
10008	2.75±0.44	++	111228	0.75±0.04	+

菌株	SI（GM±SD）	被膜形成能力	菌株	SI（GM±SD）	被膜形成能力
10012	2.36±0.70	++	111256	1.23±0.04	+
10013	2.17±0.74	++	111312	0.80±0.12	+
10017	1.86±0.81	+	111319	0.73±0.04	+
10023	2.73±0.65	++	111321	1.19±0.01	+
10066	0.74±0.12	+	111379	1.21±0.06	+
10071	1.88±0.52	+	111415	0.44±0.06	+
10103	1.85±0.35	+	111434	0.83±0.01	+
10173	0.93±0.02	+	111786	1.76±0.05	+
10228	0.64±0.01	+	111801	0.46±0.12	+
10243	0.17±0.04	+	111932	3.69±0.07	++
10282	0.88±0.02	+	112175	0.22±0.34	+
10300	1.12±0.05	+	112453	0.63±0.67	+
10318	0.48±0.11	+	112460	1.60±0.55	+
10345	1.73±0.04	+	112498	2.01±0.34	++
10379	1.35±0.29	+	112548	0.97±0.67	+
10383	1.36±0.37	+	112559	2.84±0.55	++
10501	2.64±1.00	++	112622	0.61±0.67	+
10621	3.03±0.28	++	112752	1.14±0.55	+
10713	1.88±0.24	+	112784	0.61±0.01	+
10853	1.75±0.68	+	112865	0.63±0.02	+
10854	2.60±0.56	++	112905	0.88±0.02	+
10864	1.46±0.82	+	112967	0.73±0.12	+
11124	1.61±0.14	+	113017	0.22±0.34	+
11151	1.54±0.33	+	113185	0.96±0.67	+
11175	1.71±0.23	+	113192	2.74±0.55	++
11187	0.66±0.44	+	113245	1.48±0.12	+
11242	1.61±0.20	+	113279	0.71±0.34	+
11246	0.51±0.03	+	113319	1.94±0.67	+
11247	1.34±0.50	+	113332	2.74±0.55	++
11256	0.88±0.14	+	113349	1.60±0.02	+
11260	1.94±0.02	+	113350	0.98±0.12	+
11270	1.16±0.06	+	120018	0.43±0.01	+
12328	2.17±0.17	++	120851	0.42±0.07	+
12353	1.78±0.81	+	120864	0.51±0.02	+
12361	0.41±0.24	+	120866	4.77±0.55	+++
12367	1.19±1.12	+	120911	0.97±0.04	+
12464	2.61±1.08	++	121171	1.47±0.02	+
12513	2.82±0.24	++	121235	1.53±0.42	+
12551	1.17±0.70	+	121335	0.63±0.14	+
12558	0.21±0.50	+	121401	3.78±0.23	++
91569	0.94±0.01	+	121440	0.66±0.05	+

续表

菌株	SI（GM±SD）	被膜形成能力	菌株	SI（GM±SD）	被膜形成能力
91580	0.80±0.16	+	121494	1.06±0.34	+
91581	0.78±1.57	+	121612	0.83±0.67	+
91586	1.09±0.40	+	121667	2.12±0.55	++
91614	2.37±0.01	++	121727	1.19±0.22	+
91615	1.93±0.02	+	121782	2.51±0.25	++
91630	0.98±0.04	+	121871	1.52±0.27	+
91717	1.21±0.07	+	121889	2.25±0.26	++
91724	4.21±0.02	+++	121905	0.44±1.04	+
91771	1.48±0.06	+	121931	3.08±1.26	++
91803	0.43±0.06	+	121936	0.62±0.35	+
91874	2.16±0.05	++	121940	1.50±0.29	+
91918	0.85±0.81	+	121991	1.39±0.31	+
91958	0.50±0.03	+	122084	0.69±0.62	+
91959	1.48±0.02	+	122144	2.79±0.29	++
91986	1.25±0.04	+	122149	0.92±0.01	+
92091	3.71±0.01	++	122244	1.12±0.02	+
92099	1.52±0.02	+	122248	1.01±0.77	+
92132	1.78±0.07	+	122249	1.02±0.35	+
92152	1.39±0.81	+	122818	2.99±0.29	++
92182	1.68±0.10	+	122944	1.65±0.31	+
92192	1.52±0.01	+	122967	1.54±0.62	+
92258	1.64±0.34	+	122993	2.00±0.04	+
92318	1.75±0.01	+	123018	2.31±0.01	++
92901	3.08±0.81	++	123114	1.47±0.09	+
110070	1.11±0.34	+	123151	0.95±0.29	+
110071	1.38±0.20	+	123240	1.52±0.01	+
110112	1.06±0.13	+	123295	2.71±0.07	++
110130	1.39±0.15	+	123310	1.97±0.35	+
110145	1.23±0.15	+	123313	2.30±0.29	++
110146	1.44±0.27	+	123337	2.49±0.31	++
11298	0.56±0.31	+	120077	2.03±0.42	++
110173	0.20±0.11	+	123400	2.14±0.62	++
110174	1.82±0.46	+	123425	1.67±0.01	+
110198	0.16±0.15	+	123492	2.02±1.15	++
110211	0.20±0.03	+	123526	1.02±0.42	+
110281	1.00±0.50	+	123563	2.86±0.35	++
110301	1.29±0.14	+	123569	1.75±0.29	+
110305	0.67±0.02	+	123614	1.63±0.31	+
110317	1.22±0.02	+	123635	2.60±0.62	++
110333	0.52±0.03	+	123786	1.86±0.02	+
110341	2.35±0.02	++	123790	1.72±0.41	+

菌株	SI（GM±SD）	被膜形成能力	菌株	SI（GM±SD）	被膜形成能力
110349	0.97±0.02	+	123873	2.38±0.09	++
110392	0.28±0.02	+	123875	2.59±0.01	++
110397	1.11±0.15	+	129844	1.56±0.14	+
110400	0.54±0.03	+	1111187	1.35±0.01	+
110437	5.63±0.81	+++	1111309	1.22±0.02	+
110457	0.89±0.02	+	1112117	1.39±0.02	+
110510	1.01±0.02	+	1112149	1.34±0.01	+
110573	0.23±0.07	+	1203257	1.37±1.70	+
110576	1.05±0.02	+	1204125	1.25±0.23	+
110592	0.35±0.00	+	1204130	1.99±0.32	+
110596	0.71±0.08	+	1204151	5.64±0.53	+++
110606	0.83±0.02	+	1204160	1.45±0.97	+
110632	1.09±0.02	+	1204189	2.17±0.31	++
110647	0.70±0.15	+	1204207	1.70±0.01	+
110712	1.82±0.02	+	1204244	1.85±0.35	+
110742	0.17±0.15	+	1204347	1.48±1.36	+
110749	1.80±0.02	+	1204480	1.30±0.35	+
110762	0.19±0.00	+	1204522	3.06±1.06	++
110804	0.88±0.04	+	1204553	2.72±0.81	++
110805	0.87±0.11	+	1204586	1.27±0.76	+
110829	1.11±0.04	+	12071013	8.19±0.5	+++
110830	2.08±0.01	++	12071018	1.32±0.58	+
110843	1.76±0.01	+	12071220	2.14±0.01	++
110866	0.99±0.02	+	12071309	1.46±0.98	+
110914	1.32±0.01	+	123821	2.50±0.23	++
123832	3.64±0.03	++	123836	2.28±0.06	++
123856	0.60±0.25	+	130237	2.02±0.38	++
123919	1.02±0.13	+	130270	4.06±0.08	+++
124309	1.28±0.56	+	130408	2.30±0.04	++
124344	0.85±0.12	+	130413	1.86±0.11	+
11403	1.55±0.66	+	120156	1.71±0.04	+
11433	2.00±0.22	+	120157	2.04±0.01	++
11450	1.67±0.01	+	120171	2.07±0.34	++
11580	1.44±1.22	+	120184	3.25±0.19	++
11690	0.37±0.39	+	120297	1.50±0.00	+
11779	0.94±0.90	+	120334	3.35±0.02	++
11887	2.36±0.13	++	120444	1.47±0.03	+
11900	1.22±0.20	+	120551	1.99±0.04	+
11929	1.83±0.03	+	120560	1.47±0.34	+
11932	1.19±0.06	+	120563	1.61±0.67	+
11984	3.10±0.70	++	120608	4.40±0.01	+++

菌株	SI（GM±SD）	被膜形成能力	菌株	SI（GM±SD）	被膜形成能力
11997	1.47±0.25	+	120620	2.91±0.19	++
12019	2.24±0.24	++	120778	1.62±0.22	+
12057	2.15±0.34	++	120789	1.79±0.10	+
12084	2.30±0.01	++	120841	2.63±0.02	++
12310	2.20±0.60	++	120848	3.95±0.02	++
124403	2.63±0.32	++	130489	1.03±0.04	+
124411	3.33±0.18	++	130605	3.33±0.13	++
130148	2.50±0.06	++	130726	0.81±0.61	+
130149	0.86±0.15	+	130765	2.12±0.17	++
130779	0.96±0.01	+	132167	2.12±0.28	++
130810	1.12±0.52	+	132207	0.94±0.34	+
130837	4.22±0.41	+++	132312	0.58±0.63	+
130839	2.12±0.03	++	132350	1.27±0.05	+
130909	0.95±0.02	+	132351	2.43±0.05	++
131028	1.17±0.36	+	132421	1.05±0.43	+
131403	1.25±0.50	+	132439	3.95±0.02	++
131462	1.18±0.18	+	132620	1.20±0.11	+
131518	2.20±0.09	++	132853	1.76±0.14	+
131701	1.86±0.11	+	132874	3.29±0.26	++
131794	1.49±0.21	+	132963	1.79±0.13	+
131855	2.35±0.81	++	133022	2.36±0.34	++
131869	0.61±0.39	+	133044	1.83±0.02	+
131903	2.51±0.58	++	0113090100	2.99±0.02	++
131929	1.15±0.12	+	0114010189	1.19±0.16	+
132040	1.12±0.56	+	0114100823	3.85±0.13	++
132064	0.90±0.05	+	0114110179	4.72±0.19	+++
132111	1.43±0.23	+	0115020262	1.06±0.32	+
132112	1.27±0.22	+	0213111221	1.20±0.16	+
132113	0.89±0.67	+	0214010085	1.12±0.81	+
132115	2.15±0.10	++	0214010361	1.34±0.36	+
132143	0.88±0.06	+	0214030143	1.06±0.13	+
132144	1.57±0.17	+	0214100328	3.82±0.11	++
132166	2.28±0.11	++	0313040200	1.79±0.13	+
0313090170	1.31±0.16	+	0314020764	1.28±0.03	+
0313090397	1.92±0.02	+	0314020780	1.99±0.01	+
0313090538	3.22±0.03	++	0314020842	0.82±0.11	+
0313090539	2.92±0.05	++	0314020918	1.49±0.35	+
0313090595	1.35±0.19	+	0314030256	2.52±0.55	++
0313090902	1.46±0.23	+	0314030635	1.31±0.22	+
0313100305	2.53±0.17	++	0314030668	2.03±0.16	++
0313100395	1.86±0.12	+	0314031279	1.20±0.19	+

菌株	SI（GM±SD）	被膜形成能力	菌株	SI（GM±SD）	被膜形成能力
0313100557	1.32±0.56	+	0314040414	1.56±0.14	+
0313100769	3.38±0.21	++	0314040626	2.81±0.05	++
0313100799	1.30±0.25	+	0314041358	2.10±0.02	++
0313100968	2.13±0.54	++	0314041394	1.11±0.13	+
0313110423	4.85±0.17	+++	0314050181	1.47±0.18	+
0313113664	1.01±0.21	+	0314050250	1.64±0.15	+
0313118898	1.13±0.33	+	0314060583	5.56±0.63	+++
0313118936	1.05±0.09	+	0314060600	1.36±0.51	+
0313118997	0.91±0.14	+	0314060818	2.79±0.39	++
0313120229	0.97±0.06	+	0314070076	3.28±0.02	++
0313120282	1.52±0.03	+	0314070101	4.51±0.65	+++
0313125042	2.18±0.67	++	0314070116	1.23±0.44	+
0313125110	1.61±0.38	+	0314070643	5.55±0.73	+++
0313125286	2.75±0.73	++	0314070886	3.44±0.54	++
0313125369	1.10±0.01	+	0314080419	0.93±0.58	+
0314010616	2.11±0.05	++	0314080481	2.63±0.32	++
0314010789	1.45±0.07	+	0314080565	3.27±0.27	++
0314010966	1.31±0.18	+	0314080825	1.10±0.39	+
0314010973	1.73±0.27	+	0314081004	1.56±0.10	+
0314011194	4.28±0.15	+++	0314081140	1.76±0.16	+
0314011210	1.00±0.46	+	0314081229	5.31±0.30	+++
0314020095	1.74±0.25	+	0314090089	5.50±0.93	+++
0314020129	1.07±0.03	+	0314090194	2.07±0.68	++
0314020325	1.30±0.06	+	0314091229	1.11±0.02	+
0314020333	1.08±0.18	+	0314091441	3.12±0.07	++
0314020556	0.69±0.72	+	0314091450	4.13±0.10	+++
0314020559	1.33±0.43	+	0314091584	2.44±0.16	++
0314020582	0.78±1.12	+	0314091672	3.16±0.11	++
0314091683	0.96±0.62	+	0314092024	3.53±0.39	++
0314091687	6.37±0.28	+++	0314092196	4.82±0.23	+++
0314091729	0.86±0.06	+	0314100034	3.24±0.18	++
0314091756	6.13±0.02	+++	0314100465	3.41±0.35	++
0314091985	3.26±0.02	++	0314100552	3.71±0.13	++
0314101109	4.58±0.14	+++	0315011355	1.61±0.31	+
0314101208	3.65±0.31	++	0315011480	0.89±0.54	+
0314101441	4.11±0.15	+++	0315011498	1.11±0.16	+
0314101559	4.90±0.19	+++	0315011558	2.64±0.18	++
0314101656	5.14±0.71	+++	0315011849	3.97±0.01	++
0314101766	3.43±0.17	++	0315012009	1.02±0.28	+
0314101804	5.19±0.24	+++	0315012570	1.93±0.02	+
0314101916	4.78±0.11	+++	0315012620	1.46±0.17	+

菌株	SI（GM±SD）	被膜形成能力	菌株	SI（GM±SD）	被膜形成能力
0314101923	3.22±0.31	++	0315012678	1.22±0.15	+
0314102028	4.32±0.55	+++	0315020025	1.07±0.19	+
0314110186	1.17±0.02	+	0315022822	1.06±0.05	+
0314110191	5.91±0.04	+++	0315022949	1.91±0.09	+
0314110336	4.81±0.04	+++	0315023185	0.84±0.22	+
0314110371	2.01±0.16	++	0315023284	1.37±0.20	+
0314110599	4.79±0.21	+++	0315023363	0.79±0.67	+
0314110604	1.97±0.02	+	0315023562	2.38±1.02	++
0314110688	4.11±0.63	+++	0315023670	2.95±0.15	++
0314110698	5.78±0.16	+++	0315023732	1.71±0.11	+
0314110773	4.79±0.30	+++	0315023872	0.86±0.74	+
0314110939	1.04±0.47	+	0315024502	1.08±0.71	+
0314111566	3.85±0.06	++	0315024606	1.89±0.05	+
0314111736	4.36±0.13	+++	0315030060	2.60±0.45	++
0314112015	2.87±0.09	++	0315030567	1.00±0.41	+
0314121007	0.87±1.02	+	0315030874	1.53±0.23	+
0314121090	2.43±0.13	++	0315031189	1.40±0.27	+
0314121304	1.05±0.44	+	0315031589	2.10±0.37	++
0314121581	1.36±0.16	+	0315031595	1.12±0.20	+
0314121737	0.95±0.21	+	0315031689	2.97±0.05	++
0314122350	2.94±0.22	++	0315031772	1.34±0.01	+
0314122403	1.13±0.15	+	0315031956	1.12±0.77	+
0314122413	1.27±0.17	+	0315032322	1.08±0.11	+
0314606009	1.24±0.03	+	0315040138	1.47±0.10	+
0315010321	1.57±0.26	+	0315040225	3.05±0.22	++
0315010370	0.90±0.15	+	0315040330	1.11±0.57	+
0315010391	2.16±0.62	++	0315040491	0.99±0.15	+
0315010497	1.41±0.11	+	0315040681	2.98±0.44	++
0315010506	2.25±0.24	++	0513110009	1.60±0.37	+
0315010868	1.23±0.22	+	0513120102	1.24±0.18	+
0315011317	1.31±0.61	+	0514030138	5.60±0.17	+++
0514060141	0.89±0.15	+	0714060046	5.31±0.10	+++
0514070042	4.83±0.17	+++	0714080001	1.06±0.04	+
0514100087	3.00±0.10	++	0714080039	1.51±0.07	+
0515020134	1.18±0.34	+	0714080080	3.47±0.19	++
0613120003	2.25±0.16	++	0714100200	3.46±0.22	++
0614110005	1.27±0.71	+	0714110015	4.36±0.67	+++
0615030008	0.74±0.49	+	0714110017	0.88±1.05	+
0713100037	1.57±0.42	+	0714110051	2.49±0.15	++
0713110008	0.95±0.34	+	0715010070	1.31±0.32	+
0713110012	1.02±0.33	+	0715020022	1.56±0.16	+

续表

菌株	SI（GM±SD）	被膜形成能力	菌株	SI（GM±SD）	被膜形成能力
0713121007	0.98±0.40	+	0715030007	1.03±0.10	+
0714010058	4.40±0.32	+++	9713110004	1.25±0.05	+
0714040085	1.07±0.37	+	9714030095	2.28±0.50	++
0714050001	1.35±0.21	+	9714040027	3.82±0.13	++
0714050086	2.73±0.16	++	9714040212	0.94±0.12	+
0714050112	3.02±0.11	++	9714090175	1.35±0.17	+
0714060031	4.51±0.06	+++	9715020134	3.49±0.03	++
11359	3.14±0.02	++	120113	1.67±0.02	+
9715030041	0.97±0.55	+			

注：GM 表示几何平均数（geometric mean）；SD 表示标准差（standard deviation）

O'Neil 等[9]曾运用 CV 法（CV 微平板分析法）对英格兰当地流行性金黄色葡萄球菌所形成的微生物被膜进行检测分析，结果发现约 9%（10/114）的菌株形成微生物被膜的能力较强；Ha[10]将南澳大利亚地区的 12 株金黄色葡萄球菌菌株置于 96 孔平板中进行 CV 法定量分析，结果发现有 8 株在经过 8 d 的静态培养后形成成熟的微生物被膜，通过激光扫描共聚焦显微镜（CLSM）观察进一步地证实该结果；O'Toole[11]曾探究 CV 法对微生物被膜的定量分析结果，发现 CV 法在微生物被膜的染色定量和定性观察方面均具有一定优势，以上研究与本研究的结果有一定相似性，表明很多地区的金黄色葡萄球菌可形成不同量的微生物被膜。

对 519 株金黄色葡萄球菌微生物被膜进行 CV 法和 XTT 法定量检测，发现所有菌株都具有微生物被膜形成能力，且不同菌株微生物被膜的形成总量和代谢能力均存在一定差异。此外，有 34.0%的菌株在被膜形成总量或者代谢活性水平上表现为中等及以上。

2.2.2.2　不同阶段微生物被膜的形成特性研究

微生物被膜的形成包括细菌初期黏附、菌体聚集增殖、微生物被膜发展成熟、微生物被膜脱落分化等阶段。由于微生物被膜会在不同的途径和时间阶段中形成，因此不同的观察时间会导致检测结果的差异。不同种类的细菌、同一种细菌不同的类型形成微生物被膜所需要的时间均不同，因此食品、医疗等领域多种抗菌措施的制定需考虑时间等因素的影响。本研究以 12 株金黄色葡萄球菌为实验对象，将所有的典型菌株分别进行 8 h、16 h、24 h、48 h 培养，收集不同阶段的微生物被膜，利用结晶紫染色法探究具有不同被膜形成能力的菌株在不同生长阶段的被膜形成特性，结果如图 2-1 所示。

其中，10008 在培养至 8 h、16 h、24 h、48 h 的 OD_{540} 的值分别为 0.1854、0.2033、0.2737、0.3595。10071 在培养上述时间时 OD_{540} 的值分别为 0.1698、0.2342、0.2486、0.2774。10379 在培养上述时间时 OD_{540} 的值分别为 0.2061、0.2318、0.2392、0.3172。11260 在培养上述时间时 OD_{540} 的值分别为 0.1785、0.2063、0.3014、0.3813。12513 在培养上述时间时 OD_{540} 的值分别为 0.2059、0.2344、0.2623、0.3064。110437 在培养上述时间时 OD_{540} 的值分别为 0.2253、0.2595、0.2892、0.3400。110749 在培养上述时间时 OD_{540} 的值分别为 0.1931、0.2885、0.3091、0.3550。120184 在培养上述时间时 OD_{540} 的值分别为 0.2186、

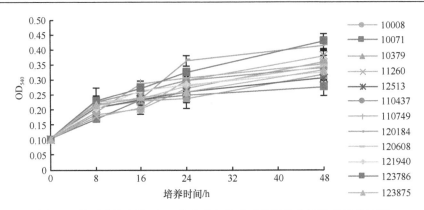

图 2-1　结晶紫染色法对 12 株金黄色葡萄球菌微生物被膜总量的检测

0.2347、0.3651、0.4164。120608 在培养上述时间时 OD_{540} 的值分别为 0.2284、0.2364、0.2820、0.3475。121940 在培养上述时间时 OD_{540} 的值分别为 0.204、0.2659、0.2844、0.3281。123786 在培养上述时间时 OD_{540} 的值分别为 0.2306、0.2745、0.3284、0.4303。123875 在培养上述时间时 OD_{540} 的值分别为 0.2163、0.2425、0.2602、0.3341。结果表明 12 株金黄色葡萄球菌在实体表面都能够形成一定量的微生物被膜，OD_{540} 值从 0.1 增长到 0.16～0.43 不等。这说明，大部分菌株在 0～48 h 内持续增长，在 48 h 后达到最大值。同时，从曲线的斜率来看，大部分菌株在 0～24 h 形成的微生物被膜总量的增速要高于 24～48 h 的增速，如菌株 10008 在 0～24 h OD_{540} 的值从 0.10 增长至 0.27，增长约 1.7 倍；而在 24～48 h OD_{540} 的值从 0.27 增长至 0.36，增长约 0.3 倍。其他菌株增长倍数不一样，但是大体趋势相似。如此说明金黄色葡萄球菌微生物被膜总量在 0～24 h 的增速较快。究其原因，在 8～24 h 金黄色葡萄球菌处在营养物质丰富的新环境，细胞大量增殖，同时也通过新陈代谢活动分泌代谢产物，这使得被膜总量在 0～24 h 的增速较快。而在 24～48 h，环境中的营养物质含量逐渐降低，影响了细菌增殖以及代谢活性，使得微生物被膜总量的增速减慢。这说明，细菌微生物被膜的各阶段形成特性受细菌个体差异的影响，同时，也受到环境条件变化的影响。

2.2.3　铜绿假单胞菌微生物被膜总量的检测

铜绿假单胞菌为条件致病菌，是医院内感染的主要病原菌之一，对化学药物的抵抗力比一般革兰氏阴性菌强大，有些菌株对磺胺、链霉素、氯霉素敏感，但极易产生耐药性。细菌对抗生素的耐药性是临床治疗感染性疾病最棘手的问题，这也导致因感染死亡的人数逐年增加。铜绿假单胞菌的耐药机制异常复杂，其中微生物被膜的形成是产生耐药机制的重要原因之一，从而导致了严重的临床问题，引起许多慢性和难治性感染疾病的反复发作。

笔者检测了 47 株分离于广州医科大学第一附属医院的铜绿假单胞菌菌株。所有菌株培养至对数期，置于 25%甘油于−80℃冻存。37℃下培养。采用结晶紫（CV）染色法对 47 株铜绿假单胞菌菌株进行微生物被膜形成能力研究。具体实验步骤参考了相关文献[12]，并做适量修改：①取对数期的菌液稀释至 $OD_{600}=0.01$；②将稀释好的菌液加入到无菌 96 孔板中，每孔 200 μL，每个菌至少培养 3 孔，孔间隔开，以无菌 TSB 作为阴性对照，封口膜密封，37℃静置培养 48 h；③培养结束后，倒掉多余培养基，无菌生理盐水洗涤 3 次，以除去杂质和浮游菌；以 200 μL/孔加入 99%甲醇，固定微生物被膜 15 min，吸出甲醇，并晾置 15 min；④以 200 μL/孔加入 0.01%结晶紫工作液，染色 15 min；⑤染色结束后，吸出多余结晶紫，并用生理盐水清洗 3 次，以 200 μL/孔加入 95%乙醇洗脱 15 min；⑥转移 100 μL 洗脱液至酶标板中，测量 540 nm 处吸光度；⑦计算：临界 OD 值（OD_C）=阴性对照平均值（OD_0）+3SD，相对 OD 值（SI）=微生物被膜平均 OD/OD_C，当 0<SI≤2 时，菌株微生物被膜形成能力较弱（以"+"表示）；当 2<SI≤4 时，则微生物被膜形成能力中等（以"++"表示）；当 SI>4，表明微生物被膜形成能力强（以"+++"表示）。结果见表 2-2 和图 2-2。

表 2-2　47 株铜绿假单胞菌微生物被膜总量及被膜形成能力的定量检测

菌株	SI（GM±SD）	被膜形成能力	菌株	SI（GM±SD）	被膜形成能力	菌株	SI（GM±SD）	被膜形成能力
1	7.29±0.34	+++	17	18.16±0.15	+++	35	3.90±0.22	++
2	2.83±0.11	++	18	12.59±0.25	+++	36	3.11±0.16	++
3	0.96±0.04	+	19	11.20±0.36	+++	37	1.08±0.12	+
4	3.50±0.09	++	20	11.08±0.25	+++	38	5.01±0.11	+++
5	2.43±0.06	++	21	10.80±0.13	+++	39	3.30±0.06	++
6	11.45±0.08	+++	22	5.96±0.40	+++	40	1.07±0.21	+
7	0.41±0.01	+	23	0.07±0.00	+	41	4.84±0.53	+++
8	6.95±0.07	+++	24	2.05±0.09	++	42	5.28±0.23	+++
9	7.82±0.44	+++	25	7.49±0.30	+++	43	0.10±0.05	+
10	7.39±0.01	+++	26	13.28±0.07	+++	5D5	3.24±0.06	++
11	10.54±0.15	+++	27	2.43±0.04	++	7C7	2.40±0.03	++
12	15.12±0.19	+++	28	6.91±0.10	+++	133	2.15±0.03	++
13	15.57±0.13	+++	29	15.20±0.09	+++	155	5.92±0.21	+++
14	11.62±0.21	+++	30	3.39±0.28	++	HQ	4.34±0.80	+++
15	1.68±0.16	+	31	8.56±0.19	+++	ATCC	10.35±0.17	+++
16	1.40±0.13	+	32	0.63±0.10	+			

三种胞外多糖海藻酸盐、Psl 和 Pel 是组成铜绿假单胞菌微生物被膜胞外基质的重要成分。海藻酸盐是通过 β-1,4 键连接 D-甘露糖醛酸和 L-古洛糖醛酸而形成的共聚物。Psl 是一种电中性五糖，含有 D-甘露糖（30%）、D-葡萄糖（10%）和 L-鼠李糖（10%）。Pel 是由 N-乙酰氨基半乳糖和 N-乙酰氨基葡萄糖组成的带正电荷的多糖。在囊性纤维化患者体内分离出的铜绿假单胞菌一般为黏液型铜绿假单胞菌，能大量分泌海藻酸盐。Ghadaksaz 等报道，104 株铜绿假单胞菌临床菌株中有 50.9%能形成微生物被膜，其中 89.4%能分泌海藻酸盐[13]。Pagedar 和 Singh 在商业乳制品中分离出 40 株铜绿假单胞菌，70.0%能形成强微生物被膜，25.0%形成中等强度微生物被膜[14]。

铜绿假单胞菌虽然是典型被膜形成菌株，但被膜形成能力因菌株不同而不同。本实验对 47 株流行性铜绿假单胞菌微生物被膜进行 CV 法定量检测，结果显示 55.32%（26/47）铜绿假单胞菌能形成强微生物被膜，25.53%（12/47）能形成中等微生物被膜，19.15%（9/47）能形成弱微生物被膜（图 2-2）。铜绿假单胞菌是引起院内感染及食品污染的常见微生物，复杂化的清除方式往往能提升其抵抗外界胁迫的能力，而形成微生物被膜就是铜绿假单胞菌最重要的保护机制。铜绿假单胞菌与其他微生物共同培养，其分泌的胞外分泌物将微生物包裹在内，微生物被膜致密的基质层能帮助菌体抵抗酸、碱、化学物质及抗生素的渗入，增加耐药性，而一旦混合微生物被膜脱落，将造成多微生物污染，为清除带来巨大的挑战。

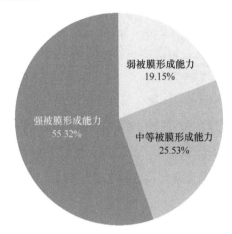

图 2-2　47 株铜绿假单胞菌微生物被膜形成能力分布图

2.2.4　阪崎肠杆菌微生物被膜总量的检测

微生物被膜作为阪崎肠杆菌的一种特殊增殖状态，具有较强的抵抗酸性、碱性、高渗及抗生素等不利生存环境的能力，在食品生产及消费过程中难以清除，且处于被膜增殖状态的微生物依旧可以产生毒素，危害人体健康。同时，由于微生物的个体差异，其微生物被膜形成能力不同，因此需要对不同菌株微生物被膜形成能力进行研究。

2.2.4.1　阪崎肠杆菌微生物被膜形成能力的研究

笔者主要针对两株阪崎肠杆菌 BAA 894 和 s-3（多黏菌素缺陷型菌株）形成被膜的特性进行研究，采用结晶紫染色法对其微生物被膜总量进行确定，采用 96 孔板培养法分别探究了 8 h、16 h、24 h、2 d、3 d、7 d 及 14 d 的微生物被膜总量，结果如图 2-3 所示。

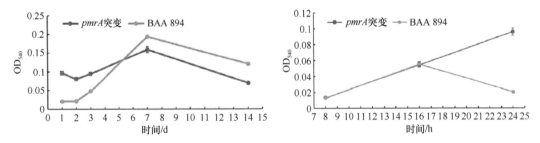

图 2-3　结晶紫染色法测定不同时间阪崎肠杆菌 BAA 894 及其缺陷型菌株（*pmrA* 突变）
微生物被膜形成能力的研究

其中阪崎肠杆菌 *pmrA* 突变菌株在培养 8 h、16 h、24 h、2 d、3 d、7 d、14 d 通过结晶紫染色测得的 OD_{540} 分别为 0.017、0.054、0.1、0.08、0.1、0.14、0.06，其呈现先上升后下降再上升再下降的总体趋势。而阪崎肠杆菌 BAA 894 在培养上述时间的 OD 值分别为 0.017、0.054、0.02、0.02、0.05、0.2、0.12，其呈现的趋势和 *pmrA* 突变菌株类似。在被膜成熟期（1～7 d），阪崎肠杆菌 BAA 894 由 0.02 增长至 0.2，而 *pmrA* 突变体（s-3）对应的 OD 值从 0.1 增长至 0.14，野生型菌株被膜总量的增长速率远大于突变菌株 s-3 的被膜总量增长速率。阪崎肠杆菌 s-3 和 BAA 894 的微生物被膜在附着阶段（0～16 h）持续增加，且在培养 24 h 时，s-3 形成的微生物被膜总量达到 BAA 894 的 5 倍（其中 *pmrA* 突变菌株 OD_{540} 值为 0.1，而 BAA 894 的 OD_{540} 值为 0.02）。在被膜成熟期（1～7 d）和成熟后期（7～14 d），两种菌株微生物被膜总量均呈先上升后下降的趋势，在 14 d 时 s-3 的被膜总量略低于 BAA 894。通过以上实验数据可以看出，*pmrA* 基因在阪崎肠杆菌微生物被膜形成的过程中发挥着一定的作用。

2.2.4.2　扫描电子显微镜观察不同时间段阪崎肠杆菌微生物被膜总量

将阪崎肠杆菌 BAA 894 和 s-3（*pmrA* 突变）分别接种在 6 孔板中培养 16 h、24 h、48 h，收集其形成的微生物被膜于载玻片（1 mm×1 mm），利用 2.5% 戊二醛固定在载玻片上 2.5 h，使细胞形态固定，后将载玻片用蒸馏水洗涤 3 次，每次 5 min，分别利用梯度浓度的乙醇溶液（30%、50%、70%、80%、90% 和 100%）对其进行脱水，脱水后的菌体利用叔丁醇处理 3 次，以除掉其中残留的乙醇溶液，真空干燥过夜。最后，用金薄层溅射涂覆样品，在加速电压 15 kV 条件下利用扫描电镜对被膜进行形貌观察。

在 s-3 和 BAA 894 的扫描电子显微镜（scanning electron microscope，SEM）图像中观察到，其生物膜厚度和结构存在明显差异（图 2-4）。阪崎肠杆菌 s-3 可在玻璃表面形成厚的生物膜并且在 24 h 内覆盖几乎所有的载玻片。而 BAA 894 形成的生物膜较少。基于阪崎肠杆菌生物膜形成过程中微生物被膜总量的变化趋势，可以得出在培养 24 h 时，s-3 形成的微生物被膜总量远远大于 BAA 894 的被膜总量。

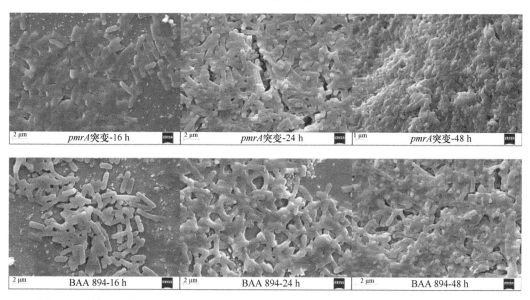

图 2-4　阪崎肠杆菌 s-3 和 BAA 894 在培养 16 h、24 h、48 h 时的扫描电镜图像（5000×）

从以上实验数据可以看出，通过 CV 染色法测定两株阪崎肠杆菌微生物被膜的总量分析，阪崎肠杆菌 *pmrA* 突变在 0～24 h 内能够促进阪崎肠杆菌形成更多的微生物被膜，与 SEM 在 0～24 h 观察的结果相一致。

2.2.5 肺炎克雷伯菌微生物被膜总量的检测

细菌微生物被膜以其独特的生存方式和对人类健康的不利影响越来越引人关注。肺炎克雷伯菌是临床各种标本类型最常检测出的机会致病菌之一，朱冰等采用结晶紫染色法对分离自 2010 年 10 月至 2011 年 12 月的 329 株肺炎克雷伯菌的微生物被膜形成能力进行研究发现，其中 65.05%的肺炎克雷伯菌菌株具有微生物被膜形成能力；对临床分离的各类标本中肺炎克雷伯菌的微生物被膜形成能力进行比较发现，差异无统计学意义[15]。而相关研究表明肺炎克雷伯菌的耐药性升高与 *rpoS* 基因的表达增加密切相关。此外，卢鸿等对 2013 年 5 月至 7 月暴发流行的 15 株广泛耐药型肺炎克雷伯菌和同期分离的 30 株敏感菌株微生物被膜形成能力的差异进行分析发现，15 株广泛耐药肺炎克雷伯菌微生物被膜形成能力按照强、中、弱等级分类后的占比分别为 26.7%、60.0%和 13.3%[16]；敏感菌株微生物被膜形成能力的占比分别为 30.0%、70.0%和 0。经卡方检验和费希尔精确检验（Fisher exact test），广泛耐药型肺炎克雷伯菌与敏感菌株相比，三种等级强度的生物膜形成能力差异无统计学意义。王玎和李兴禄采用结晶紫染色法对 23 株临床分离的肺炎克雷伯菌微生物被膜形成能力的研究结果表明，强、中、弱及不可形成微生物被膜的占比分别为 52.2%、30.4%、13%及 4.4%[17]。该研究结果同卢鸿等的研究结果具有一定的差异性，可能是由于地区不同导致物种之间的差异而造成了微生物被膜形成能力的不同。因此，对各地区的肺炎克雷伯菌微生物被膜形成能力的监控具有一定的现实意义。

2.2.6 白色念珠菌微生物被膜总量的检测

近年来，随着医疗技术的发展，气管插管、支架、静脉留置管、人工瓣膜等植入性材料的运用及介入性检查日益频繁，这些技术在给医患双方带来便利的同时也产生了许多新的问题，其中最引人注意的就是微生物被膜相关感染日渐增多。在关注细菌微生物被膜的同时，研究也发现，近 10 年来白色念珠菌感染与生物医学材料的大范围使用呈平行上升趋势。尤为惊人的是，真菌（主要是白色念珠菌）感染在导管相关感染中居第三位，在条件致病菌感染中居第二位，并且有很高的致死率[18]。由于微生物被膜群体耐药性极强，可以逃避宿主免疫作用，且感染部位难以彻底清除，所以是临床上难治性感染的重要原因之一。

目前对白色念珠菌微生物被膜总量的检测主要是采用结晶紫染色法及干重测定法[19]。干重测定法是从培养皿固体表面将微生物被膜刮下来，并在真空状态下用预先称重过的膜过滤器进行过滤，进而测定微生物被膜的质量。而结晶紫染色法多用于两种或多种微生物与白色念珠菌共同培养时对白色念珠菌微生物被膜形成的抑制作用的探究。如 Rossoni 等在研究乳酸菌或其上清液对白色念珠菌微生物被膜形成的影响时采用结晶紫染色法对微生物被膜进行定量检测，同对照组相比，白色念珠菌微生物被膜总量显著减少，与菌落计数法研究结果相一致[20]。这说明，结晶紫染色也适用于对白色念珠菌微生物被膜总量的定量检测。

2.3 微生物被膜活性

2.3.1 XTT 法检测原理

XTT 是一种四唑氮衍生物，可作为线粒体脱氢酶的作用底物，被活细胞还原成水溶性的橙黄色甲䐶产物。当 XTT 与电子耦合剂，如 5-甲基吩嗪硫酸甲酯（phenazine metho-sulfate，PMS）联合应用时，其所产生的水溶性的甲䐶产物的吸光度与活细胞的数量成正比。因此 XTT 染色法是根据水溶性甲䐶产物的生成量来评估微生物活细胞量的一种定量分析方法[21]。XTT 最早于 1988 年由 Scudiero 等合成并使用。随后该方法被广泛地应用于浮游生物中活细胞、细菌及微生物被膜的定量分析等领域，利用酶标仪在 570 nm 处测定细胞上清液的吸光度来反映活细胞的代谢能力。因此，根据光密度（OD）值推测活细胞的数目，已经被广泛应用在悬浮细胞的定量分析及细菌和酵母微生物被膜的定量研究中。

2.3.2 金黄色葡萄球菌微生物被膜活性的检测

2.3.2.1 金黄色葡萄球菌微生物被膜形成能力检测

笔者以 2009～2016 年于广州医科大学第一附属医院分离的 533 株金黄色葡萄球菌为实验对象，对其微生物被膜活性进行检测。本实验运用 XTT 法并进行适当改进后用于测定金黄色葡萄球菌微生物被膜的活细胞量，以此来评估金黄色葡萄球菌微生物被膜的代谢活性。实验步骤具体如下：①将菌株以 1∶100 的比例加入至 TSB 培养基中，于 37℃、200 r/min 条件下过夜振荡培养。②次日用无菌磷酸盐缓冲液（PBS）洗涤每组菌液，测 600 nm 处吸光度，并在新的 TSB 培养基（60% TSB+0.2%葡萄糖体系）中将其可培养数稀释至 1×10^7 CFU/mL，随后将 100 μL 的稀释菌液加到 96 孔板的每个孔中。③将湿毛巾衬在 96 孔板底部，微开盖子，过夜并慢摇培养（10～20 r/min）。④次日快速倒掉培养基，用 200 μL 的 PBS 冲洗微孔两次，再向每个孔中加入新鲜的 XTT 工作液（提前加入体积分数为 0.1%的甲萘醌）进行染色。⑤用锡箔纸将染色的 96 孔板避光，在 37℃下静置培养 2～4 h，将其中 100 μL 的菌液转移至新的 96 孔板中并在 490 nm 下读吸光度。其中，每个菌株在实验中重复 8 个孔，每次实验均重复 3 次。空白实验采用 200 μL 的培养基，不添加任何菌液。OD 值可以反映细菌微生物被膜中活菌量、菌体代谢活性强弱等情况。依据 SI（相对 OD 值）可对微生物被膜进行分类：0＜SI≤2 为微生物被膜内活菌代谢能力较弱（WMA），2＜SI≤4 为微生物被膜内活菌代谢能力中等（MMA），SI＞4 为微生物被膜内活菌代谢能力较强（HMA）。即 0＜SI≤2 为一般活跃（+），2＜SI≤4 为中等活跃（++），SI＞4 为非常活跃（+++）。结果如表 2-3 所示。

表 2-3　XTT 法对 533 株金黄色葡萄球菌微生物被膜活性的定量检测

菌株	XTT（GM±SD）	被膜内活菌代谢能力	菌株	XTT（GM±SD）	被膜内活菌代谢能力
3548	1.43±0.07	+	111019	1.84±0.31	+
4506	4.96±0.10	+++	111073	0.86±0.32	+
4541	1.13±0.09	+	111102	1.34±0.34	+
4567	0.84±0.02	+	111191	2.06±0.26	++
10008	4.81±0.01	+++	111228	1.84±0.26	+
10012	1.56±0.02	+	111256	0.33±0.26	+
10013	1.71±0.01	+	111312	1.27±0.34	+
10017	5.89±0.11	+++	111319	0.31±0.26	+
10023	0.43±0.02	+	111321	1.88±0.33	+
10066	3.19±0.02	++	111379	1.43±0.13	+
10071	1.11±0.01	+	111415	4.49±0.41	+++
10103	1.72±0.41	+	111434	1.02±0.34	+
10173	0.99±0.32	+	111786	1.17±0.26	+
10228	0.83±0.02	+	111801	0.63±0.34	+
10243	0.35±0.41	+	111932	1.51±0.26	+
10282	0.69±0.02	+	112175	0.54±0.26	+
10300	2.09±0.02	++	112453	0.97±0.26	+
10318	1.39±0.02	+	112460	0.43±0.34	+
10345	1.76±0.04	+	112498	1.70±0.26	+
110173	0.51±0.26	+	123400	0.29±0.13	+
110174	1.63±0.31	+	123425	0.56±0.13	+
110198	1.02±0.41	+	123492	1.51±0.04	+
110211	1.06±0.33	+	123526	0.49±0.04	+
110281	1.32±0.32	+	123563	0.72±0.13	+
110301	1.64±0.34	+	123569	0.56±0.13	+
110305	1.78±0.94	+	123614	0.17±0.13	+
110317	0.92±0.94	+	123635	1.15±0.01	+
110333	0.90±0.41	+	123786	0.65±0.11	+
110341	1.21±0.41	+	123790	1.23±0.13	+
110349	3.09±0.13	++	123873	2.05±0.09	++
110392	1.11±0.94	+	123875	3.91±0.57	++
11151	0.96±0.57	+	113185	1.14±0.34	+
11175	1.68±0.01	+	113192	1.00±0.41	+
11187	2.73±0.07	++	113245	0.97±0.33	+
11242	2.69±0.01	++	113279	0.59±0.26	+
11246	2.46±0.04	++	113319	2.85±0.13	++
11247	1.27±0.03	+	113332	1.90±0.31	+
11256	0.67±0.11	+	113349	1.48±0.07	+
11260	0.31±0.02	+	113350	0.47±0.02	+
11270	0.82±0.01	+	120018	1.71±0.02	+
11298	1.06±0.11	+	120077	1.78±0.13	+

菌株	XTT（GM±SD）	被膜内活菌代谢能力	菌株	XTT（GM±SD）	被膜内活菌代谢能力
11359	4.89±0.03	+++	120113	0.85±0.57	+
11403	1.98±0.10	+	120156	1.35±0.09	+
11433	0.71±0.03	+	120157	1.29±0.07	+
11450	2.45±0.03	++	120171	2.63±0.07	++
11580	1.38±0.01	+	120184	6.28±0.31	+++
11690	0.38±0.26	+	120297	2.13±0.13	++
11779	0.73±0.10	+	120334	1.68±0.13	+
11887	1.96±0.04	+	120444	0.48±0.57	+
11900	0.99±0.01	+	120551	1.26±0.02	+
11929	1.46±0.01	+	120560	1.19±0.32	+
11932	1.76±0.57	+	120563	2.95±0.07	++
11984	0.96±0.11	+	120608	1.53±0.26	+
11997	0.86±0.01	+	120620	0.75±0.31	+
12019	2.69±0.02	++	120778	1.45±0.31	+
12057	0.77±0.01	+	120789	1.6±0.31	+
12084	0.45±0.94	+	120841	2.69±0.11	++
12310	5.88±0.13	+++	120848	2.09±0.31	++
12328	1.02±0.31	+	120851	0.96±0.07	+
12353	1.67±0.07	+	120864	3.76±0.07	++
12361	0.51±0.07	+	120866	2.64±0.32	++
12367	3.47±0.33	++	120911	1.56±0.13	+
12464	1.34±0.94	+	121171	1.39±0.03	+
12513	6.95±0.57	+++	121235	1.87±0.94	+
12551	1.67±0.07	+	121335	0.42±0.10	+
12558	1.4±0.12	+	121401	1.86±0.13	+
91569	2.04±0.57	++	121440	1.29±0.07	+
91580	1.36±0.07	+	121494	1.22±0.13	+
91581	2.39±0.07	++	121612	1.36±0.13	+
91586	1.66±0.33	+	121667	1.05±0.07	+
91614	1.86±0.13	+	121727	1.38±0.01	+
91615	1.87±0.03	+	121782	3.19±0.34	+
91630	1.34±0.03	+	121871	0.58±0.41	+
91717	1.02±0.01	+	121889	6.03±0.13	+
91724	3.91±0.10	++	121905	1.33±0.07	+
91771	1.09±0.01	+	121931	4.93±0.13	+++
91803	0.71±0.01	+	121936	2.19±0.04	++
91874	1.82±0.01	+	121940	2.44±0.02	++
91918	2.18±0.01	++	121991	2.38±0.02	++
91958	1.42±0.01	+	122084	1.28±0.13	+
91959	1.87±0.94	+	122144	1.06±0.04	+
91986	5.84±0.26	+++	122149	0.54±0.13	+

菌株	XTT（GM±SD）	被膜内活菌代谢能力	菌株	XTT（GM±SD）	被膜内活菌代谢能力
92091	2.83±0.32	++	122244	3.80±0.04	++
92099	0.91±0.13	+	122248	1.13±0.04	+
92132	1.16±0.07	+	122249	3.24±0.11	++
92152	1.19±0.94	+	122818	0.50±0.02	+
92182	1.60±0.26	+	122944	1.97±0.03	+
92192	1.42±0.33	+	122967	4.09±0.13	+++
92258	1.40±0.13	+	122993	6.04±0.13	+++
92318	1.58±0.34	+	123018	0.25±0.04	+
92901	2.02±0.13	++	123114	0.38±0.04	+
110070	1.03±0.34	+	123151	0.22±0.13	+
110071	1.91±0.13	+	123240	0.55±0.13	+
110112	0.89±0.41	+	123295	1.06±0.04	+
110130	2.53±0.34	++	123310	0.66±0.11	+
110145	1.66±0.13	+	123313	3.60±0.02	++
110146	1.44±0.94	+	123337	1.08±0.03	+
110400	2.01±0.33	++	1111187	1.22±0.10	+
110400	2.01±0.33	++	1111187	1.22±0.10	+
110437	0.79±0.13	+	1111309	1.68±0.57	+
110457	0.73±0.34	+	1112117	0.94±0.09	+
110510	2.06±0.07	++	1112149	1.86±0.09	+
110573	0.97±0.26	+	1203257	2.27±0.09	++
110576	0.93±0.32	+	1204125	0.93±0.10	+
110592	0.29±0.41	+	1204130	2.81±0.10	++
110596	1.72±0.33	+	1204151	1.80±0.57	+
110606	1.32±0.32	+	1204160	0.90±0.57	+
110632	0.88±0.32	+	1204189	1.83±0.57	+
110647	1.03±0.13	+	1204207	1.11±0.10	+
110712	2.51±0.33	++	1204244	0.57±0.10	+
110742	0.48±0.32	+	1204347	0.97±0.09	+
110749	0.85±0.11	+	1204480	3.02±0.09	++
110762	1.65±0.02	+	1204522	1.91±0.09	+
110804	1.79±0.31	+	1204553	1.85±0.57	+
110805	1.32±0.07	+	1204586	1.26±0.02	+
110829	0.96±0.32	+	12071013	3.72±0.13	++
110830	1.38±0.04	+	12071018	1.49±0.13	+
110843	0.93±0.31	+	12071220	0.99±0.11	+
110866	1.35±0.07	+	12071309	1.05±0.13	+
110914	1.02±0.02	+	123821	2.37±0.22	++
10379	3.68±0.02	++	112548	3.24±0.33	++
10383	2.56±0.11	++	112559	1.14±0.13	+
10501	0.33±0.11	+	112622	1.08±0.41	+

续表

菌株	XTT（GM±SD）	被膜内活菌代谢能力	菌株	XTT（GM±SD）	被膜内活菌代谢能力
10621	1.26±0.03	+	112752	1.04±0.34	+
10713	1.20±0.01	+	112784	0.91±0.26	+
10853	1.56±0.03	+	112865	0.36±0.34	+
10854	2.20±0.33	++	112905	1.35±0.33	+
10864	0.87±0.04	+	112967	1.12±0.94	+
11124	2.21±0.13	++	113017	1.31±0.33	+
110397	0.93±0.94	+	129844	0.58±0.09	+
123832	8.78±0.15	+++	131794	2.10±0.08	++
123836	2.37±0.21	++	131855	3.30±0.19	++
123856	2.35±0.05	++	131869	3.24±0.14	++
124309	1.63±0.17	+	131929	2.18±0.16	++
124344	6.75±0.28	+++	132040	1.84±0.11	+
124403	2.97±0.06	++	132064	4.14±0.25	+++
124411	5.02±0.02	+++	132111	2.05±0.44	++
130148	6.06±0.36	+++	132112	1.54±0.36	+
0314110773	1.89±0.11	+	0315023872	2.70±0.06	++
0314110939	1.44±0.27	+	0315024502	1.71±0.02	+
0314111566	3.46±0.33	++	0314121304	3.53±0.35	++
0314111736	2.90±0.19	++	0314121581	1.61±0.23	+
0314112015	2.70±0.55	++	0314121737	0.93±0.45	+
0314121007	3.64±0.17	++	0315030874	4.63±0.11	+++
0314121090	4.35±0.12	+++	0315031189	1.20±0.13	+
0514070042	4.82±0.25	+++	0714080080	2.24±0.27	++
0514100087	2.39±0.05	++	0714100200	3.33±0.16	++
0515020134	2.07±0.29	++	0714110015	3.26±0.02	++
0613120003	1.45±0.31	+	0714110017	3.09±0.03	++
0714110051	4.65±0.22	+++	9714040027	7.93±0.07	+++
0715010070	3.65±0.20	++	9714040212	2.11±0.31	++
0715020022	4.27±0.67	+++	9714090175	1.87±0.12	+
0715030007	2.38±0.15	++	9715020134	3.31±0.26	++
130810	1.44±0.07	+	132421	4.52±0.11	+++
130837	2.81±0.19	++	132439	3.94±0.05	++
130839	6.34±0.56	+++	132620	2.20±0.33	++
130909	2.22±0.11	++	132853	2.09±0.52	++
131028	4.22±0.93	+++	132874	3.56±0.43	++
131403	2.70±0.43	++	132963	2.61±0.24	++
131462	3.20±0.33	++	133022	2.65±0.28	++
131518	2.50±0.15	++	133044	7.54±0.47	+++
131701	1.65±0.10	+	0113090100	2.74±0.32	++
0114010189	1.54±0.34	+	0314020095	1.60±0.16	+
0114100823	4.46±0.55	+++	0314020129	2.29±0.12	++

菌株	XTT（GM±SD）	被膜内活菌代谢能力	菌株	XTT（GM±SD）	被膜内活菌代谢能力
0114110179	2.76±0.27	++	0314020325	2.85±0.03	++
0115020262	2.14±0.22	++	0314020333	2.44±0.02	++
0213111221	1.20±0.63	+	0314020556	2.90±0.18	++
0214010085	1.67±0.32	+	0314020559	2.35±0.12	++
0214010361	1.88±0.05	+	0314020582	3.07±0.25	++
0214030143	2.69±0.01	++	0314020764	7.56±0.14	+++
0214100328	2.77±0.62	++	0314020780	2.02±0.37	++
0313040200	3.28±0.60	++	0314020842	4.51±1.07	+++
0313090170	2.65±0.44	++	0314020918	2.55±0.18	++
0313090397	3.51±0.21	++	0314030256	5.71±0.34	+++
0313090538	3.05±0.15	++	0314030635	4.67±0.55	+++
0313090539	2.89±0.10	++	0314030668	1.96±0.02	+
0313090595	1.98±0.01	+	0314031279	4.04±0.76	+++
0315031589	3.55±0.25	++	0614110005	3.00±0.23	++
0315031595	2.92±0.09	++	0615030008	2.21±0.53	++
0315031689	2.67±0.63	++	0713100037	3.66±0.12	++
0315031772	1.91±0.05	+	0713110008	0.77±0.75	+
0315031956	3.61±0.25	++	0713110012	0.91±0.48	+
0315032322	2.35±0.42	++	0713121007	0.47±0.19	+
0315040138	3.61±0.13	++	0714010058	1.87±0.12	+
0315040225	2.08±0.16	++	0714040085	2.45±0.15	++
0315040330	0.88±0.28	+	0714050001	1.71±0.03	+
0315040491	1.76±0.22	+	0714050086	2.29±0.07	++
0315040681	2.27±0.07	++	0714050112	4.30±0.12	+++
0513110009	2.69±0.05	++	0714060031	3.61±0.26	++
0513120102	1.79±0.17	+	0714060046	2.71±0.83	++
0514030138	0.94±0.44	+	0714080001	2.17±0.24	++
0514060141	1.70±0.21	+	0714080039	2.05±0.36	++
0313090902	1.40±0.17	+	0314040414	2.46±0.47	++
0313100305	2.05±0.38	++	0314040626	3.84±0.05	++
0313100395	3.32±0.22	++	0314041358	4.59±0.02	+++
0313100557	2.57±0.70	++	0314041394	0.90±0.25	+
0313100769	4.47±0.56	+++	0314050181	2.14±0.13	++
0313100799	2.93±0.12	++	0314050250	7.53±0.11	+++
0313100968	1.84±0.16	+	0314060583	2.72±0.23	++
0313110423	5.16±0.11	+++	0314060600	1.05±0.38	+
0313113664	0.66±0.09	+	0314060818	2.30±0.42	++
0313118898	1.19±0.53	+	0314070076	5.19±0.26	+++
0313118936	1.23±0.42	+	0314070101	3.66±0.04	++
0313118997	1.12±0.10	+	0314070116	2.50±0.08	++
0313120229	1.22±0.04	+	0314070643	2.30±0.23	++

续表

菌株	XTT（GM±SD）	被膜内活菌代谢能力	菌株	XTT（GM±SD）	被膜内活菌代谢能力
0313120282	1.30±0.66	+	0314070886	4.47±0.92	+++
0313125042	3.05±0.25	++	0314080419	1.58±0.36	+
0313125110	2.72±0.62	++	0314080481	3.00±0.28	++
0313125286	2.14±0.31	++	0314080565	2.00±0.34	++
0313125369	1.11±0.86	+	0314080825	4.15±0.47	+++
0314010616	2.09±1.10	++	0314081004	4.02±0.13	+++
0314010789	2.34±0.15	++	0314081140	3.39±0.55	++
0314010966	2.21±0.23	++	0314081229	2.69±0.01	++
0314010973	1.49±0.44	+	0314090089	3.59±0.03	++
0314011194	2.78±0.16	++	0314090194	2.20±0.18	++
0314011210	1.01±0.54	+	0314091229	1.45±0.12	+
0315031595	2.92±0.10	++	0615030008	2.21±0.66	++
0315031689	2.67±0.07	++	0713100037	3.66±0.32	++
0315031772	1.91±0.05	+	0713110008	0.77±0.44	+
0315031956	3.61±0.16	++	0713110012	0.91±0.71	+
0315032322	2.35±0.13	++	0713121007	0.47±0.54	+
0315040138	3.61±0.03	++	0714010058	1.87±0.17	+
0315040225	2.08±0.08	++	0714040085	2.45±0.11	++
0315040330	0.88±0.23	+	0714050001	1.71±0.16	+
0315040491	1.76±0.12	+	0714050086	2.29±0.12	++
0315040681	2.27±0.27	++	0714050112	4.30±0.27	+++
0513110009	2.69±0.11	++	0714060031	3.61±0.12	++
0513120102	1.79±0.08	+	0714060046	2.71±0.15	++
0514030138	0.94±0.16	+	0714080001	2.17±0.26	++
0514060141	1.70±0.12	+	0714080039	2.05±0.44	++
0314091441	3.78±0.15	++	0314121304	1.65±0.35	+
0314091450	4.70±0.03	+++	0314121581	2.16±0.98	++
0314091584	2.33±0.47	++	0314121737	3.54±0.37	++
0314091672	4.76±0.55	+++	0314122350	0.92±0.24	+
0314091683	1.14±0.32	+	0314122403	2.90±0.12	++
0314091687	3.89±0.06	++	0314122413	3.74±0.03	++
0314091729	2.93±0.25	++	0314606009	6.54±0.05	+++
0314091756	2.37±0.84	++	0315010321	1.86±0.12	+
0314091985	4.13±0.56	+++	0315010370	0.98±0.16	+
0314101559	2.32±0.26	++	0315011558	2.16±0.82	++
0314101656	2.28±0.22	++	0315011849	2.67±0.75	++
0314101766	2.85±0.11	++	0315012009	1.20±0.23	+
0314101804	2.91±0.75	++	0315012570	0.76±0.22	+
0314101916	3.81±0.06	++	0315012620	2.68±0.05	++
0314101923	3.11±0.07	++	0315012678	1.25±0.12	+
0314102028	2.87±0.03	++	0315020025	2.88±0.15	++

菌株	XTT（GM±SD）	被膜内活菌代谢能力	菌株	XTT（GM±SD）	被膜内活菌代谢能力
0314110186	2.62±0.03	++	0315022822	2.63±0.17	++
0314110191	2.12±0.27	++	0315022949	2.05±0.12	++
0314110336	2.36±0.23	++	0315023185	1.55±0.28	+
0314110371	2.36±0.52	++	0315023284	1.50±0.37	+
0314110599	4.49±0.34	+++	0315023363	5.01±0.75	+++
0314110604	7.81±0.65	+++	0315023562	3.81±0.14	++
0314110688	3.06±0.13	++	0315023670	2.22±0.23	++
0314110698	3.01±0.19	++	0315023732	1.07±0.18	+
0315031589	3.55±0.17	++	0614110005	3.00±0.33	++
130149	2.26±0.62	++	132113	2.43±0.65	++
130237	1.39±0.44	+	132115	3.08±0.55	++
130270	4.62±0.27	+++	132143	2.55±0.43	++
130408	3.00±0.31	++	132144	3.64±0.27	++
130413	2.05±0.56	++	132166	3.10±0.36	++
130489	2.64±0.33	++	132167	1.74±0.32	+
130605	4.85±0.15	+++	132207	10.37±0.14	+++
130726	2.07±0.06	++	132312	2.58±0.17	++
130765	1.84±0.15	+	132350	2.61±0.28	++
130779	1.81±0.11	+	132351	2.48±0.07	++
9713110004	2.12±0.27	++	9715030041	1.87±0.08	+
9714030095	7.93±0.32	+++			

本实验对 533 株金黄色葡萄球菌的微生物被膜内活菌代谢活性进行定量检测与分析，结果显示（表 2-3），533 株菌株在实体表面形成的微生物被膜中菌体均具有一定的新陈代谢活跃能力。其中 51.4%（274/533）的菌株可形成活跃能力一般的微生物被膜、38.5%（205/533）的菌株可形成活跃能力中等的微生物被膜，而 10.1%（54/533）的菌株可形成活跃能力非常高的微生物被膜。Cerca 等[22]曾运用 XTT 法对凝固酶阴性葡萄球菌（CoNS）的微生物被膜状态进行定量分析，发现 XTT 法测得的微生物被膜活性与标准的菌落计数结果相一致，因此该方法适用于微生物被膜中细菌活性、抗生素抑菌能力的定量分析；Peters 等[23]2013 年运用 XTT 法探究了乙醇对金黄色葡萄球菌和白色念珠菌混合微生物被膜模型的杀菌能力，发现 50%的乙醇作用处理 4 h 可抑制金黄色葡萄球菌的生长，表明 XTT 法在国外已广泛用于探究一些细菌的新陈代谢能力；另一项研究表明，金黄色葡萄球菌形成微生物被膜能力的强弱与表面蛋白基因 *fnbB* 和基因组岛 SCC*mec* 类型有关，因此不同金黄色葡萄球菌所形成的微生物被膜在代谢能力上存在一定差异。

2.3.2.2　XTT 法对 12 株金黄色葡萄球菌不同阶段微生物被膜代谢活性的检测

应用 XTT 法对 12 株金黄色葡萄球菌不同阶段微生物被膜代谢活性进行检测，结果如图 2-5 所示。121940 在培养时间为 8 h、16 h、24 h、48 h 测得 OD_{490} 值分别为 0.2074、0.2149、0.3007、0.2503；12513 在培养时间为 8 h、16 h、24 h、48 h 测得 OD_{490} 值分别为 0.2585、0.2698、0.3435、0.2957；110749 测得的 OD_{490} 值为 0.1936、0.2913、0.3287、

0.2729；菌株 123786 测得的 OD_{490} 值为 0.2010、0.2998、0.3220、0.2859。菌株 121940、12513、110749 与 123786 有相似的微生物被膜活性变化曲线，呈现先上升后下降的趋势，且在培养 24 h 时微生物被膜活性达到最高。究其原因，在 8～24 h 外界环境适宜，营养丰富，菌体开始不断繁殖并附着在实物表面从而引起活性的升高。而一些菌株在 8～16 h 的活性增长速度要低于 16～24 h，可能是因为在前一阶段菌体更倾向于在实物表面聚集，当在表面的菌体达到一定数量时才开始大量繁殖。但是随着时间的推移，即在 24～48 h，微生物被膜的活性有所减弱，可能是因为活菌数量有所减少或是菌体代谢变慢，而这可能与微生物被膜的脱落相关。可能由于不同菌株的差异性，菌株 11260、110437 与 121940、12513 等菌株稍有区别，其微生物被膜活性均在 16 h 时达到峰值，随后略有降低。而菌株 120608 的微生物被膜活性趋于持平，并未出现明显的变化。10008 在培养时间为 8 h、16 h、24 h、48 h 测得 OD_{490} 值分别为 0.2098、0.2101、0.4232、0.3319；菌株 10071 在培养时间为 8 h、16 h、24 h、48 h 测得 OD_{490} 值分别为 0.1942、0.3077、0.4835、0.3290，而菌株 10379 则为 0.1543、0.1747、0.4283、0.2720。10008、10071、10379 在培养时间 0～24 h 内的 OD_{490} 值急速上升，即微生物被膜活性快速增加。这可能是由于在该时间段，外界环境适宜菌体生长，使得菌体快速繁殖并附着于实物表面从而引起微生物被膜的活性升高。微生物被膜外层细菌比较容易获得营养，且代谢产物可以顺利排出，因此此时代谢活跃，被膜活性快速增加。但当培养时间在 24～48 h 时被膜活性降低，可能是因为外层细菌对营养的消耗导致菌体的代谢趋于缓慢，或是被膜底层细菌周围堆积大量的代谢产物，使得细菌处于休眠状态。

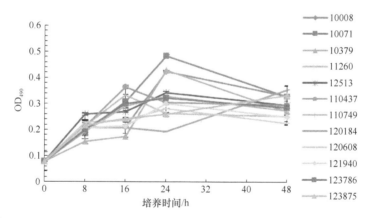

图 2-5　XTT 法对 12 株金黄色葡萄球菌不同阶段微生物被膜代谢活性的检测

　　总体而言，12 株金黄色葡萄球菌被膜活性的变化趋势基本为先增加后缓慢降低。这可能是由于初期被膜外层的菌体能够充分与外界进行物质交换，而到中后期微生物被膜活性的减弱可能是由于营养物质的消耗或菌体自身代谢减缓，或与被膜脱落相关。但是不同菌株形成微生物被膜的活性也存在着一定的差异，例如，120184 与 123875 在 0～48 h 内微生物被膜活性基本呈现上升的趋势。

2.3.3　铜绿假单胞菌微生物被膜活性的检测

　　目前对铜绿假单胞菌微生物被膜活性的检测主要采用菌落计数法、SYTO9 染色结合荧光显微镜观察及 MTT 染色法。由于铜绿假单胞菌是一种产多糖较多的微生物，采用微孔板培养结合 XTT/MTT 染色对其微生物被膜活性进行评价的稳定性较差，会造成一定的误差。笔者则通过使用一种聚碳酸酯膜，将膜光滑面向上置于固体平板上，随后将菌液滴至聚碳酸酯膜表面。将培养完毕的菌落被膜连同聚碳酸酯膜转移到 PBS 中，用超声破碎仪使菌落被膜从聚碳酸酯膜中脱落并分散，仪器参数为 125 W、20 kHz，超声 5 s，停止 5 s，循环三次。超声完毕的微生物被膜菌液用混匀仪在最高速率下混匀 2 min。分散完毕的菌液采用平板计数法统计其可培养数。以此对铜绿假单胞菌微生物被膜活性进行评价。进行一定次数的实验后发现，此方法的准确度较高，重复性较好，同微孔板培养结合 MTT/XTT 染色法相比具有一定的优势。采用 SYTO9 染色结合荧光显微镜观察操作简单，耗时较短，对铜绿假单胞菌微生物被膜活性评价具有一定的优势，但同时其成本相对于其他两种方法较高。Wu 等使用 SYTO9/PI 染料（LIVE/DEAD Baclight 细菌活力试剂盒）对铜绿假单胞菌形成的微生物被膜进行染色，并在 CLSM 下观察黏附活细菌比例（绿色荧光）和微生物被膜的特征，从而探究壳聚糖/聚乙烯醇薄膜对铜绿假单胞菌 PAO1 微生物被膜形成的抑制作用[24]。有研究采用 CLSM 结合活力染色方法评估了 24 h、48 h 和 72 h 时间点 CH60：聚乙烯醇（PVA）40 薄膜、聚乙烯蜡 CH100 薄膜、聚丙烯（PP）和聚酯（FP）上存活细菌的结构和分布，实验结果与预测一致，结果显示 PP 和 FP 中表现出细菌聚集和生物膜形成的具有明亮荧光的区域大于 CH100 膜和 CH60：PVA40 膜。与其他测试样品相比，CH60：PVA40 膜上黏附细胞的数量明显减少，说明使用 SYTO9 染料结合 CLSM 观察荧光区域从而检测微生物被膜活性的方法也具有较高的准确性。

2.3.4 阪崎肠杆菌微生物被膜活性的检测

利用改进后的 XTT 染色法测定被膜活性。同被膜总量测定方法类似，将阪崎肠杆菌 BAA 894 和 s-3（多黏菌素缺陷型菌株）隔夜培养，后接种到新鲜的 TSB 液体培养基（按 1：50 稀释），培养至对数期，随后进行离心沉淀，倒掉上清液，将沉淀用 1 mL PBS 重悬，并利用多功能酶标仪测定其在 600 nm 处的 OD 值，基于 OD_{600} 值将细菌溶液稀释至 10^7 CFU/mL。将稀释后的菌液接种到 96 孔板中并在 37℃ 下分别培养 8 h、16 h、24 h、2 d、3 d、7 d、14 d（70 r/min），在最后 2 h 时将 XTT（Promega Corporation，US）工作液加入 96 孔板中，37℃ 避光培养，测定其 OD_{490}，即代表所测被膜活性。

结果如图 2-6 所示，突变菌株 s-3 在培养 8 h、16 h、24 h、2 d、3 d、7 d、14 d 通过 XTT 染色法测得 OD_{490} 值分别是 3.8、2.5、1.0、1.5、1.4、1.2、1.0。微生物被膜活性呈现先下降后上升最后下降的趋势，其中培养 8 h 的微生物被膜活性最高。野生型菌株 BAA 894 通过 XTT 染色法测得 OD_{490} 值分别是 3.6、3.8、4.8、2.6、2.5、1.6、1.6，呈现先上升后下降的趋势，在培养 24 h 时被膜活性最高。BAA 894 和 s-3 的微生物被膜活性在附着阶段（0～24 h）分别呈现上升和下降趋势，且在 24 h 时，BAA 894 形成微生物被膜的活性可达 s-3 被膜活性的 5 倍（s-3 培养 24 h XTT 染色法测得 OD_{490} 的值为 1.0，而 BAA 894 测得 OD_{490} 的值为 4.8）。在被膜成熟期（1～7 d）及成熟后期（7～14 d），s-3 的被膜活性呈现先上升后下降的趋势，而 BAA 894 的被膜活性持续下降，s-3 被膜活性略低于 BAA 894。基于阪崎肠杆菌生物膜形成过程中微生物被膜总量及活性的变化趋势,可以得出在培养 24 h 时,s-3 形成的微生物被膜总量远远大于 BAA 894 的被膜总量,但其活性低于 BAA 894 形成的微生物被膜活性。

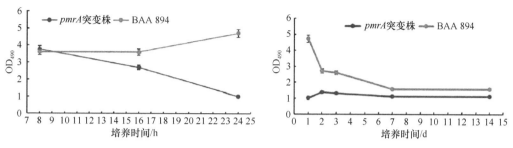

图 2-6　XTT 染色法测定阪崎肠杆菌 BAA 894 及 *pmrA* 突变菌株被膜活性

2.3.5　肺炎克雷伯菌微生物被膜活性的检测

Ahmed 等[25]研究氯己定结合金纳米粒（Au-CHX）对肺炎克雷伯菌微生物被膜的抑制作用,使用 MTT 染色法测定了肺炎克雷伯菌微生物被膜的活性及氯己定结合金纳米粒对其活性的抑制效果。实验评估了 20 个临床菌株和 1 个参考菌株肺炎克雷伯菌（ATCC13882）的生物膜形成。MTT 测定显示对于 ATCC13882 和临床分离菌株,在 Au-CHX 为 18 μmol/L 和 100 μmol/L 的浓度下,其被膜活性降低了 80%～90%。25 μmol/L 的 Au-CHX 显著降低肺炎克雷伯菌 ATCC13882 菌株微生物被膜活性至 85%,在浓度为 100 μmol/L 时,它显著地将所有三种临床分离菌株 KP1、KP2 和 KP3 的微生物被膜活性减少了约 90%。实验结果表明,与氯己定相比,合成的纳米颗粒能够在微摩尔浓度下抑制微生物被膜的形成。

2.3.6　白色念珠菌微生物被膜活性的检测

目前学者对白色念珠菌微生物被膜活性检测的主要方法包括 XTT 染色法、菌落计数法及通过 SYTO9 染色结合激光共聚焦显微镜评价法。Matsubara 等使用 XTT 染色法、菌落计数法及激光共聚焦显微镜法三种方法研究了多种乳酸菌对白色念珠菌微生物被膜生长、细菌黏附及成熟过程的抑制效果[26]。三种方法的结果表明,乳酸菌在白色念珠菌微生物被膜形成的黏附阶段具有较好的抑制作用,具有较高的一致性,说明 XTT 染色法适用于对白色念珠菌微生物被膜活性的检测。Yang 等使用 CLSM 方法观察 37℃温育下 24 h 后的白色念珠菌微生物被膜,进行 xyz 模式扫描得到的结果与 XTT 还原测定的数据高度一致。数据显示高氯酸盐在生物膜形成期间显著降低白色念珠菌细胞的活力,而 CLSM 显微镜观察也证实了代谢活性测定结果,进一步明确了两种方法检测白色念珠菌微生物被膜活性的准确性[27]。

2.4　微生物被膜基质

2.4.1　检测原理

微生物被膜基质（microbial biofilm matrix）是由微生物细胞分泌的黏性的胞外多聚

物（EPS），EPS 再将菌细胞包裹于其中进而形成微生物被膜。在微生物被膜中，菌体本身所占比例不超过微生物被膜干重的 10%，而基质则超过了 90%。微生物被膜基质由多种成分组成，主要包括多糖、蛋白质、核酸、脂质及水[28]，在整个微生物被膜成熟的过程中发挥着十分重要的作用，因此对微生物被膜基质的定量研究具有十分重要的意义。

相关研究发现 1,9-二甲基亚甲蓝（DMMB）能够和微生物被膜胞外基质的硫酸聚糖络合形成一种不溶性的复合物，通过添加一种解聚试剂来间接测定和衡量微生物被膜中硫酸聚糖的含量。此外，国内外学者采用色氨酸定量试验对微生物被膜中的多糖蛋白复合物进行测定，利用酶标仪读取光密度值后求得多糖蛋白复合物的相对含量。

2.4.2　主要应用

在 Barbosa 等对传统的 DMMB 测定方法进行改进之后，特异性和敏感性更高的改良 DMMB 法试用于检测多种培养物中的葡糖氨基葡聚糖（GAG），如研究微生物被膜形成的调控机制及定量表征抗生素对微生物被膜基质形成的抑制作用[29]。此外，Farndale 等创建了一种新的 DMMB-刃天青（resazurin）微量滴定板模型用于检测金黄色葡萄球菌的微生物被膜[30]。

2.5　微生物被膜形态

2.5.1　光学显微镜

笔者曾使用光学显微镜观察右旋龙脑（NB）、溶菌酶（lysozyme，Lse），以及右旋龙脑和溶菌酶联合使用对金黄色葡萄球菌微生物被膜的抑制效果。以正方形的载玻片（1 cm×1 cm）为载体，在 96 孔板中建立微生物被膜模型并培养至 8 h、24 h 及 72 h，其中每隔 24 h 换一次培养基，进行结晶紫染色后置于光学显微镜下进行观察，空白组为没有经过处理的微生物被膜。其结果如图 2-7 所示。

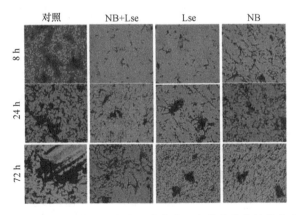

图 2-7　光学显微镜观察右旋龙脑、溶菌酶及右旋龙脑和溶菌酶联合使用
对金黄色葡萄球菌微生物被膜的抑制效果

运用光学显微镜观察右旋龙脑、溶菌酶、右旋龙脑和溶菌酶联合对金黄色葡萄球菌微生物被膜的抑制效果，如图 2-7 所示，对照组金黄色葡萄球菌在 8 h 时在材料表面有一定的黏附作用，紫色区域表示黏附的金黄色葡萄球菌菌株；在 24 h 时紫色区域逐渐加深，表明金黄色葡萄球菌大量聚集并分泌胞外基质形成一定量的微生物被膜；至 72 h 时微生物被膜量及分泌基质不断增多。经过不同实验组处理后，可发现右旋龙脑、溶菌酶实验组的紫色叠影区域相比对照组均出现不同程度的减少，可见两者对不同时期的微生物被膜均有一定的抑制作用；而观察右旋龙脑联合溶菌酶实验组可发现紫色叠影区域在 8 h、24 h、72 h 均少于单独处理实验组，故右旋龙脑联合溶菌酶对金黄色葡萄球菌微生物被膜的抑制作用最为显著。此外，通过结晶紫染色在光学显微镜下也可观察到微生物被膜在各阶段的生长状况。

2.5.2　扫描电子显微镜

笔者曾使用扫描电子显微镜（SEM）观察法探究 *atl*、*ica*、*aap* 和 *agr* 等微生物被膜相关基因对金黄色葡萄球菌微生物被膜的表面形貌和结构的影响。实验将新活化的金黄色葡萄球菌接种到含有 5 mL TSB 的液体培养基中，于 37℃、200 r/min 振荡培养，取对数期的菌体继续培养至不同时间获得不同成熟度的微生物被膜。设置无菌体的 TSB 液体培养基为对照组。吸取 1.5 mL 菌液于 2 mL 离心管中，3000 r/min 离心 5 min 后，弃上清。以 2.5%戊二醛溶液固定菌液 4 h。固定后的菌液经 3000 r/min 离心 5 min，弃去上清固定液，以超纯水清洗菌体，重复 3 次，最后用超纯水重悬。依次用 30%、50%、70%、80%、90%的乙醇溶液脱水，每个梯度中静置 10 min。最后，用纯乙醇脱水 3 次，每次 30 min，再用叔丁醇置换乙醇 3 次，每次 30 min，吸取混匀的细菌-叔丁醇悬浮液滴在载玻片上，将载玻片裁剪为规格 1 cm×1 cm 的正方形。在镀金之前，需在光学显微镜下观察菌体浓度。将镀金后的载玻片置于扫描电子显微镜下，观察金黄色葡萄球菌的形态并进行拍照。

通过 SEM 观察培养 8 h 时金黄色葡萄球菌微生物被膜的表面形貌和结构，图 2-8 中 A 为空白对照，B 为缺失 *atl* 基因的金黄色葡萄球菌 10051，C、D 分别为携带 *atl* 基因的金黄色葡萄球菌 4506 和 10008。对比发现，图 2-8A 中没有任何菌株的黏附，B 中有少量菌体黏附在接触表面但黏附量很少，C 和 D 中显然有更多的菌体黏附在接触表面且出现菌体大量聚集，*atl* 黏附基因编码一种葡萄球菌表面相关蛋白，该蛋白并不直接作用于菌体的初始黏附，而是通过降解葡萄球菌细胞壁中的肽聚糖成分，在细胞表面通过非共价结合使得菌体向惰性物质表面附着。综合分析判断出 *atl* 基因在微生物被膜初期黏附过程中发挥重要作用。

通过 SEM 观察培养 16 h、24 h、48 h 时微生物被膜的表面形貌和结构，图 2-9 中 A 为阳性对照菌株 4506，B 为缺少 *icaA* 基因的金黄色葡萄球菌 120184；C 为缺少 *aap* 基因的金黄色葡萄球菌 1204151；1、2、3 分别为对应的微生物被膜培养至 16 h、24 h、48 h。从 SEM 图可看出，当微生物被膜生长至 24 h、48 h 时，可观察到更多的附着菌体（图 2-9 A2 与 A3、B2 与 B3），且微生物被膜的三维立体结构更加致密。可初步判断出 *ica* 操纵子间基因的相互作用在微生物被膜形成中期发挥重要作用，共同调控细菌间的黏附，微生物被膜逐渐成熟。与此同时，微生物被膜的形成仍受其他基因的共同调控影响。

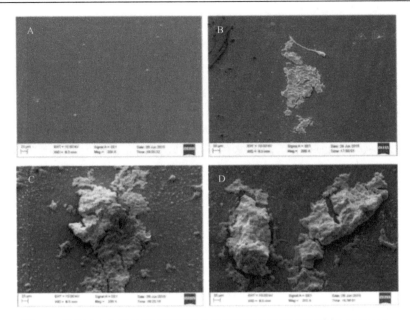

图 2-8　培养 8 h 金黄色葡萄球菌微生物被膜的表面形貌和结构（200×）

A 为空白对照，B 为缺失 *atl* 基因的金黄色葡萄球菌 10051，C、D 分别为携带 *atl* 基因的金黄色葡萄球菌 4506 和 10008

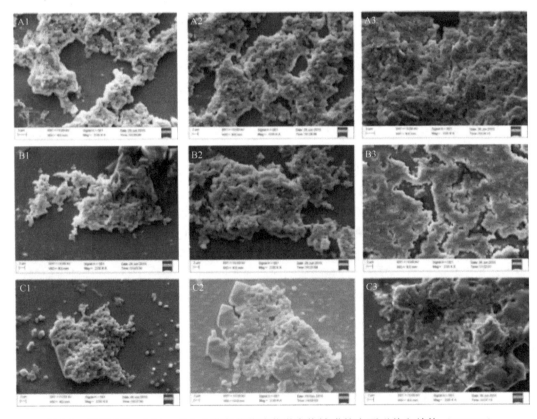

图 2-9　培养 16 h、24 h、48 h 金黄色葡萄球菌微生物被膜的表面形貌和结构（2000×）

A 为阳性对照菌株 4506，B 为缺少 *icaA* 基因的金黄色葡萄球菌 120184；C 为缺少 *aap* 基因的金黄色葡萄球菌 1204151；

1、2、3 分别为对应的微生物被膜培养至 16 h、24 h、48 h

通过 SEM 观察培养 3 d、7 d 时微生物被膜的形貌和结构（图 2-10），A 为缺少 *agr* 基因的菌株 4506，B 为携带 *agr* 基因的菌株 123875，1、2 分别为微生物被膜培养至 3 d、7 d 阶段。在微生物被膜逐渐成熟的过程中，A 图中可观察到细菌之间连接更加紧密，微生物被膜逐渐固化、加厚，而 B 图微生物被膜分化严重，部分被膜已脱离接触表面，且被膜的厚度变薄。综上表明，*agr* 基因在微生物被膜成熟期及后期发挥着重要作用。

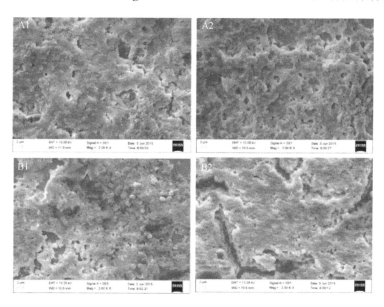

图 2-10 金黄色葡萄球菌培养 3 d、7 d 微生物被膜的形貌和结构（2000×）

A 为缺少 *agr* 基因的菌株 4506，B 为携带 *agr* 基因的菌株 123875，1、2 分别为微生物被膜培养至 3 d、7 d 阶段

2.5.3 激光扫描共聚焦显微镜

Chandra 和 Ghannoum[31]使用激光扫描共聚焦显微镜（CLSM）探究了白色念珠菌的微生物被膜生长过程中的变化。在微生物被膜生长形成的不同时间点，将在聚甲基丙烯酸甲酯条带或硅氧烷弹性体盘上培养的微生物被膜转移到 12 孔板中，并在 37℃下在含有 FUN-1 和 ConA 荧光染色剂的 4 mL PBS 中孵育 45 min。FUN-1 通过代谢活跃细胞转化为橙红色圆柱形内部结构，而 ConA 与细胞壁多糖的葡萄糖和甘露糖残基结合形成绿色荧光。在与染料一起温育后，将聚甲基丙烯酸甲酯条或硅氧烷弹性体盘扯下并置于 35 mm 直径的玻璃培养皿上。用装有氩气和 He/Ne 激光器的 Zeiss LSM 510 激光扫描共聚焦显微镜观察染色的微生物被膜，并将其安装在 Zeiss Axiovert 100M 显微镜上，使用的物镜是复消色差透镜。在整个装置的宽度上以规则的间隔进行深度测量。使用多轨模式同时构建绿色荧光（ConA）和橙红色荧光（FUN-1）的共聚焦图像。对于荧光增白剂 Calcofluor 染色而言，则是用新鲜 PBS 轻轻洗涤含有生物膜的硅氧烷弹性体盘。将多余的液体从盘的侧面小心地吸干，并将 50 μL 的荧光增白剂加入生物膜表面。然后如上所述在激光扫描共聚焦显微镜下观察圆盘。

生物膜图像结果可以单独显示或在三维（3D）影像中重建，使用 3D 重建图像的垂直截面或侧视图来确定生物膜厚度和结构。如图 2-11 所示为生物膜发育阶段的 3D 重建图像，其中单个酵母态细胞黏附在丙烯酸条带上（图 2-11A）。由 ConA 与多糖结合产生的强烈绿色荧光勾勒出酵母的细胞壁，而由 FUN-1 染色引起的橙红色位于代谢活跃细胞的细胞质中的致密聚集体中。因此，红色荧光区域代表代谢活跃细胞，绿色荧光代表细胞壁样多糖，而黄色区域代表双重染色。8 h 后，白色念珠菌细胞的密度增加并趋于聚集（图 2-11B）。11 h 后可见到酵母形态小菌落（图 2-11C），而成熟的生物膜显示真菌细胞嵌入细胞外物质中（图 2-11D）。这些分析揭示了成熟的白色念珠菌生物膜在真菌细胞（由红色表示）和细胞外物质（由绿色表示）分布方面的高度异质性。重要的是，在早期生物膜阶段没有检测到细胞外物质（图 2-11E 和 F）。如图 2-11E 所示，早期生物膜发育过程中的酵母细胞被缺乏荧光的区域分开，表明没有细胞外物质。相比之下，成熟生物膜中的白色念珠菌细胞被包裹在细胞外物质中，这种物质与细胞体分离，呈现弥漫性绿色荧光（图 2-11F）。生物膜细胞外物质用 ConA 染色，与 Calcofluor（荧光增白剂）的染色模式平行，证明了生物膜细胞外物质由多糖物质组成。投影分析及三维重建图像的垂直切片还揭示了成熟的白色念珠菌生物膜具有异质的基质结构（25～30 μm 厚），具有与胞外多糖材料交织的代谢活跃细胞的区域（图 2-11G 和 H）。这种外观类似于细菌生物膜系统[32]。

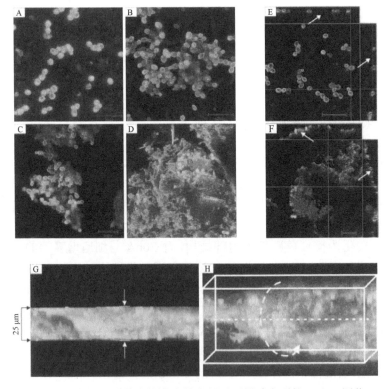

图 2-11　白色念珠菌生物膜生长在假牙丙烯酸表面的 CSLM 图像

A～D：0 h（A）、8 h（B）、11 h（C）和 48 h（D）重建三维图像的水平（xy）视图，标尺为 20 μm；E 和 F：白色念珠菌生物膜生长到早期和成熟阶段的正交图像显示，早期（0 h）生物膜主要由空白分隔的酵母细胞组成（箭头）（E），而成熟阶段（48 h）生物膜显示代谢活性细胞（红色）嵌入多糖细胞外物质（绿色）（F）；G：在重建的侧视图中可以观察到微生物被膜的厚度（约 25 μm）；H：水平倾斜的图像（带有假三维立方体）显示了生物膜的异质性

2.5.4　原子力显微镜

原子力显微镜（AFM）具有纳米级的分辨率和较宽的力测量范围，因此得到了非常广泛的应用，不仅用于测量单个受体-配体配合的相互作用力，也能够测量整个细菌和表面之间的相互作用力。AFM 利用一根对力非常敏感的悬臂去探测针尖与表面之间的相互作用力，进而获得样品表面的纳米级形貌。将单个细菌固定在微悬臂上制备成细菌探针，可用于测量细菌与各种表面以及细菌与细菌之间的相互作用力，即所谓的单细胞力谱（SCFS），单细胞力谱示意图、细菌黏附测试的示意图见图 2-12A。SCFS 可以获得细菌黏附过程中非特异性和特异性相互作用力的直接、定量的信息[32-36]。由力-距离曲线（图 2-12B）描述的细胞与基底的黏附和脱落可分为三个阶段。Herman 等[37]研究了表皮葡萄球菌（*Staphylococcus epidermidis*）表面的黏附素 SdrG 和血浆中的纤维蛋白原（fibrinogen）之间的特异性相互作用。实验发现单个 SdrG-fibrinogen 之间结合作用力非常强，约为 2 nN（1 nN=1×10^{-9} N）。表皮葡萄球菌在植入生物材料表面形成微生物被膜的能力与这种极强的特异性结合作用力高度有关，极强的结合作用有利于微生物被膜抵抗来自其生长环境的剪切力。Alsteens 等[38]将表达白色念珠菌黏附蛋白 Als5p 的酵母细胞固定到无针尖探针上，然后利用 SCFS 测量了该蛋白与疏水表面之间的非特异性相互作用。由于蛋白的疏水重复单元和疏水表面间的结合，他们测量得到较大的作用力（1.25 nN）和较大的断裂长度（400 nm）。AFM 除了可以对微生物被膜进行高分辨率的成像外，在测量微生物被膜机械性能方面也具有非常广泛的应用。AFM 可以测量微生物被膜的内聚能、弹性模量和黏附力等性能。

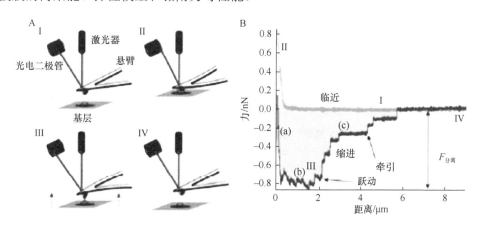

图 2-12　单细胞力谱示意图、细菌黏附测试的示意图（A）和得到的响应的力-距离曲线（B）[33]

参 考 文 献

[1]　刘晓琰, 施安国. 细菌生物被膜的研究现状[J]. 中国临床药理学杂志, 2002, 18(4): 302-305.

[2]　屈常林, 高洪, 赵宝洪, 等. 细菌生物被膜与抗生素耐药机制研究进展[J]. 动物医学进展, 2008, 29(3): 86-90.

[3]　易华西, 王专, 徐德昌. 细菌生物被膜与食品生物危害[J]. 生物信息学, 2005, 3(4): 189-191.

[4]　Li X, Yan Z, Xu J. Quantitative variation of biofilms among strains in natural populations of *Candida*

albicans[J]. Microbiology, 2003, 149(Pt 2): 353-362.

[5] Christensen G D, Simpson W A, Younger J J, et al. Adherence of coagulase-negative staphylococci to plastic tissue culture plates: a quantitative model for the adherence of staphylococci to medical devices[J]. Journal of Clinical Microbiology, 1985, 22(6): 996-1006.

[6] Pitts B, Hamilton M A, Zelver N, et al. A microtiter-plate screening method for biofilm disinfection and removal[J]. Journal of Microbiological Methods, 2003, 54(2): 269-276.

[7] Boulos L, Prévost M, Barbeau B, et al. LIVE/DEAD BacLight: application of a new rapid staining method for direct enumeration of viable and total bacteria in drinking water[J]. Journal of Microbiological Methods, 1999, 37(1): 77-86.

[8] Whitchurch C B, Tolkernielsen T, Ragas P C, et al. Extracellular DNA required for bacterial biofilm formation[J]. Science, 2002, 295(5559): 1487.

[9] O'Neill E, Pozzi C, Houston P, et al. Association between methicillin susceptibility and biofilm regulation in *Staphylococcus aureus* isolates from device-related infections[J]. Journal of Clinical Microbiology, 2007, 45(5): 1379-1388.

[10] Ha K R, Psaltis A J, Butcher A R, et al. *In vitro* activity of mupirocin on clinical isolates of *Staphylococcus aureus* and its potential implications in chronic rhinosinusitis[J]. The Laryngoscope, 2008, 118(3): 535-540.

[11] O'Toole G A. Microtiter dish biofilm formation assay[J]. JoVE (Journal of Visualized Experiments), 2011, (47): e2437.

[12] Stepanovic S, Vukovic D, Dakic I, et al. A modified microtiter-plate test for quantification of staphylococcal biofilm formation[J]. J Microbiol Methods, 2000, 40(2): 175-179.

[13] Ghadaksaz A, Fooladi A A I, Hosseini H M, et al. The prevalence of some *Pseudomonas*, virulence genes related to biofilm formation and alginate production among clinical isolates[J]. Journal of Applied Biomedicine, 2015, 13(1): 61-68.

[14] Pagedar A, Singh J. Evaluation of antibiofilm effect of benzalkonium chloride, iodophore and sodium hypochlorite against biofilm of *Pseudomonas aeruginosa* of dairy origin[J]. Journal of Food Science & Technology, 2015, 52(8): 5317-5322.

[15] 朱冰, 刘媛, 邹自英, 等. 临床分离肺炎克雷伯菌的分布、耐药性及生物被膜形成能力的分析[J]. 国际检验医学杂志, 2013, 34(21): 2811-2813.

[16] 卢鸿, 张亚培, 毕文姿, 等. 广泛耐药肺炎克雷伯菌生物膜形成能力及毒力基因相关分析[J]. 临床检验杂志, 2016, 34(6): 436-439.

[17] 王玎, 李兴禄. 肺炎克雷伯菌生物被膜的体外模型建立[J]. 中国微生态学杂志, 2009, 21(2): 3.

[18] 任南, 文细毛, 王洁如. 白色念珠菌致病机制的研究进展[J]. 中国感染控制杂志, 2003, 2(2): 157-158.

[19] 郑璐, 余加林. 白色念珠菌生物被膜及其耐药机制研究进展[J]. 儿科药学杂志, 2009, 15(3): 58-60.

[20] Rossoni R D, de Barros P P, de Alvarenga J A, et al. Antifungal activity of clinical *Lactobacillus* strains against *Candida albicans* biofilms: identification of potential probiotic candidates to prevent oral candidiasis[J]. Biofouling, 2018, 34(2): 212-225.

[21] Mccluskey C, Quinn J P, Mcgrath J W. An evaluation of three new-generation tetrazolium salts for the measurement of respiratory activity in activated sludge microorganisms[J]. Microbial Ecology, 2005, 49(3): 379-387.

[22] Cerca N, Martins S, Cerca F, et al. Comparative assessment of antibiotic susceptibility of coagulase-negative staphylococci in biofilm versus planktonic culture as assessed by bacterial enumeration or rapid XTT colorimetry[J]. Journal of Antimicrobial Chemotherapy, 2005, 56(2): 331-336.

[23] Peters B M, Ward R M, Rane H S, et al. Efficacy of ethanol against *Candida albicans* and *Staphylococcus aureus* polymicrobial biofilms[J]. Antimicrobial Agents and Chemotherapy, 2013, 57(1): 74-82.

[24] Wu Y, Ying Y, Liu Y, et al. Preparation of chitosan/poly vinyl alcohol films and their inhibition of biofilm formation against *Pseudomonas aeruginosa* PAO1[J]. International Journal of Biological Macromolecules, 2018, 118: 2131-2137.

[25] Ahmed A, Khan A K, Anwar A, et al. Biofilm inhibitory effect of chlorhexidine conjugated gold

nanoparticles against *Klebsiella pneumoniae*[J]. Microbial Pathogenesis, 2016, 98: 50-56.

[26] Matsubara V H, Wang Y, Bandara H M H N, et al. Probiotic lactobacilli inhibit early stages of *Candida albicans*, biofilm development by reducing their growth, cell adhesion, and filamentation[J]. Appl Microbiol Biotechnol, 2016, 100(14): 6415-6426.

[27] Yang L F, Liu X, Lv L L. Dracorhodin perchlorate inhibits biofilm formation and virulence factors of *Candida albicans*[J]. Journal of Medical Mycology, 2018, 28(1): 36-44.

[28] Lin S, Yang L, Gu C, et al. Pathogenic features and characteristics of food borne pathogens biofilm: Biomass, viability and matrix[J]. Microbial Pathogenesis, 2017, 111: 285-291.

[29] Barbosa I, Garcia S, Barbier-Chassefiere V, et al. Improved and simple micro assay for sulfated glycosaminoglycans quantification in biological extracts and its use in skin and muscle tissue studies[J]. Glycobiology, 2003, 13(9): 647-653.

[30] Farndale R W, Buttle D J, Barrett A J. Improved quantitation and discrimination of sulphated glyco-saminoglycans by use of dimethylmethylene blue[J]. Biochim Biophys Acta, 1986, 883(2): 173-177.

[31] Chandra J, Ghannoum M A. CD101, a novel echinocandin, possesses potent antibiofilm activity against early and mature *Candida albicans* biofilms[J]. Antimicrobial Agents and Chemotherapy, 2018, 62(2): e01750-17.

[32] Chandra J, Kuhn D M, Mukherjee P K, et al. Biofilm formation by the fungal pathogen *Candida albicans*: development, architecture, and drug resistance[J]. Journal of Bacteriology, 2001, 183(18): 5385-5394.

[33] Helenius J, Heisenberg C P, Gaub H E, et al. Single-cell force spectroscopy[J]. J Cell Sci, 2008, 121(11): 1785-1791.

[34] 甘田生, 龚湘君. 生物被膜的物理特性及其表征[J]. 生物工程学报, 2017, 33(9): 1390-1398.

[35] Mueller D J, Helenius J, Alsteens D, et al. Force probing surfaces of living cells to molecular resolution[J]. Nat Chem Biol, 2009, 5(6): 383-390.

[36] Binning G, Quate C F, Gerber C. Atomic force microscope[J]. Phys Rev Lett, 1986, 56(9): 930-933.

[37] Herman P, El-Kirat-Chatel S, Beaussart A, et al. The binding force of the staphylococcal adhesion SdrG is remarkably strong[J]. Mol Microbiol, 2014, 93(2): 356-368.

[38] Alsteens D, Beaussart A, Derclaye S, et al. Single-cell force spectroscopy of Als-mediated fungal adhesion[J]. Anal Methods, 2013, 5(15): 3657-3662.

第三章　微生物被膜的基因组学

3.1　概　　述

基因组学（genomics）是一门系统地研究基因组（genome）中各基因及其相互关系的学科，利用重组 DNA、DNA 测序方法和生物信息学技术对基因组的功能与结构（生物体单细胞内的完整 DNA）进行测序、组装和分析，包括结构基因组学、比较基因组学和功能基因组学[1, 2]。自 1995 年科学家测得流感嗜血杆菌（*Haemophilus influenzae*）的全基因组序列之后，多个细菌的基因组测序工作相继完成，对细菌基因组的研究不仅仅有利于我们探究生命过程，同时也为我们后续利用相应研究成果实现对微生物的鉴定评价提供了理论参考和技术支撑。细菌基因组研究策略主要由五部分组成，包括细菌 DNA 提取及测序、基因组组装、基因预测、基因注释及基因组比较分析。

首先，随着测序技术的不断改进，新一代高通量台式测序仪已经进入普通学术实验室，高通量测序技术（第二代测序技术）的巨大进步使测序成本迅速降低[3, 4]。目前主流的基因组测序技术有两种，一种是以 Roche 公司的 454 测序技术、Illumina 公司的 Solexa 测序技术及 ABI 公司的 SOLiD 测序技术为代表的第二代测序技术，第二代测序技术相较第一代测序技术在测序成本和测序速度方面大大提高，但因第二代测序技术读长有限，可能会导致一部分信息丢失因而产生缺口（gap），因此只能得到细菌的基因组序列草图（draft genome sequence）[5-7]；另一种是基于单分子荧光测序技术或纳米孔测序技术的第三代测序技术，主要代表有 Helicos Biosciences 公司的单分子 DNA 测序、Pacific Biosciences 公司的单分子实时测序（SMRT）平台及 Oxford Nanopore 公司的纳米孔单分子技术，第三代测序技术的最大特点是无需 PCR 扩增步骤，可直接测得目标序列，大大降低假阳性率，且因其读长较长，更倾向于获得微生物的全基因组（complete genome）[8-10]。目前的测序技术主要包括以下几种。

1. 传统的基因测序技术

20 世纪 70 年代，Frederick Sanger 首次提出双脱氧链终止法用于 DNA 测序[11]，这也使其赢得了诺贝尔化学奖，这一发现开启了基因组时代的大门。桑格（Sanger）测序 40 多年来得到了快速发展，原因主要有以下几个：①就技术手段而言，之前需要放射性物质的凝胶电泳，如今技术进步为先进的超微毛细管电泳，实现了非常大的跨越。②由于在荧光染料上引入了核苷酸偶联荧光染料，有效地提高了测序过程中阅读 DNA 序列的精确性。

在各种测序策略中，对于部分自动的测序策略，通过对 4 种碱基标记相应的荧光染料，结合应用新型的精细毛细管电泳，通过在引物作用下引导 PCR 扩增，得到大量单链 DNA。这些 DNA 混合物长度不一，因碱基上含有荧光染料，故而其 3′端同样也带有碱基上的染料。在荧光染料标记后，由于精细毛细管电泳中 DNA 迁移率由其分子大小决定，因而长度不一的 DNA 混合物迁移率不同，因此经过激光检测器窗口的时间不同，电荷耦合器件（CCD）摄影机检测器能逐个捕获到长度不一的单链 DNA，在其通过毛细管读数窗口段时分别进行检测。在精细毛细管电泳及激光检测捕获信号后，进一步根据荧光染料的特定波长，通过软件分析转换为特定的 DNA 序列，最后通过拼接即可获得完整的 DNA 序列。

2. 高通量测序技术

同时分析上百万条的 DNA 分子在第一代测序的时代几乎是天方夜谭，但高通量测序技术的出现使得这一构想成为不争的事实。在 20 世纪 80 年代开始广为流行的以末端终止法为核心的第一代测序技术，其测序原理复杂、步骤繁多，DNA 分子通过不断被剪切成片段以完成测定基因组顺序的工作，不仅耗费大量时间，且效率低下，同时也浪费了大量技术人员的精力。而高通量测序，速度相对第一代测序方法提升明显，而且分析结果更加全面，转录组和基因组分析中都有它的参与，是对传统测序的一次革命性改变，足见其在测序领域所体现出的划时代的进步。

高通量测序可以对一个物种进行转录组和基因组的分析，其分析结果不仅细致全面，而且高通量测序完全可以略过文库构建。目前高通量测序可以分为基于参比基因组（reference genome）的基因组重测序（genome re-sequencing）和基于未知基因组的从头测序（*de novo* sequencing），前者须有现成的参比基因组，同时在测序后期借助生物信息学分析与对比，但由于该流程不需进行拼接等，因此操作相对简单，造价也较低。后者一般针对未知基因组或未被报道的新基因，但由于受限于读长（reads），常需同时结合传统的第一代测序方法。目前高通量测序技术应用较广，除全基因组 DNA 外，还包括用于 mRNA 表达谱和转录组的 RNA-seq 技术，以及用于 DNA 甲基化等方面的工作[12, 13]。

（1）454 测序技术

454 测序技术由于阅读碱基数目高达 400 bp，因而可以与第一代测序技术 Sanger 测序很好地连接，而且 454 测序技术在很早时就被大量使用。454 测序的缺陷在于通量相对较低及价格高昂，使得该技术的传播受到了不小的局限。对于较小的真菌和细菌基因组，其基因组长度较小，而 454 测序可测的碱基数约为 400 bp，因而 454 测序平台常适用于基因组较小的微生物（如细菌和较小的真菌）测序。然而对于基因组较大的微生物（如基因组较大的真菌或其他基因组大于 50 Mb 的微生物），则受 454 测序平台的碱基数长度（约 400 bp）限制而测序价格较高，因此不适用 454 测序，可考虑与其他测序结合应用[14]。

（2）Solexa 测序技术

RNA 测序（RNA-seq）运用高通量测序技术获得 mRNA、small RNA、非编码 RNA 等的序列信息。该技术先将样本中的 RNA 逆转录为 cDNA，将其打成小片段，并加上接头（adapter）。利用高通量测序仪进行测序，得到序列信息。将所得的序列信息通过比对（有基因组信息）或是从头组装（*de novo* assembly）形成完整的转录谱。Solexa 测序正是其中的一种，Solexa 测序技术由隶属于剑桥大学的 Solexa 公司发明，这项技术的优势在于通量巨大、操作相比其他技术更简便，同时待测样品使用量小，性价比很高[15]。

第一步是细菌 DNA 提取及测序。用适合于所研究物种的方法获得菌体的完整基因组，并选用 Solexa 测序技术对基因组进行测序。

第二步是基因组组装。常用组装软件包括 SOAPdenovo、SPAdes、Velvet 和 Edena 等，通过对已测得的基因组数据进行评估，选择合适的组装软件，也可结合多种拼接方法，从而获得较好的组装结果[16-18]。

第三步是基因预测。目前预测基因编码区的方法主要有两种，一种是基于 BLAST 比对，另一种是基于学习及模式识别的方法重新预测基因。第一种方法通过与已有数据库进行比对，获得基因组数据中存在的与已知基因同源的基因，缺陷在于无法找到与已知基因不同源的新基因；第二种方法实验用的模型包括隐马尔可夫模型，常用的软件包括 GeneMarks、Glimmer、RAST 等，缺陷是在对宏基因组数据进行预测时，部分开放阅读框无法确定[19-21]。

第四步是基因注释。基因注释通常要结合多个数据库，包括 NCBI 的非冗余数据库、Swiss-Prot、COG、GO 和 KEGG 数据库等，通过与不同数据库进行序列比对，从不同角度对预测基因进行注释[22-24]。

第五步是基因组的比较分析。通过基因组拼接注释获得完整基因组及注释后，基于基因组图谱及测序对已知基因及基因组结构进行比较，以达到了解基因功能、表达调控机制及物种进化的目的，获得相应关注的基因组特点或某些关键基因。细菌基因组比较分析常用的软件及数据库包括 Mauve、MUMmer、ACT（Artemis Comparison Tool）和 BRIG（BALST Ring Image Generator）等[25-28]。

组学分析技术与分子检测手段结合有助于促进测序技术的发展，以及利用生物信息学解决食品安全中的关键和紧迫问题。与传统方法相比，组学分析对微生物具有高度的区分能力，具有潜在较短的周转时间及较低的总体成本。例如，利用传统检测方法检测微生物多重耐药及毒力特性可能是耗时且昂贵的，因为它通常与微生物基于培养物的分析相关。组学数据分析通过对微生物各相关组学数据进行分析，研究微生物关键生长因子、典型毒素（如肠毒素、志贺毒素等）与腐败基因的表达规律，获得反映食品系统中微生物增殖、代谢、致毒与腐败等规律的检测靶点簇，结合分子检测技术，实现同时检测耐药及毒力相关位点，大大提高食源性微生物检测通量及精确度。同时，组学技术允许相近种属的微生物以超高的分辨率进行鉴别，从而大大提高了对潜在食品安全事件暴发的检测及溯源能力。此外，由于组学数据共享范围越来越大，微生物遗传信息易于获取，组学技术有助于实现将公共卫生实验室中大量并行工作流程（如识别、血清分型、抗微生物耐药性检测等）整合到一个单一、快速和高效的平台中，识别和预测各种基因和表型特征。这将大大提高对食源性微生物的检测鉴定能力，从而有效防控食品安全事件的暴发。

对于基因组学中新技术和工具的其他应用，未来十分光明。除广泛应用于流行病学监测和临床之外，组学分析技术在食品工业中的应用也逐渐兴起，以提高食品安全性。一些发达国家的公共卫生机构和监管机构，如美国食品药品监督管理局（FDA）、美国疾病控制和预防中心（CDC）、英格兰公共卫生局、欧洲疾病预防和控制中心（ECDC）

等，已经开始使用全基因组测序技术定期检测所选食源性致病菌的临床分离株及进行流行病学调查。FDA 对所有单增李斯特菌进行常规测序，建立了 GenomeTrakr 网络，以促进实验室之间共享基因组和其他相关信息。全基因组测序技术现在与欧洲许多国家的其他分型技术并行使用，丹麦已经完全转向使用全基因组测序技术以检测某些食源性病原体。为了进一步促进全基因组测序技术的应用，ECDC 将努力监督相关问题和应对当前挑战，并计划在未来五年内将全基因组测序技术作为食源性病原体分型和检测的首选方法。食品工业开始趋向于利用全基因组测序技术溯源食源性微生物及评估其有害特性，如确定菌株毒力、抗生素抗性及致病的相关基因。

3.2 基因组对微生物被膜形成的影响

微生物被膜的形成是指黏附在物体表面的细菌团块，被其自身分泌的胞外聚合物包埋，其生长速度受到基因转录的调控。微生物被膜的形成除与营养、水动力等外界环境因素有关外，与细菌本身也有重要关系[29]。细菌黏附于表面后，随即调整基因表达，在生长繁殖的同时分泌大量的胞外多糖，黏附单个细胞而形成微生物菌落。在微生物被膜的形成过程中，细菌的群体感应及特异基因表达调控，均起着重要的作用。

20 世纪 70 年代，研究人员发现细菌细胞间存在信息交流，随后研究发现细菌细胞间信息传递的载体是可溶性的小分子信号分子[30]。细菌通过调控细胞间小分子信号分子的浓度高低，从而达到传递信息、改变自身行为的目的。这种依赖细胞密度的细胞信息交流现象被称为细菌的群体感应（也称群感）效应。群体感应与微生物被膜形成有关，研究发现缺失酰基高丝氨酸内酯（AHL）类信号分子的突变株形成了扁平、致密、均质的微生物被膜，而野生株则形成了有结构的、异质的微生物被膜[31]。

微生物被膜状态下的细菌基因表达与浮游菌不完全相同。有报道称在铜绿假单胞菌中，微生物被膜有 1%的基因表达与浮游菌不同，其中 0.5%的基因被激活，另外 0.5%的基因被抑制，目前已经确认有 73 个基因表达异于一般浮游菌[32]。在铜绿假单胞菌微生物被膜中发现有一种温和噬菌体的基因高度表达，这种噬菌体与丝状噬菌体 Pfl 非常相似，其基因组中包含了 14 个 Pfl 基因中的 11 个[33]。微生物被膜中的这种噬菌体能排除其他铜绿假单胞菌菌株的进入，或具有编码细菌毒素蛋白的功能，在微生物被膜中发挥着重要的作用。鼠伤寒沙门氏菌在 Hep-2 细胞上形成微生物被膜后约 100 个基因的转录发生了明显变化[34]。目前认为，不同细菌在微生物被膜形成与维持过程中基因表达不完全相同，而且在细菌微生物被膜形成的不同时期基因表达也不一样。

3.3 金黄色葡萄球菌

3.3.1 金黄色葡萄球菌基因组研究

3.3.1.1 引言

金黄色葡萄球菌（*Staphylococcus aureus*）属于革兰氏阳性菌，广泛存在于空气、土壤、水源、人和动物体内，是一种常见的食源性病原菌。葡萄球菌性食物中毒是金黄色葡萄球菌引起的最常见食源性疾病，一般由摄入被金黄色葡萄球菌肠毒素污染的食物引起。在美国，金黄色葡萄球菌是引起食物中毒的第二大微生物，仅次于沙门氏菌。在自然环境和食品工业中，金黄色葡萄球菌很少以游离状态存在，一般以微生物被膜状态出现。

3.3.1.2 全基因组测序及数据质控

金黄色葡萄球菌 10071 采用基因组 *de novo* 高通量测序。细菌基因组 *de novo* 是对细菌基因组测序后从头组装，并在组装的基础上，进行基因组组分、功能注释、比较基因组学等分析；最终的组装水平根据研究的需要和细菌本身的特点而定，依据组装水平分为初级组装、高级组装和完成图组装。其中最高指标是完成图组装，即组装出细菌基因组中的完整序列（染色体及质粒序列信息）。细菌基因组 *de novo* 测序已取代传统方法成为研究细菌进化遗传机制、关键功能基因的重要工具，可用于病原菌致病相关基因鉴定、种内进化关系研究、工程菌的改造、遗传理论模式生物研究等方面。测序实验中使用 Illumina 平台和 PacBio 平台。

1. Illumina 平台

提取基因组 DNA 并随机打断，电泳回收所需长度的 DNA 片段，并加上接头进行簇（cluster）制备，最后上机测序。

2. PacBio 平台

实验过程的每个步骤（如样品检测、文库构建、测序等）都将影响数据的质量和数量，进而直接影响信息分析结果。为了得到高度可信的测序数据，我们对实验的每个步骤均进行严格的质量控制。

3. Illumina 数据过滤

由于原始测序数据可能包含低质量序列、接头序列等，为了保证信息分析结果的可靠性，需要通过一系列数据处理来过滤这些原始读长（raw reads），从而得到有效读长（clean reads）。我们仍然以 FASTQ 格式存储数据。对原始的测序数据进行如下处理：①去除质量值连续≤20 的碱基数达到 40% 的 reads；②去除含 N 的碱基数目总和达到 10% 的 reads；③去除接头（adapter）污染；④去除重复片段（duplication）污染。

上述的处理方式均同时对 read1 和 read2 操作。该处理一般情况下会去除 10%~20% 的数据（小片段文库数据）。大片段文库数据由于重复片段比例高，去除数据量会比较多，没有确定的比例。对于一些杂合率高或测序质量差的 reads，还会进行其他的处理，视具体情况而定。

4. PacBio 数据过滤

PacBio RSII 平台上单个 SMRT Cell 芯片中有 15 万个零模波导（zero-mode waveguide，ZMW）孔，当测序时 DNA 模板随机分配到每个 ZMW 小孔会存在三种情况：单个 ZMW 小孔中没有 DNA 模板（P0）；单个 ZMW 小孔中有一条 DNA 模板（P1）；单个 ZMW 小孔中有两条及以上 DNA 模板（P2）；能够用于后续分析的有效数据为 P1 中的聚合酶读长（polymerase reads）。PacBio RSII 测序得到的原始数据为 polymerase reads，以 h5 格式保存，h5 为二进制文件，不能直接编辑查看，需要通过软件转化成 fasta 格式文件和 qual 格式文件。polymerase reads 包含测序接头序列及模板序列，子读取（subreads）可以用于后续组装、比对等分析。但是 subreads 自身存在 15% 得失位（Indel）错误。对单个 ZMW 小孔中的 subreads 求一致性序列得到高精确的环化测序（circular consensus sequencing，CCS）数据，也叫插入片段（reads of insert）数据。CCS 数据是高精确 reads，可以直接用于后续的组装、对比、16S 物种分类等，一般只对小文库（1～2 kb、5～6 kb）才做 CCS 数据分析。polymerase reads、subreads、CCS 数据，三者之间的关系可以理解为在 SMRT Cell 芯片上有 15 万个 ZMW 孔，只选取单个孔中只有一条 DNA 模板序列的 ZMW，每个孔产生一条 polymerase reads，polymerase reads 去掉接头得到多条 subreads，单个孔中的多条 subreads 求一致性得到一条环形一致序列数据。

PacBio 平台原始测序数据中存在大量的接头序列、低质量序列、测序错误序列等，为了得到更精确的组装结果，同样需要对原始的测序数据进行如下处理：①过滤掉长度小于 1000 bp 的 polymerase reads；②过滤掉质量值小于 0.80 的 polymerase reads；③从 polymerase reads 中提取 subreads，过滤掉 adapter 序列；④过滤掉长度小于 1000 bp 的 subreads；⑤过滤掉质量值小于 0.80 的 subreads。

3.3.1.3　全基因组序列组装

数据过滤得到 clean data（干净数据，即去掉接头、重复等后得到的数据）后，使用 SOAPdenovo2 短片段组装软件进行拼接。

组装指的是将大量短片段的 reads 拼接成基因组序列的过程，主要包括原始数据统计质控、reads 组装拼接、基因覆盖度分析。

SOAPdenovo2 组装数据主要包括以下几个过程：①利用所有 reads 切割成的 k-mer 长度序列构建德布鲁因图（de Brujin graph）（k-mer 为奇数），此步中 k-mer 值设置为 63 时可获得菌株 *S. aureus* 10071（SA10071）和 *S. aureus* 12513 的基因组最优结果；②通过移除错误连接［包括移除翼尖（tip）、低覆盖度链接，合并气泡（bubble），解决微小重复问题］，得到重叠群（contig）；③将 reads 与组装得到的 contig 进行比对，利用双末端的 reads 及 contig 的关系，对组装出的 contig 进行优化，根据 reads 的比对信息，来填补脚手架（scaffold）内部的 gap，同时进行单碱基校对，最后得到 scaffold 及其组装质量值，通过统计分析各条 scaffold 之间的潜在连接关系，得到最优的基因组组装结果。

SOAPdenovo2 软件拼接命令及参数如下：SOAPdenovo all-sconfig_file-K63-R-D1-d-ograph_prefix1＞ass-K25.log2＞ass-K25.err。

组装完成后，对组装结果进一步进行评估，首先是基于 k-mer 的分析，根据基因组 k-mer 的性质及其分布规律估算基因组大小，与组装结果进行比较进而估算基因组覆盖度；然后基于读长（reads）进行比对，将测序 reads 与组装结果进行比对分析，得到比对上的 reads 数据与比对上的 scaffold 序列的长度，进而估计整个基因组的覆盖度。

3.3.1.4　基因组组分分析

获得基因组序列后需要分析其各功能元件分布情况，才能从基因组层面深入研究菌株的特性、功能区域、突变情况、进化过程等。微生物基因组虽然较小，但是其各功能元件比较丰富，可占据基因组序列的90%以上，既有编码功能基因的编码区域，又有各种参与表达调控、表观修饰等的非编码区域。

1. 基因成分

基因是具有遗传效应的DNA片段，同样也是最小的功能单位。基因通过转录、翻译来表达所携带的遗传信息，从而行使功能。分析基因组上的基因分布，可以整体掌握测序菌株各类型功能基因组成情况、目的基因区域位置等，为后续研究提供基础。此项目对测序菌株基因组进行基因预测，得到各菌株基因组的开放阅读框，具体统计结果如表3-1所示。

表3-1 基因统计

样品名称	总数	总长度/bp	最大长度/bp	最小长度/bp	GC含量/%
SA10071	2 556	2 312 919	13 932	114	33.59

2. 非编码RNA

非编码RNA（ncRNA）是一类广泛存在于细菌、古生菌和真核生物体内，执行多种生物学功能的RNA分子，但其本身并不携带翻译为蛋白质的信息，终产物就是RNA，主要类型包括小RNA（sRNA）、核糖体RNA（rRNA）、转运RNA（tRNA）、核小RNA（snRNA）和微RNA（miRNA）等。

tRNA由70～90个核苷酸组成。它的主要功能是在蛋白质生物合成过程中把mRNA的信息准确地翻译成蛋白质中氨基酸顺序的接头分子，具有转运氨基酸的作用，并以此氨基酸命名。此外，它在蛋白质生物合成的起始作用中，在DNA逆转录合成中及其他代谢调节中也起重要作用。细胞内tRNA的种类很多，每一种氨基酸都有其相应的一种或几种tRNA。

rRNA是细胞中含量最多的RNA，约占RNA总量的82%。rRNA单独存在时不执行其功能，它与多种蛋白质结合成核糖体，作为蛋白质生物合成的"装配机"。原核生物rRNA分三类：5S rRNA、16S rRNA和23S rRNA，通常，5S rRNA含有120个核苷酸，16S rRNA含有1540个核苷酸，而23S rRNA含有2900个核苷酸。原核生物核糖体都是由大、小两个亚基组成。细菌中，长度在50～500 nt的ncRNA通常定义为小RNA（sRNA）。其在转录后水平调节基因的表达，可以在细菌的代谢、环境适应等方面起到调节因子的作用。

笔者分析了测序菌株基因组上tRNA、rRNA两种非编码RNA，预测结果见表3-2。

表3-2 SA10071非编码RNA统计

类型	拷贝数	平均长度/bp	总长度/bp	在基因组中占比/%
tRNA	60	77	4 641	0.17
23S rRNA	6	2 900	17 522	0.63
16S rRNA	6	1 540	9 240	0.33
5S rRNA	7	120	798	0.03

3. 重复序列

串联重复（tandem repeat，TR）序列，即相邻的重复两次或多次特定核酸序列模式的重复序列。重复单元可以从 1 bp 到 500 bp，表现出种属组成特异性，可作为物种的遗传性状。进化关系的研究中，小卫星 DNA（minisatellite DNA），又称数目可变串联重复序列，是一种重复 DNA 小序列，由 15～65 bp 的基本单位串联而成。微卫星 DNA（microsatellite DNA）又称短串联重复或简单串联重复序列，长度 2～10 bp。不同种属之间重复的单位和次数不同，可作为分子标记。测序菌株基因组重复序列预测结果见表 3-3。

表 3-3　SA10071 重复序列统计

类型	元件个数	占用长度/bp	序列百分比/%
SINE	8	562	0.02
LINE	23	1811	0.06
LTR 元件	2	105	0.00
DNA 元件	2	117	0.00
汇总	35	2595	0.08

注：SINE（short interspersed nuclear element）：短散在核元件；LINE（long interspersed nuclear element）：长散在核元件；LTR（long terminal repeat）：长末端重复

3.3.1.5　基因功能注释

注释方法：基因功能注释主要基于氨基酸序列比对，即将基因的氨基酸序列与各数据库进行比对，得到对应的功能注释信息。由于每一条序列比对结果超过一条，为保证其生物意义，我们保留一条最优比对结果作为该基因的注释。所有的注释均使用 BLAST 软件结合各个数据库的特点完成，提供的 BLAST 结果为 M8 格式，同时还提供部分数据库的注释结果汇总。进行注释的蛋白库如下。

（1）GO，版本为 releases_2017-09-08。GO 的全称是 Gene Ontology（基因本体论），是 1988 年由基因本体联合会创立的数据库，其分为三大类。①细胞组分：用于描述亚细胞结构、位置和大分子复合物，如核仁、端粒和识别起始的复合物等；②分子功能：用于描述基因、基因产物个体的功能等；③生物过程：用于描述分子功能的有序组合，以实现更广的生物功能。基因依据产物性质归属到其中一类或者多类中，通过 GO 数据库注释，我们可以判断其可能的功能。

（2）京都基因和基因组数据库（Kyoto Encyclopedia of Genes and Genomes，KEGG），版本为 81。该数据库将生物通路划分为八大类，每一大类下还有细分，每一类均标示上与之相关的基因，同时以图形的方式展示出来。通过该数据库注释，可以方便地寻找与行使某一类功能相关的所有注释上的基因。

（3）直系同源蛋白簇（Cluster of Orthologous Groups of proteins，COG），版本为 2014-11-10。COG 是由 NCBI 创建并维护的蛋白质数据库，根据细菌、藻类和真核生物完整基因组的编码蛋白系统进化关系分类构建而成。通过比对可以将某个蛋白序列注释到某一个 COG 中，每一簇 COG 由直系同源序列构成，从而可以推测该序列的功能。

（4）Swiss-Prot，版本为 release-2017-07。Swiss-Prot 是 2002 年由 UniProt Consortium 建

立的基因数据库，其特点是注释结果经过实验验证，可靠性较高，可用作其他数据的参考。

（5）TrEMBL，版本为 release-2017-09。蛋白质序列数据库 TrEMBL 中的数据是从 EMBL 中的 cDNA 序列翻译得到的。TrEMBL 数据库创建于 1996 年，意为 "Translation of EMBL（EMBL 的翻译）"。该数据库采用 Swiss-Prot 数据库格式，包含 EMBL 数据库中所有编码序列的翻译产物。TrEMBL 数据库分两部分，SP-TrEMBL 和 REM-TrEMBL。SP-TrEMBL 中的条目最终将归并到 Swiss-Prot 数据库中。而 REM-TrEMBL 则包括其他剩余序列，如免疫球蛋白、T 细胞受体、少于 8 个氨基酸残基的小肽、合成序列、专利序列等。

（6）NR，版本为 2017-10-10。NR 全称为 Non-Redundant Protein Database（非冗余的蛋白质数据库），由 NCBI 创建并维护，其特点在于内容比较全面，同时注释结果中会包含物种信息，可用于物种分类。

（7）EggNOG，版本为 4.5。EggNOG 数据库全称为 Evolutionary genealogy of genes: Non-supervised Orthologous Groups（基因进化谱系：非监督同源群），它对直系同源类群进行了功能描述和功能分类的注释。

（8）抗生素耐药性基因数据库（Antibiotic Resistance Genes Database，ARDB），版本为 1.1。通过该数据库的注释，可以找到耐药性相关基因的名称，以及所耐受的抗生素种类等信息。该数据库包含 13 293 个基因，共 377 种类型、257 种抗生素、124 个门 3369 个物种。

（9）病原与宿主互作数据库（Pathogen Host Interactions，PHI），版本为 4.3。其内容经过实验验证，主要来源于真菌、卵菌和细菌病原，感染的宿主包括动物、植物、真菌及昆虫。

（10）真菌细胞色素 P450 数据库（Fungal Cytochrome P450 Database），版本为 1.1。其数据来源于 113 种真菌以及卵菌，共 8731 个 P450 基因，根据基因在 InterPro 数据库中的位置，一共分为 16 类，通过 tribe-MCL 一共聚成 2579 类。

（11）碳水化合物活性酶数据库（Carbohydrate-Active Enzymes Database，CAZy），版本为 2017-09。碳水化合物酶相关的专业数据库，内容包括能催化碳水化合物降解、修饰，以及生物合成的相关酶系家族。其包含五个主要分类：糖苷水解酶（glycoside hydrolase，GH）、糖基转移酶（glycosyl transferase，GT）、多糖裂解酶（polysaccharide lyase，PL）、碳水化合物酯酶（carbohydrate esterase，CE）和辅助功能（auxiliary activities，AA）活性家庭。此外，还包含与碳水化合物结合相关的模块（carbohydrate-binding module，CBM）。

（12）毒力因子数据库（Virulence Factor Database，VFDB），版本为 2017-09。用于专门研究致病细菌、衣原体和支原体致病因子的数据库。其包含 24 个种，共 425 个致病因子，24 个致病岛，2359 个与毒力因子相关的基因。

（13）III 型分泌系统效应蛋白（Type III Secretion System effector protein，T3SS），版本为 1.0。III 型分泌系统效应蛋白与革兰氏阴性致病菌致病机制有关。病原菌通过 TXSS（type X secretion system，目前确定的有 7 种，I 型～VII 型）将该类蛋白分泌至胞外物质或是宿主细胞中，通过控制免疫应答反应及细胞衰亡引起病理反应，而其中 T3SS 是研究得比较多的分泌系统，其通常用来从分子水平研究病原菌、感染机制、毒力作用等。

（14）TransportDB，版本为 2.0。用于描述预测的完整基因组序列可用的生物体的细胞质膜转运蛋白补体。根据 TC 分类系统（tcdb.org）将每种生物体的转运蛋白分类为蛋白质家族，并提供功能/底物预测。

（15）抗生素综合研究数据库（the Comprehensive Antibiotic Research Database，CARD）。该数据库包含了高质量的细菌耐药性（AMR）分子基础参考数据，重点涉及基因、蛋白质及突变。CARD 是本体论结构的、以模型为中心的，其内容跨越了耐药类别和耐药机制，包括了内在的、突变的及获得性的耐药性。

（16）碳水化合物活性酶数据库（database of Carbohydrate-Active EnZymes，dbCAN）。该数据库基于保守结构域数据库（Conserved Domain Database，CDD）搜索和文献精选，为每一个 CAZyme 家族明确定义了一个标签结构域，同时构建了一个隐马尔可夫模型（Hidden Markov Model，HMM）来代表每个 CAZyme 家族的标签结构域。可以基于 HMMER3 对任何蛋白质数据集进行 CAZyme 标签结构域的注释。

1. COG 基因功能注释

利用 BLAST 比对工具基于 COG 数据库对各微生物的预测基因进行 COG 功能分类，其统计结果如图 3-1 所示。

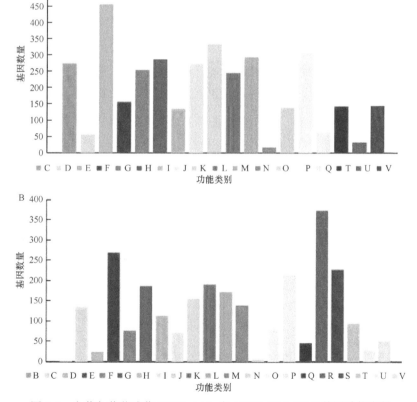

图 3-1　金黄色葡萄球菌 12513（A）和 10071（B）COG 基因功能注释

[B] 染色质结构与动力学，[C] 能量产生和转化，[D] 细胞周期控制、细胞分裂、染色体划分，[E] 氨基酸转运和代谢，[F] 核苷酸转运和代谢，[G] 碳水化合物转运和代谢，[H] 辅酶转运和代谢，[I] 脂质转运和代谢，[J] 翻译、核糖体结构与生物发生，[K] 转录，[L] 复制、重组与修复，[M] 细胞壁/膜/包膜生物发生，[N] 细胞运动性，[O] 翻译后修饰、蛋白质周转、伴侣，[P] 无机离子转运和代谢，[Q] 次生代谢产物生物合成、转运和分解代谢，[R] 一般功能预测，[S] 功能未知，[T] 信号转导机制，[U] 细胞内运输、分泌，[V] 防御机制

基因组测序结果显示，金黄色葡萄球菌10071共预测得到2556个基因，其中共有2328个基因具有COG功能注释，占全部预测基因的91.1%。从图3-1可知，通过COG基因功能注释，金黄色葡萄球菌10071分布在[R]一般功能预测基因最多，有380个左右；其次占比最高的是氨基酸转运与代谢相关基因，数量约为270个；接着是功能未知、无机离子转运和代谢、转录、碳水化合物转运与代谢相关功能基因。由GO基因功能注释结果可以看出，金黄色葡萄球菌10071基因中与代谢过程、细胞过程相关基因占比最高；与细胞成分相关功能中细胞、细胞局部、膜、膜局部基因数量最多，都超过170个；与分子功能相关基因中占比最多的分别是催化活性、结合相关基因。

2. KEGG生物通路注释

利用KEGG数据库基于BLAST比对原则对各微生物预测得到的基因组进行KEGG功能注释及分析，结果表明金黄色葡萄球菌中共有827个预测基因有相应的KEGG生物通路注释，主要包含的生物通路如下：次生代谢物的生物合成、抗生素的生物合成、不同环境中的微生物代谢、氨基酸的生物合成、ABC转运系统、碳代谢、双组分系统、嘌呤代谢、核糖体、嘧啶代谢、丙酮酸代谢等。获得了金黄色葡萄球菌一系列的KEGG生物通路注释，明确了金黄色葡萄球菌基因参与的各类代谢通路，为对金黄色葡萄球菌全基因组信息的深入研究提供了基础数据与理论依据。

3. GO功能注释

根据Nr注释信息我们能得到GO功能注释。GO是一个国际标准化的基因功能分类体系，提供了一套动态更新的标准词汇表来全面描述生物体中基因和基因产物的属性。

4. 结构域分析

蛋白结构域的预测使用Sanger开发的Pfam_Scan（ftp://ftp.sanger.ac.uk/pub/data-bases/Pfam/Tools/）程序（默认参数）预测编码的蛋白序列后，同结构域（Pfam）数据库进行比对（Pfam版本号为26.0），可以得到Unigene编码的蛋白结构相关注释信息，主要包括与细胞周期控制、细胞分裂、染色体分配、氨基酸转运和新陈代谢、核苷酸转运和代谢、碳水化合物转运和新陈代谢、辅酶的运输和代谢、脂质转运和新陈代谢、翻译、核糖体结构和生物合成、转录、复制、重组和修复、细胞壁/细胞膜等相关的蛋白结构。

5. 病原与宿主互作注释

病原与宿主互作数据库（PHI），其内容经过实验验证，主要来源于真菌、卵菌和细菌病原，感染的宿主包括动物、植物、真菌以及昆虫。SA10071共有415个与病原相关的基因，主要负责包括铁载体、超氧化物歧化酶、多药耐药、胞外多糖、尿苷二磷酸（UDP）-葡萄糖脱氢酶、木糖醇脱氢酶等的合成。

6. 毒力因子注释

VFDB是专门研究致病细菌、衣原体和支原体致病因子的数据库。其包含24个种，共 425 个致病因子，24 个致病岛，2359 个与毒力因子相关的基因。在 SA10071 中，共包含 80 个毒力因子相关基因，主要包括 *cap*、*esx*、*ess*、*isd*、*sak*、*hlb*、*map* 等基因。

7. 耐药基因注释

CARD 数据库是定期更新的抗性基因数据库，它包含了 ARDB 中所有的抗性信息，以保证数据有效性。CARD 采用以抗生素耐药性本体（antibiotic resistance ontology，ARO）为分类单位的形式所构建，其中 ARO 是数据库所构建的项（term），用于关联抗生素模块及其目标、抗性机制、基因变异等信息。同时，数据库还针对 ARO 的功能，专门开发了一款名为 Resistance Gene Identifier（RGI）的软件程序，用于基因组数据的抗性基因预测。我们利用 RGI 程序，对预测基因进行 CARD 预测，从而寻找物种的抗性基因。在 SA10071 中，共包含 30 个耐药基因，主要编码大环内酯类、链球菌素、氟喹诺酮、磷霉素、氨基糖苷类抗性基因。

8. 碳水化合物活性酶数据库注释

碳水化合物活性酶数据库（CAZy）是碳水化合物活性酶相关的专业数据库，包括能催化碳水化合物降解、修饰，以及生物合成的相关酶系家族，SA10071 相关分析结果如图 3-2 所示。

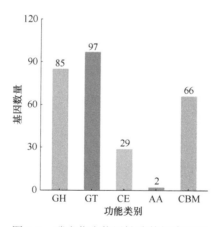

图 3-2　碳水化合物活性酶数据库注释

[AA] 辅助活动，[CBM] 碳水化合物结合模块，[CE] 碳水化合物酯酶，[GH] 糖苷水解酶，[GT] 糖基转移酶

3.3.1.6　基因组圈图

基因组圈图可以全面展示基因组的特征，如基因在正、反义链上的分布情况，基因的 COG 功能分类情况，以及 GC 含量。将各种信息综合展示在一张基因组圈图中，可以使我们对菌株基因组的特征有更全面、更直观的认识。

本分析采用 Circos（http://circos.ca/，版本号：v0.62）软件进行基因组圈图的绘制，图 3-3 为经典的金黄色葡萄球菌基因组圈图。

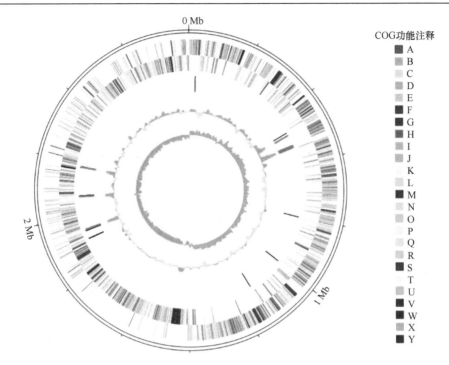

图 3-3　金黄色葡萄球菌的基因组圈图

从最外层到最内层的圆圈分别表示染色体，正链基因，负链基因，非编码 RNA（黑色：tRNA，红色：rRNA），GC 含量（红色：>平均值，蓝色：<平均值），GC 偏斜（紫色：>0，橙色：<0）。

[A] 翻译、核糖体结构和生物合成，[B] RNA 加工和修改，[C] 翻译，[D] 复制、重组和修复，[E] 染色质结构和动力学，[F] 细胞周期控制、细胞分裂、染色体分区，[G] 核结构，[H] 防御机制，[I] 信号转导机制，[J] 细胞壁/膜/被膜生物合成，[K] 细胞动力，[L] 细胞骨架，[M] 胞外结构，[N] 细胞内转运、分泌和水泡运输，[O] 翻译后修饰、蛋白质周转、蛋白质分子伴侣，[P] 能量生产和转换，[Q] 碳水化合物运输和新陈代谢，[R] 氨基酸输送和新陈代谢，[S] 核苷酸输送和新陈代谢，[T] 辅酶转运和新陈代谢，[U] 脂质运输和新陈代谢，[V] 无机离子转运与代谢，[W] 次生代谢物生物合成、运输和分解代谢，[X] 一般功能预测，[Y] 未知功能

3.3.1.7　小结

笔者通过对金黄色葡萄球菌及其质粒进行 *de novo* 测序，获取其全基因组序列，进行基因预测后将预测基因进行功能注释，获得一系列基因功能信息，为金黄色葡萄球菌功能基因的研究与生物信息学分析提供基础数据和技术参考。

3.3.2　金黄色葡萄球菌微生物被膜相关基因的研究

在金黄色葡萄球菌形成微生物被膜的过程中，主要有以下几类因素发挥作用。

（1）细胞间多糖黏附素（PIA）是金黄色葡萄球菌微生物被膜形成中的重要因子，在微生物被膜形成的黏附和聚集阶段发挥重要作用。缺乏 PIA 的菌株之间的相互黏附能力大大下降，无法形成正常的微生物被膜。PIA 的合成与 *ica* 操纵子的调控有关，当 *ica* 发生突变时，PIA 的合成减少，微生物被膜的形成能力也随之下降[5]。

（2）*ica* 操纵子（包含 *icaA*、*icaD*、*icaB*、*icaC* 等基因）编码金黄色葡萄球菌细胞间多糖黏附素（PIA）的合成系统，*ica* 操纵子位于细菌染色体上，包括串联存在的 *icaA*、*icaD*、*icaB*、*icaC* 四个功能基因。其中 *icaA* 在 *ica* 操纵子中的作用最为显著，由其编码

合成的 IcaA 蛋白具有 N-乙酰葡聚糖转移酶活性；IcaD 是 IcaA 的伴侣蛋白，帮助 IcaA 合成的产物正确折叠，IcaC 是一种跨膜蛋白，它可以进一步延长 IcaA 的合成产物，IcaB 的作用是介导 N-乙酰葡萄糖胺残基的去乙酰化[35]。已有的研究表明，icaADBC 的表达受 SarA、SarX、IcaR、sigmaB（σB）等因子的调控。

（3）SarA 蛋白通过与 DNA 结合，改变 DNA 的局部构型，从而激活或关闭基因的表达。在葡萄球菌中，SarA 属于全局调控因子，它能直接或间接调控 120 多个相关基因的表达[36]。其中，Tormo 等[37]的研究表明，SarA 可与 ica 启动子序列结合，通过上调 ica 基因的表达来促进微生物被膜的形成。icaR 是 ica 操纵子的一个调节基因，位于 ica 操纵子的上游，其编码的 IcaR 蛋白对 icaADBC 的表达具有负调控作用。

（4）在金黄色葡萄球菌中，SarX 的结构及作用机制与 SarA 相似。

（5）在金黄色葡萄球菌中，SarR 的结构及作用机制与 SarA 相似。

（6）atlE 基因编码 AtlE 蛋白，表达于细胞表面，分别具有酰胺酶和氨基葡糖苷酶功能，介导金黄色葡萄球菌对多聚物及人体细胞外基质蛋白的黏附。在金黄色葡萄球菌微生物被膜形成增殖阶段发挥重要作用。

（7）agr 抑制微生物被膜形成的作用机制，与 agr 下调黏附蛋白的表达、上调 δ 溶血素和蛋白酶的表达有关。agr 突变，AtlE 就会过量表达，可以推测 agr 可通过下调 AtlE 蛋白的表达来抑制微生物被膜的形成。δ 溶血素对微生物被膜的稳定具有负面作用，它可通过阻止葡萄球菌黏附到物体表面或促进微生物被膜的播散来抑制微生物被膜的形成。在金黄色葡萄球菌中，酚溶调控蛋白（phenol-soluble modulin，PSM）是群体信号感应系统依赖的微生物被膜结构和播散的关键效应分子。PSM 是具有两亲性螺旋结构的表面活性剂，受 agrA 严格调控，它可破坏微生物被膜细胞外基质大分子间的非共价键，促进微生物被膜的传播和扩散[38, 39]。agr 和 luxS 是葡萄球菌最重要的两个群体感应（quorum sensing，QS）系统。已有的研究表明，对于微生物被膜形成能力强的菌株，敲除 agr 可使其形成微生物被膜的能力变弱，即 agr 表达量的降低能抑制微生物被膜的形成。agr 的调控网络比较复杂，该基因除与微生物被膜的形成有关外，还调节杀白细胞素、α 毒素等细胞毒素的合成。

（8）luxS 系统对微生物被膜的抑制作用效果与 agr 相似，它通过分泌 AI-2 来下调与微生物被膜形成相关的基因以抑制微生物被膜的形成。luxS 基因缺失的菌株比野生型菌株形成微生物被膜能力强。

（9）细胞外基质蛋白（SpA）是金黄色葡萄球菌微生物被膜形成的必需因素，主要在微生物被膜形成的聚集阶段发挥作用。该蛋白由 spa 基因编码，spa 基因发生突变，其形成微生物被膜的能力大大降低，但在 spa 缺陷突变株中加入外源性 SpA，则可以恢复该菌微生物被膜的形成能力。

（10）微生物被膜相关蛋白 Bap，主要在葡萄球菌微生物被膜形成的初始黏附中发挥作用。并且该蛋白受 sarA 的调控，该基因所合成的 SarA 是 Bap 的活化剂，SarA 蛋白可特异性地与 bap 启动子结合激活 bap 的表达，一旦 sarA 受到抑制，细胞表面的 Bap 蛋白减少，微生物被膜的形成就会受损。

（11）纤连蛋白结合蛋白（FnBP）主要在微生物被膜的聚集和成熟阶段发挥作用。当 fnb 发生突变时，不影响微生物被膜初始黏附，但会影响微生物被膜的聚集和成熟。

（12）聚集相关蛋白（Aap）也参与金黄色葡萄球菌微生物被膜的形成，在微生物被膜形成的聚集阶段发挥重要作用。该蛋白由 *aap* 基因编码，当该菌株同时携带 *ica* 和 *aap* 基因时，其微生物被膜的形成能力很强，但如果 *aap* 基因缺失时，其微生物被膜的形成能力明显下降。

（13）胞外 DNA（eDNA）是微生物被膜中一部分细菌通过程序性细胞死亡（细胞凋亡）进而溶解释放出细胞外的 DNA，也是微生物被膜胞外基质中的重要成分之一。近年来的研究表明，eDNA 在葡萄球菌微生物被膜的形成中也发挥着重要作用。其作用机制是连接 PIA 和微生物被膜相关蛋白等微生物被膜的成分，稳定微生物被膜的结构[40]。它在微生物被膜的初始黏附阶段起连接作用，在成熟微生物被膜中可维持微生物被膜的结构稳定[41]。细菌细胞的死亡和溶解是 eDNA 释放的基础，其中 *cid*、*lrg* 和 *atl* 操纵子参与调控葡萄球菌的死亡、溶解及 eDNA 的释放。

（14）*cid* 和 *lrg* 操纵子位于细菌的染色体上，它们分别编码一种类似于打孔素和抗打孔素的物质，并以相互制约的方式调节胞壁质酶的活性，控制细菌的程序性死亡和溶解。菌体内 *cid* 和 *lrg* 的表达趋于平衡，有利于微生物被膜的形成和稳定。目前有研究表明，*cidA* 的变化趋势与 eDNA 的变化趋势并非完全一致，表明除 *cidA* 和 *lrgA* 外，还有其他基因参与 eDNA 的调控。

（15）*cidA* 的变化趋势与 eDNA 的变化趋势并非完全一致，表明除 *cidA* 和 *lrgA* 外，还有其他基因参与 eDNA 的调控。*atlE* 在表皮葡萄球菌微生物被膜的初始黏附阶段和稳定微生物被膜的结构方面起着重要的作用。*atl* 可通过编码合成 Atl（一种胞壁质酶），降解菌体的细胞壁，促进细胞自溶释放 eDNA。

（16）SigB 因子（sigma factor B）最早在表皮葡萄球菌微生物被膜形成的研究中被发现，随后在研究金黄色葡萄球菌微生物被膜形成的时候也发现了类似的 SigB 调控序列，并被证明其与微生物被膜的形成有关。通过基因敲除的方法将金黄色葡萄球菌 *SigB* 基因敲除后，该菌形成微生物被膜的能力急剧下降；而把 *SigB* 基因回补恢复其功能后，细菌形成微生物被膜的功能又恢复如前。

笔者对金黄色葡萄球菌的基因组进行了测序，对其中与微生物被膜形成相关的基因进行分析，结果显示，金黄色葡萄球菌携带 *icaA*、*icaD*、*icaB*、*icaC*、*sarA*、*sarX*、*agr* 等与微生物被膜形成相关的基因。

3.4 铜绿假单胞菌

3.4.1 铜绿假单胞菌基因组研究

3.4.1.1 引言

铜绿假单胞菌是引起肺感染、尿路感染及其他医源性感染常见的条件致病菌，具有多重耐药的特点，是临床抗感染治疗的难点，目前研究认为其所致感染的难治性往往与细菌能够形成生物膜密切相关。而临床慢性感染的易感染者多为中老年人，或患有严重疾病如机械呼吸机相关性肺炎，长期导尿管感染、假体植入感染等与细菌生物膜形成相关。成熟的铜绿假单胞菌生物膜由蘑菇样或柱样亚单位组成，具有复杂的空间结构，

生物膜这一特殊结构坚实稳定,不易破坏,大大提高了细菌的存活能力。

3.4.1.2　菌株鉴定

采用 Vitek2 Compact 全自动细菌鉴定仪进行菌株鉴定,确认该菌株为铜绿假单胞菌。

3.4.1.3　全基因组测序及数据质控

参见 3.3.1.2。

3.4.1.4　全基因组序列组装

参见 3.3.1.3。

3.4.1.5　基因组组分分析

获得基因组序列后需要分析其各功能元件分布情况,才能从基因组层面深入研究菌株的特性、功能区域、突变情况、进化过程等,具体统计结果如表 3-4～表 3-6 所示。微生物基因组虽然较小,但是其各功能元件比较丰富,可占基因组序列的 90% 以上,既有编码功能基因的编码区域,又有各种参与表达调控、表观修饰等的非编码区域。

表 3-4　基因统计

总数	总长度/bp	最大长度/bp	最小长度/bp	GC 含量/%
6 114	5 810 106	16 944	114	66.97

表 3-5　铜绿假单胞菌 298(PA-298)非编码 RNA 统计

类型	拷贝数	平均长度/bp	总长度	在基因组中占比/%
tRNA	65	78	5 093	0.08
16S rRNA	4	1 524	6 096	0.09
5S rRNA	4	115	460	0.01
23S rRNA	4	2 889	11 556	0.18

表 3-6　PA-298 重复序列统计

类型	元件个数	占用长度/bp	序列百分比/%
SINEs	25	1656	0.03
LINEs	16	1234	0.02
LTR 元件	0	0	0.00
DNA 元件	7	524	0.01
总重复数	48	3414	0.05

3.4.1.6　功能注释

1. COG 基因功能注释

利用 BLAST 比对工具基于 COG 数据库对铜绿假单胞菌 298 预测基因进行 COG 和 GO 功能分类,其统计结果如图 3-4 所示。

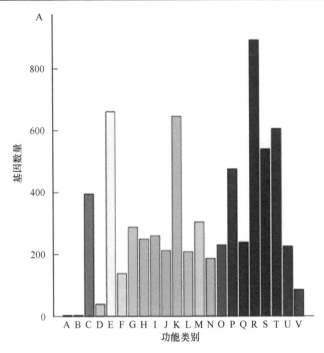

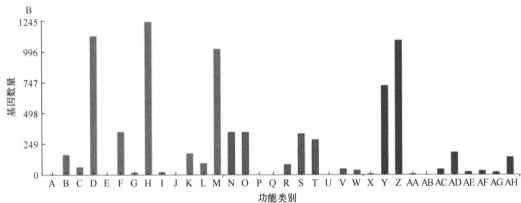

图 3-4 COG（A）和 GO（B）基因功能注释

A. 功能类别：[A] RNA 加工和修饰，[B] 染色质结构和动力学，[C] 能量产生与转化，[D] 细胞周期控制，细胞分裂，染色体分配，[E] 氨基酸转运与代谢，[F] 核苷酸转运与代谢，[G] 碳水化合物转运与代谢，[H] 辅酶转运与代谢，[I] 脂质转运与代谢，[J] 翻译、核糖体结构与生物合成，[K] 转运，[L] 复制、重组与修复，[M] 细胞壁、细胞膜、包膜的生物合成，[N] 细胞运动，[O] 翻译后修饰、蛋白质周转、分子伴侣，[P] 无机离子转运和代谢，[Q] 次生代谢物生物合成、转运和分解代谢，[R] 一般功能预测，[S] 功能未知，[T] 信号转导机制，[U] 细胞内运输、分泌和囊泡运输，[V] 防御机制
B. 功能类别：1. 生物过程：[A] 生物黏附，[B] 生物调节，[C] 细胞成分聚集或生物合成，[D] 细胞过程，[E] 免疫系统过程，[F] 定位，[G] 运动，[H] 代谢过程，[I] 多生物体过程，[J] 多细胞生物体过程，[K] 应激反应，[L] 信号，[M] 单一有机体过程；2. 细胞成分：[N] 细胞，[O] 细胞局部，[P] 细胞外区域，[Q] 细胞外区域局部，[R] 大分子复合体，[S] 膜，[T] 膜局部，[U] 核酸，[V] 细胞器，[W] 细胞器局部；3. 分子功能：[X] 抗氧化活性，[Y] 结合，[Z] 催化活性，[AA] 电子载体活性，[AB] 分子功能调节器，[AC] 分子传感器活性，[AD] 核酸结合转录因子活性，[AE] 信号传感器活性，[AF] 结构分子活性，[AG] 转录因子活性，蛋白质结合，[AH] 运输活性

根据分析结果得知，该菌株中共预测得到 6114 个基因，其中共有 5643 个基因具有 COG 功能注释，占全部预测基因的 92.3%。

2. KEGG 生物通路注释

铜绿假单胞菌中共有 1648 个预测基因有相应的 KEGG 生物通路注释，主要包含的生物通路如下：代谢途径、次级代谢产物的生物合成、不同环境中的微生物代谢、抗生素的生物合成、双组分系统、ABC 转运系统、氨基酸的生物合成、碳代谢、细菌分泌系统、嘌呤代谢、丙酮酸代谢、乙醛酸和二羧酸代谢、氧化磷酸化等。

3. GO 功能注释

方法参见 3.3.1.5。

4. 结构域分析

在铜绿假单胞菌 298 菌株中，共包含 5153 个结构域，这些结构域与铜绿假单胞菌的生长代谢、繁殖等各项生命活动息息相关。

5. 碳水化合物活性酶数据库注释

CAZy 是碳水化合物活性酶相关的专业数据库，其内容包括能催化碳水化合物降解、修饰，以及生物合成的相关酶系家族，其注释结果如图 3-5 所示。

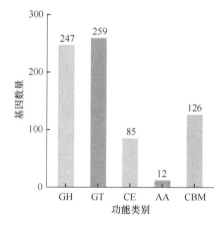

图 3-5　碳水化合物活性酶数据库（CAZy）注释
注参见图 3-2

3.4.1.7　毒力因子

在铜绿假单胞菌菌株 Pae617 的基因组中，共鉴定了 335 种毒力因子[42-44]。在毒力因子中，鉴定了 22 个 *alg* 基因，包括藻酸盐生物合成蛋白编码基因 *alg44*、*algE*、*algK*、*algR*、*algU* 和 *algX*，藻酸盐 O-乙酰转移酶编码基因 *algF*、*algI* 和 *algJ*，以及藻酸盐调节蛋白编码基因 *algP*，另外，由 16 个 *fleQ* 基因、3 个 *fleR* 基因和一个 *fleN* 基因组成的 20 个 *fle* 基因分别被鉴定为编码转录调节因子、双组分反应调节因子和鞭毛合成调节因子。含有 36 个 *pil* 基因的 IV 型 *pil* 操纵子范围从 *pilA* 到 *pilY*。*pil* 基因编码不同的蛋白质，包括菌毛前体、菌毛生物发生蛋白、前脯氨酸肽酶、抽搐运动蛋白、甲基转移酶、双组分传感器和响应调节剂，以及菌毛生物合成蛋白。Pae617 菌株中的 IV 型菌毛蛋白基因与 PA96 中的类型相同[45]。此外，在基因组中发现了由 xcp 基因编码的分泌途径蛋白和由 psc 基因编码的 III 型输出蛋白。16 个 fli 基因、14 个 che 基因、13 个 tsr 基因、11 个 bvg 基因、10 个 flg 基因、9 个 pcr 基因等也是基因组中毒力因子的一部分。

3.4.1.8 耐药基因

在铜绿假单胞菌 298 中，共包含 68 个耐药基因，在基因组中鉴定出 15 种抗生素抗性基因，包括 bacA、bl1_PAO、mexA、mexB、mecD、mexE、mexF、mexH、mexI、mexW、mexX、mexY、opmD、oprJ 和 oprM。bacA 基因赋予对杆菌肽编码的十一碳烯基焦磷酸磷酸酶的抗性，其中包括十一碳烯基焦磷酸的分离。负责头孢菌素抗性的 bl1_PAO 基因编码 C 类 β-内酰胺酶，其使 β-内酰胺抗生素环打开并使分子的抗菌药物失活。编码抗性-结瘤-细胞分裂转运系统的基因，mexA 和 mexB 均赋予了菌株对氨基糖苷类、四环素类、β-内酰胺类、替加环素类和氟喹诺酮类的耐药性，mexD、mexE 和 mexF 均赋予了菌株对氟喹诺酮的耐药性，而 mexX 和 mexY 均赋予了菌株对氨基糖苷类药物的耐药性。编码抗性-结瘤-细胞分裂转运体系统的基因 opmD、oprJ 和 oprM，分别赋予了菌株对罗红霉素、红霉素、甘氨酰环素、氟喹诺酮，以及氨基糖苷、四环素、β-内酰胺、替加环素、氟喹诺酮的抗性。

3.4.1.9 基因组圈图

基因组圈图可以全面展示基因组的特征，如基因在正、反义链上的分布情况，基因的 COG 功能分类情况，以及 GC 含量。将各种信息综合展示在一张基因组圈图中，可以使我们对菌株基因组的特征有更全面、更直观的认识。

笔者采用 Circos 软件进行基因组圈图的绘制，图 3-6 为传统经典的铜绿假单胞菌 298 菌株的基因组圈图。

3.4.1.10 小结

笔者通过对铜绿假单胞菌及其质粒进行 de novo 测序，获取其全基因组序列，进行基因预测后将预测基因进行功能注释，获得一系列基因功能信息，为铜绿假单胞菌功能基因的研究与生物信息学分析提供基础数据和技术参考。

铜绿假单胞菌 Pae617 菌株的基因组长度为 5 810 106 bp，含有 6114 个预测基因，平均 GC 含量为 66.97%，与从美国纽约分离的两个新测序的铜绿假单胞菌菌株高度相似。笔者进行了基因分型和鉴定。qnrVC6 基因在临床铜绿假单胞菌分离株中首次被报道，并首次鉴定了这种新的遗传背景，由 1 类整合子 In786 携带 aacA4-bla$_{IMP-45}$-bla$_{OXA-1}$-catB3 基因盒组成，qnrVC6 基因由两个拷贝组成。ISCR1，其后是 armA 基因，anaphA7 基因侧翼是两个 IS26 拷贝。这一发现可能为铜绿假单胞菌的进化、抗菌药物耐药性和假单胞菌病的流行病学研究提供重要的见解。从整个基因组序列中，鉴定出 IV 型菌毛蛋白、2 个大型前噬菌体、5 个参与传染病途径的基因，以及 15 个抗生素抗性基因和 335 个无毒因子基因。它有助于进一步研究铜绿假单胞菌的抗生素耐药机制和临床控制。

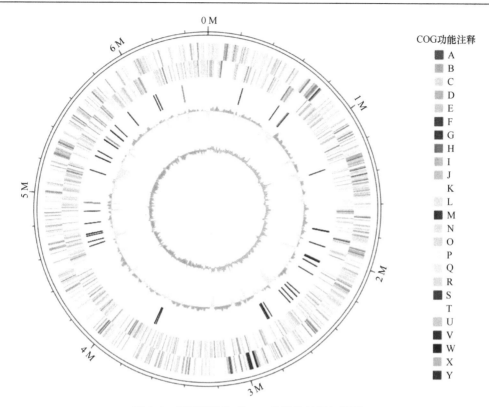

图 3-6　铜绿假单胞菌 298 菌株的基因组圈图

从最外层到最内层的圆圈分别表示染色体，正链基因，负链基因，非编码 RNA（黑色：tRNA，红色：rRNA），GC 含量
（红色：＞平均值，蓝色：＜平均值），GC 偏斜（紫色：＞0，橙色：＜0）。
注参见图 3-3

3.4.2　铜绿假单胞菌微生物被膜相关基因的研究

在铜绿假单胞菌形成微生物被膜的过程中，主要有以下几类因素发挥作用。

（1）*psl* 基因群共包括 15 个开放阅读框（open reading frame，ORF），长 18.7 kb。这些读码框架紧密相连，按同一方向排列，形成一个操纵子结构，参与生物膜细胞外基质多糖的生物合成。研究表明 *pslAB* 突变株与野生型相比，早期生物膜形成能力有严重缺陷，重新加入含有 *psl* 位点的质粒后，其生物膜生成能力又得以恢复。

（2）*las* 系统与细菌微生物被膜的成熟有重要的关系。基因 *lasI* 突变的铜绿假单胞菌不能形成成熟的微生物被膜，在相同的体外培养条件下，密度感应系统健全的野生株和 *lasI* 突变株均能吸附到玻璃的表面，并形成微菌落。但随着培养时间的延长，野生株能形成厚度达 100 μm、内部分布不均质、具有复杂结构的微生物被膜，而 *lasI* 缺陷菌株形成的微生物被膜有严重的缺陷。

（3）在铜绿假单胞菌中，转录调节因子 *fleQ*［同时也是环二鸟苷酸（cyclic diguanylate，c-di-GMP）受体］直接调控 *pel*（*pelA*、*pelB*、*pelC*、*pelD*、*pelE*、*pelF*、*pelG*）和 *psl*（*pslA*、*pslB*、*pslC*、*pslD*）两个多糖操纵子的表达[46, 47]，低 c-di-GMP 水平下，*fleQ* 结合 *pel* 和 *psl* 的启动子抑制两者的表达，高 c-di-GMP 水平下，*fleQ* 和 c-di-GMP 结合，改变其与启动子的结合模式，激活操纵子的表达。受体 Alg44 结合 c-di-GMP 后改变构

象，促进 Alg 多糖多聚化过程，增加 Alg 多糖的合成[48, 49]；另外一个受体 PelD 含有一个退化的 GGEDF 结构域，结合 c-di-GMP 后，促进 Pel 多糖的合成及分泌[50-52]，但其具体机制和过程尚不清楚。

（4）PilZ 家族蛋白是一种参与抽搐的 IV 型菌毛生物发生蛋白。在微生物被膜形成的早期阶段发挥着积极的调控作用。

（5）FliC 所编码的鞭毛是铜绿假单胞菌的主要结构成分。在艰难梭菌中，fliC 突变体在生物膜形成的后期阶段（5 d）受损，表明该基因在微生物被膜成熟阶段发挥着重要的积极作用。

（6）SagS 在铜绿假单胞菌生物膜形成和生物膜细胞获得其抗生素抗性增强中起关键作用，在 SagS 基因缺陷菌株中，微生物被膜的形成具有一定的缺陷。

（7）IV 型菌毛在多种原核生物中表达。这些柔韧的纤维介导抽搐运动、生物膜成熟、表面黏附和毒力作用。菌毛主要由菌毛蛋白亚基组成，PilY1 被认为是一种机械感觉组件，触发表面附着时急性毒力表型的上调。相对于野生型或主要的菌毛蛋白突变体，pilW、pilX 和 pilY1 突变体对秀丽隐杆线虫的毒力降低，这种毒力降低机制可能是由其微生物被膜形成受损所引起的。

（8）铜绿假单胞菌的小 RNA ersA 通过编码毒力相关酶 AlgC 的 algC 基因的负转录后调节参与生物膜形成，敲除 ersA 的突变菌株形成扁平、均匀的生物膜，并没有形成典型的生物膜结构，表明该基因在微生物被膜的形成过程中发挥重要作用。

（9）藻酸盐是铜绿假单胞菌微生物被膜胞外多聚基质的主要成分之一，其表达的调节与 mucA 基因相关。mucA 基因突变体在微生物被膜形成过程、形态，以及藻酸盐合成相关基因 algD、algR 和 algU 在不同时间点的表达方面是不同的，并且形成的微生物被膜形态为薄膜状。表明 mucA 在铜绿假单胞菌微生物被膜形成过程中发挥着积极作用。

（10）algR 基因在 IV 型菌毛介导的抽搐运动、QS 系统形成中起到关键作用，algR 基因的高表达可促进铜绿假单胞菌的生物膜的形成和扩散。

（11）Rops 作为铜绿假单胞菌的一段转录因子，研究发现该片段具有调节 rhl 的功能，铜绿假单胞菌 Rops 突变后生物膜的形成量均有所增加。表明 Rops 的表达会抑制微生物被膜的形成。

（12）目前发现铜绿假单胞菌 pvdQ 基因可以编码 AHL 酰基酶并降解 3OC12-HSL 分子，并且发现是通过水解 3OC12-HSL 分子侧链使其失活。细菌 QS 系统被激活后，酰基酶亦随之开始表达，并降解细胞外过多的信号分子 3OC12-HSL，促使细菌进入静止状态，从而抑制生物膜的形成。

（13）AiiA 是从芽孢杆菌（Bacillus）提取的一种酶，可水解 N-酰基高丝氨酸内酯的内酯键，AiiA 基因的作用不仅有效而且持久。AiiA 基因表达后生物膜的形成受到抑制，厚度和致密程度降低。

（14）铜绿假单胞菌细胞内的 Arr 基因能有效表达内膜磷酸二酯酶，其中底物为广泛存在于菌群内部的第二信使 c-di-GMP，它能有效调控菌群表面的分子黏附情况，并促进生物膜生成。此外，pslA、pelA、lasI、lasR、rhlA 的表达与铜绿假单胞菌生物膜形成密切相关，在生物膜形成中具有重要作用。

除上述基因外，铁离子浓度、氧气浓度等也会影响微生物被膜的形成。

笔者对铜绿假单胞菌的基因组进行了测序，通过对其中与微生物被膜形成相关的基因进行分析，结果显示铜绿假单胞菌携带 *algD*、*plsA*、*lasR*、*alg44* 等与微生物被膜形成相关的基因。

3.5　恶臭假单胞菌

3.5.1　恶臭假单胞菌基因组研究

3.5.1.1　引言

恶臭假单胞菌（*Pseudomonas putida*）是一种非致病性的革兰氏阴性模式菌，主要存在于土壤和水体环境中，具有广泛代谢多样性和在不同环境中定植的能力，它是第一个获得美国国立卫生研究院 DNA 重组监督委员会认证的可以作为宿主安全使用的土壤细菌。恶臭假单胞菌良好的环境适应性和代谢能力使其在生产生活中具有重要应用价值，对其生存模式和基础代谢途径进行研究，有助于指导其在实际生产中的高效应用。形成微生物被膜的能力对于菌株适应复杂环境和发挥良好作用具有重要意义。

3.5.1.2　菌株鉴定

本研究所用恶臭假单胞菌菌株是在广州医科大学附属第一医院从尿路感染的患者尿液中分离的 Guangzhou-Ppu420。采用 Vitek2 Compact 全自动细菌鉴定仪进行菌株鉴定。

3.5.1.3　全基因组测序及数据质控

方法参见 3.3.1.2。

3.5.1.4　全基因组序列组装

方法参见 3.3.1.3。

3.5.1.5　基因组组分分析

获得基因组序列后需要分析其各功能元件分布情况，才能从基因组层面深入研究菌株的特性、功能区域、突变情况、进化过程等。微生物基因组虽然较小，但是其各功能元件比较丰富，可占据基因组序列的 90% 以上，既有编码功能基因的编码区域，又有各种参与表达调控、表观修饰等的非编码区域。

本研究对恶臭假单胞菌 Guangzhou-Ppu420 菌株的全基因组进行了测序和组装，以产生一个完整的基因组。基因组总长度为 6 031 212 bp，平均 GC 含量为 62.01%。恶臭假单胞菌 Guangzhou-Ppu420 菌株骨架与恶臭假单胞菌菌株 GB-1（GenBank 登录号：CP000926）具有 93% 的查询覆盖率和 99% 的核苷酸同一性，对恶臭假单胞菌菌株 HB3267（GenBank 登录号：CP003738）具有 61% 的查询覆盖率和 95% 的核苷酸同一性，与恶臭假单胞菌菌株 H8234（GenBank 登录号：CP005976）具有 69% 的查询覆盖率和 97% 的核苷酸同一性。根据基因预测，鉴定出 5421 个 ORF，包括 7 个 16S rRNA、7 个 23S rRNA、77 个 tRNA（99 个非编码 RNA）、380 个 ORF 编码的特征蛋白或假设蛋白等的基因。鉴定了两个整合子（In528 和 In1348）。共预测了 74 个重复序列和插入序列（insertion sequence，IS），包括 3 个 ISCR1。共有 135 个 ORF 被预测与毒力因子有关，6 个抗生素抗性基因被鉴定。

3.5.1.6　功能注释

1. COG 基因功能注释

利用 BLAST 比对工具基于 COG 数据库对各微生物的预测基因进行 COG 功能分类，其统计结果如图 3-7 所示。

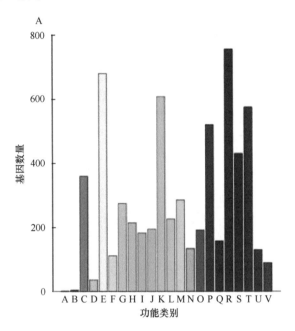

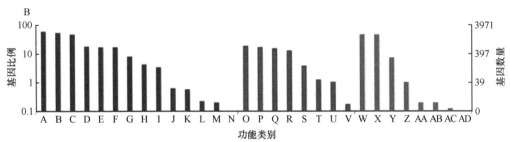

图 3-7　COG（A）和 GO（B）基因功能注释

A. 功能类别：[A] RNA 加工和修饰，[B] 染色质结构和动力学，[C] 能量产生与转化，[D] 细胞周期控制、细胞分裂、染色体分配，[E] 氨基酸转运与代谢，[F] 核苷酸转运与代谢，[G] 碳水化合物转运与代谢，[H] 辅酶转运与代谢，[I] 脂质转运与代谢，[J] 翻译、核糖体结构与生物合成，[K] 转运，[L] 复制、重组与修复，[M] 细胞壁、细胞膜、包膜的生物合成，[N] 细胞运动，[O] 翻译后修饰、蛋白质周转、分子伴侣，[P] 无机离子转运和代谢，[Q] 次生代谢物生物合成、转运和分解代谢，[R] 一般功能预测，[S] 功能未知，[T] 信号转导机制，[U] 细胞内运输、分泌和囊泡运输，[V] 防御机制

B. 功能类别：1. 生物过程：[A] 代谢过程，[B] 细胞过程，[C] 单一有机体过程，[D] 生物调节，[E] 定位，[F] 生物调节过程，[G] 应激反应，[H] 信号，[I] 细胞成分有机体或合成，[J] 发育过程，[K] 运动，[L] 多有机体过程，[M] 生物过程负调控，[N] 免疫系统过程；2. 细胞成分：[O] 膜，[P] 膜局部，[Q] 细胞，[R] 细胞局部，[S] 大分子复合体，[T] 细胞器，[U] 细胞器局部，[V] 病毒粒子；3. 分子功能：[W] 代谢活性，[X] 结合，[Y] 运输活性，[Z] 蛋白质结合转录因子活性，[AA] 分子传感器活性，[AB] 抗氧化活性，[AC] 分子功能调节器，[AD] 酶调节器活性

根据分析结果可知，该菌株中共预测得到 5421 个基因，其中共有 4359 个基因具有 COG 功能注释，占全部预测基因的 80.4%。

2. KEGG 生物通路注释

利用 KEGG 数据库基于 BLAST 比对原则对各微生物预测得到的基因组进行 KEGG 功能注释及分析，恶臭假单胞菌中主要包含的生物通路如下：代谢途径、抗生素的生物合成、双组分系统、ABC 转运系统、氨基酸的生物合成、碳代谢、细菌分泌系统、嘌呤代谢、丙酮酸代谢、氧化磷酸化等。

3. GO 功能注释

方法参见 3.3.1.5。

4. 结构域分析

该菌株包含 4651 个结构域，主要包括与细胞周期控制、细胞分裂、染色体分配、氨基酸转运和新陈代谢、核苷酸转运和代谢、碳水化合物转运和新陈代谢、辅酶的运输和代谢、脂质转运和新陈代谢、翻译、核糖体结构和生物发生、转录、复制、重组和修复、细胞壁/膜/包膜生物发生等相关的蛋白结构。

5. 病原与宿主互作注释

该菌株中共有 1129 个与之相关的基因，主要包括铁载体、超氧化物歧化酶、防止氧化应激、多药耐药、胞外多糖、UDP-葡萄糖脱氢酶、木糖醇脱氢酶等基因。

6. 碳水化合物活性酶数据库注释

对该菌株进行 CAZy 分类，包括能催化碳水化合物降解、修饰，以及生物合成的相关酶系家族，其结果如图 3-8 所示。

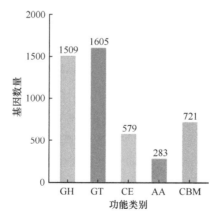

图 3-8 碳水化合物活性酶数据库（CAZy）注释
注参见图 3-2

3.5.1.7 毒力因子

该菌株包含 425 个致病因子、24 个致病岛、2359 个与毒力因子相关的基因。

3.5.1.8　耐药基因

在该菌株中，共存在 6 种抗生素抗性基因，其中有 3 种编码氨基糖苷类修饰酶的基因。据报道，*aacA4* 基因赋予菌株对替米考星、异帕米星、妥布霉素、阿米卡星的抗性，*strA* 和 *strB* 基因赋予菌株对链霉素的抗性。*aacA4*、*strA* 和 *strB* 基因分别编码氨基糖苷类的 *N*-乙酰转移酶、*O*-核苷酸转移酶和 *O*-磷酸转移酶，它们分别通过乙酰化、腺苷酰化和磷酸化修饰氨基糖苷类。*bla*VIM-2 基因编码 B 类 β-内酰胺酶，其破坏 β-内酰胺抗生素并使其分子的抗菌性能失活，从而赋予菌株对碳青霉烯、青霉素、头孢霉素和头孢菌素的抗性。不同菌株具有不同的遗传背景，如 *sul-IS6100-bla*VIM-2*-aacA4-intI1-tnpR-tnpA*（*P. putida* 菌株 DZ-C18），*tniA-tniB-tniC-bla*VIM-2*-aacA4-dhfr2-intI1-tnpR-tnpA*（铜绿假单胞菌菌株 DZ-B1）和 *intI1-dfrB1b-aacA4-bla*VIM-2*-tniC*（*P. geniculata* 菌株 IR49）。但法国的铜绿假单胞菌临床分离株，与恶臭假单胞菌菌株 IR35（*intI1-aacA7-bla*VIM-2*-aacC1-aacA4-qacED1-sul1*）、PP25（*intI1-aacA49-bla*VIM-2*-aacA4-qacD1*）的 1 类整合子相同，而 PP19（*intI1-bla*VIM-2*-aacA32b-aadA1a-qacED1-sul1*）、恶臭假单胞菌分离株 Guangzhou-Ppu420 中的 *bla*VIM-2 基因获得了不同的遗传背景（*tnpA-tniR-bla*VIM-2*-aacA4-dhfr2-intI1*）。除 ARDB 预测的抗生素抗性基因外，ResFinder 3.0 鉴定了两个拷贝的 *qnrVC6* 基因，并通过 BLASTP、BLASTNagainst SwissProt 和 NR 数据库进一步手动确认。

3.5.1.9　基因组圈图

基因组圈图可以全面展示基因组的特征，如基因在正、反义链上的分布情况，基因的 COG 功能分类情况，以及 GC 含量。将各种信息综合展示在一张基因组圈图中，可以使我们对菌株基因组的特征有更全面、更直观的认识。

笔者采用 Circos（http://circos.ca/，版本号：v0.62）软件进行基因组圈图的绘制，图 3-9 为传统经典的恶臭假单胞菌的基因组圈图。

3.5.1.10　恶臭假单胞菌与铜绿假单胞菌的比较基因组学分析

1. 一般基因组特征

铜绿假单胞菌 Guangzhou-Pae617 菌株的基因组由一个染色体序列和一个质粒组成，长度分别为 6 430 493 bp 和 423 017 bp，GC 含量为 66.43%。在恶臭假单胞菌 Guangzhou-Ppu420 菌株的基因组中未鉴定出质粒，其长度为 6 031 212，GC 含量为 62.01%。铜绿假单胞菌 Guangzhou-Pae617 的染色体与恶臭假单胞菌 Guangzhou-Ppu420 显示 51% 的覆盖率和 85% 的同源性。这两个菌株是从同一地区（中国广州）分离出来的，这表明其在该区域普遍存在。

2. 抗菌抗性基因

根据我们之前的抗菌药物耐药性数据，两种菌株均获得对 β-内酰胺类、氨基糖苷类和喹诺酮类药物的耐药性，铜绿假单胞菌 Guangzhou-Pae617 菌株显示了更强的抗性。位于染色体的 1 类整合子中的 *bla*IMP-45 和 *bla*OXA-1 以及 *bla*OXA-50 和 *bla*PDC 赋予铜绿假单胞菌 Guangzhou-Pae617 菌株 β-内酰胺抗性。只有 *bla*VIM-2 基因赋予恶臭假单胞菌

Guangzhou-Ppu420 菌株 β-内酰胺抗性，这可能解释了其较低的 β-内酰胺抗性。关于赋予对氨基糖苷类抗性的基因，*armA*、*aacA4*、*aphA7* 位于铜绿假单胞菌 Guangzhou-Pae617 菌株的质粒中，*aph*（*3′*）-*IIb* 位于铜绿假单胞菌 Guangzhou-Pae617 菌株的染色体中，*strA*、*strB* 和 *aacA4* 位于恶臭假单胞菌 Guangzhou-Ppu420 菌株的基因组中。虽然共享相似的抗生素抗性模式，但铜绿假单胞菌 Guangzhou-Pae617 菌株和恶臭假单胞菌 Guangzhou-Ppu420 菌株获得的抗菌基因不同。然而，在恶臭假单胞菌 Guangzhou-Ppu420 中复制的新型 *qnrVC6* 基因有助于增强两种菌株的喹诺酮耐药性。两种菌株中的 *qnrVC6* 基因都被 *ISCR1* 元件所包围，这可能有助于获得 *qnrVC6* 基因。然而，铜绿假单胞菌 Guangzhou-Pae617 菌株中的 *qnrVC6* 基因位于质粒，而恶臭假单胞菌 Guangzhou-Ppu420 菌株中 *qnrVC6* 基因的两个位点位于染色体上。已报道 *qnrVC6* 基因与移动遗传元件相关，这与铜绿假单胞菌 Guangzhou-Pae617 菌株中 *qnrVC6* 的遗传背景一致。然而，*qnrVC6* 基因的两个拷贝不位于遗传元件中，如质粒 *SXT* 和 1 类整合子。可能铜绿假单胞菌 Guangzhou-Pae617 的质粒中具有周围 ISCR1 元件的 *qnrVC6* 基因被插入到恶臭假单胞菌 Guangzhou-Ppu420 菌株的染色体中并重复。

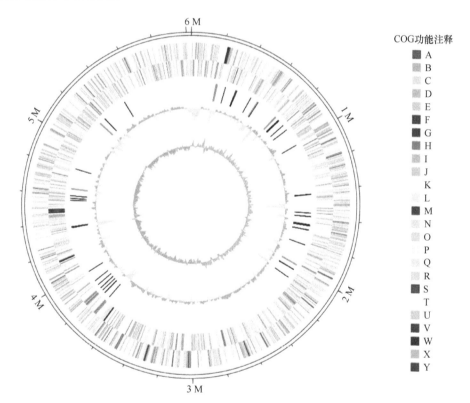

图 3-9 恶臭假单胞菌的基因组圈图

从最外层到最内层的圆圈分别表示染色体，正链基因，负链基因，非编码 RNA（黑色：tRNA，红色：rRNA），GC 含量（红色：＞平均值，蓝色：＜平均值），GC 偏斜（紫色：＞ 0，橙色：＜0）。

注参见图 3-3

3. 毒力因子

在铜绿假单胞菌 Guangzhou-Pae617 和恶臭假单胞菌 Guangzhou-Ppu420 的基因组中

分别鉴定出 335 种和 134 种毒力因子。假单胞菌中的主要毒力因子包括与黏附［鞭毛、脂多糖（LPS）和 IV 型菌毛］，抗吞噬作用（海藻酸盐），生物表面活性剂（鼠李糖脂），铁摄取，色素（绿脓菌素），蛋白酶（碱性蛋白酶，lasA 和 lasB），调节（群体感应），分泌系统［HcpI 分泌岛 I（HSI-I），III 型分泌系统］和毒素相关的基因（exoA、exoS、exoT、exoU、exoY 和 PLC）。所有鞭毛相关基因都有助于游泳运动，并且铜绿假单胞菌 Guangzhou-Pae617 菌株的基因组中鉴定出生物膜形成和其他致病适应相关的基因，其中 Guangzhou-Ppu420 基因组中的 flgD、flgL、fliD 和 fliO 缺失。在两个基因组中都发现了 LPS 相关基因，包括 waaA、waaC、waaF、waaG 和 waaP。LPS 介导生物学效应，包括对血清杀伤和吞噬作用的抗性，以及其与正常囊性纤维化跨膜传导调节因子（CFTR）的结合和对宿主细胞的侵袭，可能有助于其对人类的毒力。在铜绿假单胞菌 Guangzhou-Pae617 菌株的基因组中鉴定了与菌毛的生物发生和机械功能、转录调节和化学感应途径有关的所有 IV 型菌毛相关基因，其控制菌毛抽搐运动相关基因的表达。然而，只有 fimV、pilA、pilD、pilG、pilH、pilI、pilJ、pilQ、pilR 和 pilT 出现在恶臭假单胞菌 Guangzhou-Ppu420 菌株基因组中。IV 型菌毛附着于宿主细胞，但不附着于黏蛋白，导致细胞运动，使细菌沿着细胞表面移动并促进生物膜形成。恶臭假单胞菌 Guangzhou-Ppu420 菌株的黏附和抽搐动力弱于铜绿假单胞菌 Guangzhou-Pae617 菌株。囊性纤维化（CF）患者的铜绿假单胞菌慢性肺部感染是导致其发病和死亡的主要原因。海藻酸盐（黏纤维多糖）起到黏附素的作用，防止细菌从肺部排出，其黏层使吞噬细胞更难以摄取和杀死细菌，从而有助于 CF 患者肺中细菌的持久存在。它还允许细菌形成生物膜。在两个基因组中鉴定了海藻酸盐合成相关基因，这表明了菌株的抗吞噬作用。编码参与鼠李糖脂生物表面活性剂合成的鼠李糖基转移酶的 rhlAB 基因在铜绿假单胞菌 Guangzhou-Pae617 菌株中被特异性鉴定。鼠李糖脂生物表面活性剂的产生抑制巨噬细胞的吞噬作用并影响生物膜结构。铜绿假单胞菌 Guangzhou-Pae617 菌株的基因组中鉴定出与铁载体合成蛋白合成相关的基因，包括两个独立的操纵子，pchEF 和 pchDCBA，参与合成螯铁蛋白前体水杨酸，以及编码特定嗜铁素受体的 fptA 基因。在两个基因组中发现了与转铁蛋白和乳铁蛋白有效收集铁有关的铁载体蛋白（pyoverdine）的基因。编码绿脓菌素的 PhzM 和 phzS 基因，编码碱性蛋白酶的 aprA 基因，编码 LasA 蛋白酶的 lasA 基因，编码 LasB 弹性蛋白酶的 lasB、lasI 和 lasR 基因，参与群体感应的 las 和 rhl 基因，编码分泌系统 HSI-1、TTSS 蛋白的相关基因 rhlI、rhlI 和 rhlR，编码外毒素 A（exoA）的 toxA 基因，编码外源酶 STY（exoSTY）的 exoSTY 基因和编码磷脂酶 C（PLC）的 plcH 基因均特异性地在铜绿假单胞菌 Guangzhou-Pae617 菌株的基因组中被发现。绿脓菌素对细菌和真核细胞有毒，因为活性氧中间体产生超氧自由基和过氧化氢。碱性蛋白酶参与蛋白酶的细胞内加工，抑制免疫系统细胞的功能，使几种细胞因子失活，切割免疫球蛋白和使补体失活。lasA 与 lasB 协同作用，引起局部组织损伤，并通过切割弹性蛋白帮助细菌分解。las 和 rhl 系统调节多种毒力因子的产生，对于适当的生物膜形成至关重要。HSI-1 编码蛋白分泌装置在慢性铜绿假单胞菌感染中发挥作用。编码运输 4 种已知效应蛋白（ExoS、ExoT、ExoU 和 ExoY）的 TTSS 由 psc 和 pcr 基因合成，主要编码细菌分泌装置的组分，携带假单胞菌属的两种新型 qnrVC6 基因所存在的染色体区域。微生物发病机制涉及 TTSS 和 pop 基因的调节，这些基因对于效应子易位到宿主细胞中是必需的。*toxA* 抑制宿主细胞蛋白质合成，*exoS* 抑制 Rho GTP 酶家族的信号转导，麻痹巨噬细胞和抑制吞噬作用，*exoT* 有助于肌动蛋白细胞骨架破坏和抑制细菌内化，从而提高细胞内 cAMP 水平，而 PLC 降解磷脂表面活性物质。获得这些特异性毒力因子表明该菌株的致病性较强。

4. KEGG 注释、COG 注释和 GO 注释

携带两种新型 *qnrVC6* 基因的铜绿假单胞菌 Guangzhou-Pae617 菌株和恶臭假单胞菌 Guangzhou-Ppu420 菌株的基因组示意图如图 3-10 所示。同时，基于 KEGG 途径富集、COG 功能分类和 GO 功能注释，铜绿假单胞菌 Guangzhou-Pae617 菌株和恶臭假单胞菌 Guangzhou-Ppu420 菌株的染色体的全局比对及基因功能注释如图 3-11～图 3-13 所示。D-谷氨酰胺和 D-谷氨酸代谢在铜绿假单胞菌 Guangzhou-Pae617 菌株的基因组中特异性地鉴定出醚脂代谢途径，并且 ABC 转运蛋白基础转录因子 *N*-聚糖生物合成和弓形虫病途径仅出现在恶臭假单胞菌 Guangzhou-Ppu420 基因组中。此外，分析了两种菌株基因组中涉及的 COG 类别，其各自功能如表 3-7 所示。一般功能预测，氨基酸转运和代谢、转录是最丰富的 COG 类别。

3.5.1.11 小结

笔者通过对 1 株恶臭假单胞菌进行 *de novo* 测序，获取其全基因组序列，进行基因预测后将预测基因进行功能注释，获得一系列基因功能信息，为恶臭假单胞菌功能基因的研究与生物信息学分析提供基础数据和技术参考。

通过对携带 *qnrVC6* 基因的两种新型假单胞菌属菌株基因组的比较分析，主要是对它们的抗生素抗性基因和毒力因子进行分析，鉴定了相似性和差异。两株菌的大多数 KEGG 途径、COG 类别和 GO 注释是相同的，恶臭假单胞菌 Guangzhou-Ppu420 菌株和铜绿假单胞菌 Guangzhou-Pae617 菌株在抗微生物抗性基因和毒力因子方面存在差异。虽然 *qnrVC6* 基因是两种菌株喹诺酮类抗药性增加的原因，但它在恶臭假单胞菌 Guangzhou-Ppu420 菌株中重复。对 β-内酰胺类和氨基糖苷类的抗性依赖于不同的基因。两株菌均含有抗吞噬作用和铁摄取相关基因，使菌体能够特异性地获取生物表面活性剂、色素、蛋白酶和与毒素相关的毒力因子。

3.5.2 恶臭假单胞菌微生物被膜相关基因的研究

在恶臭假单胞菌形成微生物被膜的过程中，主要有以下几类基因发挥作用。

（1）恶臭假单胞菌微生物被膜的主要成分为黏附蛋白和胞外多糖。其中黏附蛋白主要有 LapA 和 LapF 两种，这两种黏附蛋白在微生物被膜形成过程中起到不同作用。黏附蛋白 LapA 为恶臭假单胞菌中最大的蛋白质，分子质量为 888.2 kDa，中间有很多重复的结构域，其主要作用为介导细菌和物质表面之间的接触黏附，特别是在微生物被膜形成初期有重要作用，LapA 被认为是恶臭假单胞菌微生物被膜中最重要的组分[53, 54]。而 LapF 较 LapA 而言分子质量小，为 615.7 kDa，主要负责细胞和细胞之间的接触黏附，且能和钙离子结合，形成多聚体，帮助形成成熟的微生物被膜[55]。也有研究表明 LapF

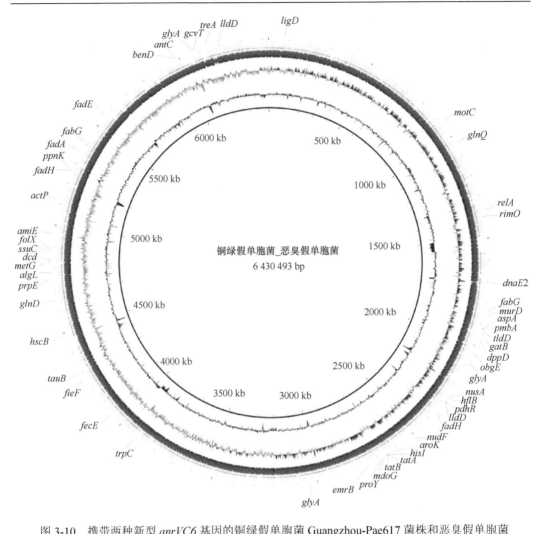

图 3-10　携带两种新型 *qnrVC6* 基因的铜绿假单胞菌 Guangzhou-Pae617 菌株和恶臭假单胞菌
Guangzhou-Ppu420 菌株基因组示意图

铜绿假单胞菌 Guangzhou-Pae617 菌株的标度显示在最内圈。第二个圆圈表示 GC 含量（偏离平均值）。第三个圆圈表示铜
绿假单胞菌 Guangzhou-Pae617 菌株的 G+C 偏斜（绿色：+；紫色：−）。第四个圆圈表示铜绿假单胞菌 Guangzhou-Pae617
菌株的编码区（coding sequence, CDS）。第五个圆圈表示铜绿假单胞菌 Guangzhou-Pae617 菌株与恶臭假单胞菌
Guangzhou-Ppu420 菌株共有的序列

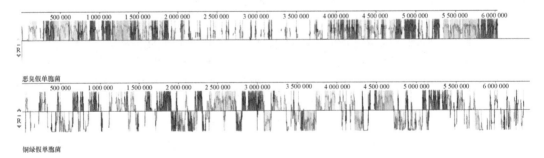

图 3-11　携带两种新型 *qnrVC6* 基因的铜绿假单胞菌 Guangzhou-Pae617 菌株和恶臭假单胞菌
Guangzhou-Ppu420 菌株染色体的全局比对

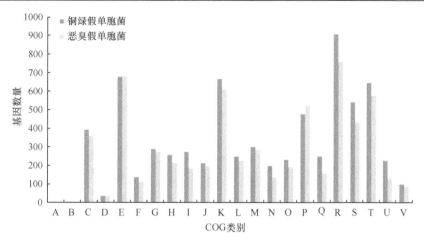

图 3-12　携带两种新型 *qnrVC6* 基因的铜绿假单胞菌 Guangzhou-Pae617 菌株和恶臭假单胞菌
Guangzhou-Ppu420 菌株的 COG 功能分类

图中 A~V 的含义见表 3-7

和细胞表面疏水性相关，LapF 缺失或表达下降会导致细菌在培养后期疏水性减弱，对外界疏水物质更加敏感[56]。近年来，一些关于这两个黏附蛋白调控的研究揭示了它们在基因表达和蛋白水平受调控的过程。如图 3-14 所示，双组分系统 GacS/GacA 同时调控 *lapA* 和 *lapF* 的表达，缺失 GacS/GacA 导致这两种黏附蛋白表达量降低，且微生物被膜形成被抑制。另外，*lapA* 和 *lapF* 的表达还受胞内 c-di-GMP 水平的调控，但趋势相反，c-di-GMP 促进 *lapA* 的表达，抑制 *lapF* 的表达[57]。当胞内 c-di-GMP 水平高时，周质空间中的蛋白酶 LapG 和内膜中的 c-di-GMP 受体 LapD 结合，导致 LapG 的酶活性被抑制，此时黏附蛋白 LapA 被保护，微生物被膜得以保存；当胞内 c-di-GMP 水平低时，LapD 结合 LapG 的效率低，自由态的 LapG 更多，导致 LapA 被 LapG 切割，造成微生物被膜瓦解[58-60]。对于 LapF 而言，最初发现 *lapF* 的表达主要是在后期被激活，之后发现 *lapF* 的表达依赖 σ 因子 RpoS，RpoS 是主要负责稳定期生长基因表达和应对胁迫相关基因表达的 σ 因子；另外超表达转录调节因子 Fis 导致 *lapF* 表达下降，研究表明 Fis 可直接结合 *lapF* 基因的启动子从而抑制其表达[61]。

（2）*Bcs* 负责合成一种广泛存在的多糖，关于其功能尚未有明确定论，可能与微生物被膜骨架稳定性有关。

（3）*fleQ*（转录调控因子）参与恶臭假单胞菌微生物被膜形成的黏附阶段，是鞭毛和微生物被膜形成的主要调节剂。鞭毛调节基因 *fleQ* 和 *flhF* 的突变体显示出与 *lap* 突变体相似的缺陷。相反，在鞭毛结构基因 *fliP* 和 *flgG* 中的转座子插入也损害了鞭毛的运动性，在生物膜形成中具有缺陷。

（4）4 种参与胞外多糖合成的操纵子，*alg*、*bcs*、*pea* 和 *peb*[62, 63]。其中 *pea* 和 *peb* 操纵子的产物的主要作用是稳定微生物被膜，缺失这两种多糖会导致微生物被膜在 SDS 处理时容易被严重破坏。而 *alg* 和 *bcs* 操纵子的产物对微生物被膜形成不是必需的，但有研究表明 Alg 多糖和水分保持及菌株在缺水条件下存活有关[64]。

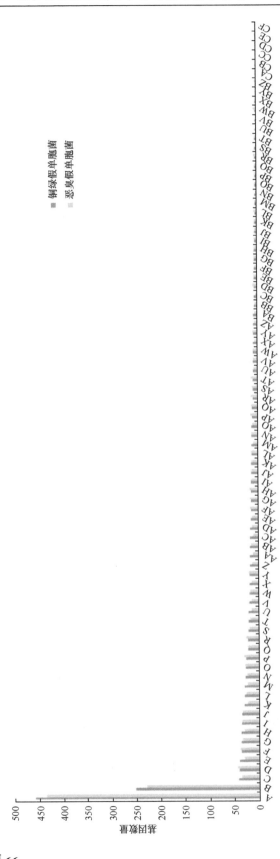

图 3-13　携带两种新型 *qnrVC6* 基因的两种新型假单胞菌属的 GO 功能注释

[A] 代谢途径，[B] 次生代谢物的生物合成，[C] 丙酮酸代谢，[D] 精氨酸和脯氨酸代谢，[E] 缬氨酸、亮氨酸和异亮氨酸降解，[F] 甘氨酸、丝氨酸和苏氨酸代谢，[G] 乙醛酸和二羧酸代谢，[H] 氮代谢，[I] 糖酵解/糖异生，[J] 嘌呤代谢，[K] 丙酸代谢，[L] 半胱氨酸和蛋氨酸代谢，[M] 脂肪酸代谢，[N] 丙酸代谢，天冬氨酸和谷氨酸代谢，[O] 组氨酸代谢，[P] 嘧啶代谢，[Q] 氨酰-tRNA 生物合成，[R] 丁酸代谢，[S] 核糖体，[T] 柠檬酸循环 (TCA 循环)，[U] 苯丙氨酸代谢，[V] β-丙氨酸代谢，[W] 组氨酸代谢，[X] 吲哚和叶绿素代谢，[Y] 色氨酸代谢，[Z] 甘油磷脂代谢，[AA] 脂肪酸生物合成，[AB] 酪氨酸代谢，[AC] 甘油脂代谢，[AD] 缬氨酸、亮氨酸和异亮氨酸生物合成，[AE] 叶酸生物合成，[AF] 嘌呤氨酸降解，[AG] 泛酸和 CoA 生物合成，[AH] 磁类骨架生物合成，[AI] 皮糖磷酸途径，[AK] 甘油酯代谢，[AL] 氧化磷酸化，[AM] 不饱和脂肪酸生物合成，[AN] 淀粉和蔗糖代谢，[AO] 硫中继系统，[AP] 果糖和甘露糖代谢，[AQ] 叶酸中的一个碳库，[AR] 氨基糖代谢，[AT] 硫代谢，[AU] 牛磺酸和亚牛磺酸代谢，[AV] 青霉素和头孢菌胺代谢，[AW] 皮糖和葡萄糖醛酸相互转化，[AX] 泛醌和其他萜类醌生物合成，[AY] 花生四烯酸的合成与降解，[AZ] RNA 降解，[BA] 氨基糖和核苷酸糖代谢，[BC] 核苷酸切除修复，[BD] 硒化合物代谢，[BE] 萜类化合物骨架生物合成，[BF] 醇类和萜类醌相互转化，[BG] 抗坏血酸和醛糖酸代谢，[BH] 蛋白质输出，[BJ] 真核生物中的核糖体，[BS] 核苷酸切除修复，[BK] 硫胺素代谢，[BL] 生物素代谢，[BM] 基因重组，[BN] 同源重组，[BO] 锚代谢，[BP] 磷脂酰肌醇信号系统，[BQ] 光合作用，[BR] 核黄素代谢，[BS] 半乳糖代谢，[BT] 硫代谢，[BU] α-亚麻酸代谢，[BV] 亚油酸代谢，[BW] RNA 聚合酶，[BX] 阿米巴病，[BY] 非洲锥虫病，[BZ] 硫辛酸代谢，[CA] 非同源末端连接，[CB] 内质网生物合成，[CC] Butirosin 和新霉素生物合成，[CD] 南美锥虫病（美洲锥虫病），[CE] RNA 转运，[CF] 鞘脂代谢中的蛋白质加工

表 3-7 COG 类别及其各自功能列表

COG	功能
A	RNA 加工和修饰
B	染色质结构和动力学
C	能量生产和转换
D	细胞周期控制，细胞分裂，染色体分裂
E	氨基酸转运和代谢
F	核苷酸转运和代谢
G	碳水化合物运输和新陈代谢
H	辅酶转运和代谢
I	脂质运输和新陈代谢
J	翻译，核糖体结构和生物合成
K	转录
L	复制，重组和修复
M	细胞壁/细胞膜/包膜生物合成
N	细胞运动
O	翻译后修饰，蛋白质周转，伴侣蛋白
P	无机离子转运和代谢
Q	次级代谢产物的生物合成，转运和分解代谢
R	一般功能预测
S	功能未知
T	信号转导机制
U	细胞内运输，分泌和囊泡运输
V	防御机制

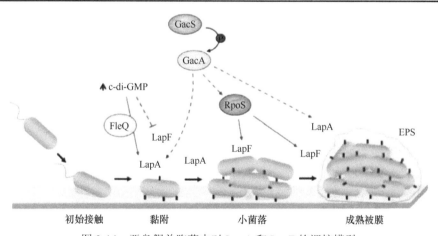

图 3-14 恶臭假单胞菌中对 LapA 和 LapF 的调控模型

（5）CsrA/RsmA 家族的蛋白质可作为不同细菌的调节剂。*rsm*（RsmA、RsmE 和 RsmI）三重突变体显示生物膜形成增加，而 RsmE 或 RsmI 的过表达导致细菌附着减少。由三重突变体在玻璃表面上形成的生物膜比野生型菌株更不稳定，并且容易从表面脱离，这种现象在塑料表面未观察到。对不同遗传背景中黏附素和胞外多糖的表达的分析表明，生物膜表型的改变是由细胞外基质的组成及其组成物质合成时间的改变导致的。

（6）编码 GacS/GacA 双组分系统的传感器元件的 *gacS* 突变对生物膜形成具有一定的影响，在恶臭假单胞菌中 *gacS* 的表达促进微生物被膜的形成。

（7）c-di-GMP 可以调节大型黏附蛋白 LapA 在恶臭假单胞菌细胞表面的存在。LapA 是体外生物膜形成的最重要的生物膜基质成分，*lapA* 突变体具有严重的生物膜形成缺陷。

（8）笔者对恶臭假单胞菌的基因组进行了测序，对其中与微生物被膜形成相关基因进行分析，结果显示，恶臭假单胞菌携带 *lapA*、*rpoS*、*alg*、*bcs*、*pea*、*pep* 等与微生物被膜形成相关的基因。

3.6　阪崎肠杆菌

3.6.1　阪崎肠杆菌基因组研究

3.6.1.1　引言

阪崎肠杆菌（*Enterobacter sakazakii*）是一种寄生在人和动物肠道内，周生鞭毛、能运动、无芽孢的革兰氏阴性肠杆菌，属肠杆菌科。阪崎肠杆菌自发现时因其产黄色素，一直被称为黄色阴沟肠杆菌，直到 1980 年，Farmer 等学者通过 DNA 杂交发现阪崎肠杆菌之间 DNA 一致性可达 83%～89%，才以日本细菌学家 Riichi Sakazakii 名字将其命名为阪崎肠杆菌。阪崎肠杆菌属兼性厌氧菌，对营养程度要求不高，最适宜生长温度为 25～36℃，且表现出较强的耐酸性、较高的耐高渗透压性及抗干燥特性，可在水分活度为 0.3～0.69 的婴幼儿米粉中存活，低温可提高其耐干燥能力，可在干燥环境中存活至少 2 年（相关研究表明，这与其胞内含大量海藻糖酶有关）[65, 66]。阪崎肠杆菌对多类抗生素具有抗性，包括大环内酯类、克林霉素、利福平、四环素、氯霉素、喹诺酮类等。

3.6.1.2　实验菌株

两株阪崎肠杆菌（BAA 894、s-3）菌株由江南大学李颜颜教授课题组提供，且于-80℃下冻存，经 37℃在 LB 培养基中隔夜活化培养后可用。

3.6.1.3　全基因组注释

1. COG 基因功能注释

利用 BLAST 比对工具基于 COG 数据库对各微生物的预测基因进行 COG 功能分类，其统计结果如图 3-15 所示。

由图 3-15 可知，针对阪崎肠杆菌 BAA 894，共预测得到 3980 个基因，其中共有 3442 个基因具有 COG 功能注释，占全部预测基因的 86.5%。其中仅具有一般功能预测的基因占 8.5%，功能未知的基因占 8.2%。同时碳水化合物转运和代谢，以及氨基酸转运和新陈代谢是 BAA 894 编码基因中占比较多的功能分类。针对阪崎肠杆菌 s-3，在预测得到的 2420 个基因中，具有 COG 功能注释的基因有 2245 个，占 92.8%。其中能量产生和转化及碳水化合物转运和代谢在 s-3 基因组注释到的 COG 分类中占比较高，而仅具有一般功能预测的基因占 8.8%，功能未知的基因占 4.8%。

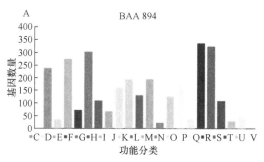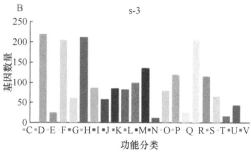

图 3-15　BAA 894 COG 基因功能注释（A）和 s-3 COG 基因功能注释（B）

注参见图 3-1

2. KEGG 生物通路注释

利用 KEGG 数据库基于 BLAST 比对原则对各微生物预测得到的基因组进行 KEGG 功能注释及富集分析，结果显示，在阪崎肠杆菌 BAA 894 及 s-3 中，ABC 转运蛋白（ATP-binding cassette transporter）、细菌趋化性（bacterial chemotaxis）、肽聚糖生物合成（peptidoglycan biosynthesis）及同源重组（homologous recombination）等相关代谢通路被富集，且相关基因占比较大。在两株阪崎肠杆菌中，富集到 ABC 转运蛋白的基因占比均最大。作为转运超家族成员之一，ABC 转运蛋白通常由多个亚基组成，其中一个或两个是跨膜蛋白或膜相关 ATP 酶。ATP 酶亚基利用三磷酸腺苷（ATP）结合和水解的能量来促进各种底物跨膜转运，以吸收或输出底物，这些相关基因的高表达可能导致微生物对多种药物如抗生素的抗性发展。而肽聚糖的生物合成则和阪崎肠杆菌各种膜结构形成密切相关，这有助于维持细胞的结构强度及促进细胞形成 MreB 蛋白[67-69]。

3.6.1.4　基因组圈图

笔者采用 Circos v0.69 软件绘制基因组圈图，其中，GC 分析使用的是（G−C)/(G+C)的计算方法，当该值为正数时表示正义链更有可能具有转录功能，为负数时表示反义链更有可能具有转录功能，同时基于基因预测结果及相应基因位置等信息绘制基因在基因组上的分布情况，具体结果如图 3-16 所示。

基因组圈图形式多变，笔者采用的是最传统的全图形式。如图 3-16 所示，由内圈到外圈分别是：绿色线条代表 GC 含量高于平均 GC 含量的序列，蓝色线条代表 GC 含量低于平均 GC 含量的序列，其对应线条峰值越高，代表 GC 含量相差越大；深灰色线条为基因的 GC 含量；蓝色线条代表反义链上的基因，红色线条为正义链上的基因，最外圈的棕色线条代表组装完成的 scaffold 序列。由图 3-16 可知，两种微生物的 GC 偏移在正义链、反义链上均出现扭转。

3.6.1.5　小结

通过分别对两株阪崎肠杆菌在一系列时间条件下形成的微生物被膜样本的基因表达模式进行聚类分析，发现 BAA 894 所形成的被膜中，存在 9 种显著变化的趋势模型，其中变化极为显著的趋势模型为趋势 20 和趋势 23；s-3 所形成的被膜中，存在 6 个显著变化的趋势模型，其中变化极为显著的趋势模型为趋势 25 和趋势 20。培养 24 h 时，与

BAA 894 形成的被膜相比，s-3 形成的被膜中显著差异表达基因共 499 个，其中表达上调的基因有 44 个，表达下调的基因有 455 个。且在生物过程中的单有机体过程、细胞内过程及代谢过程这 3 个 GO term 中的数目最多；在细胞组分中的细胞、细胞区域及细胞膜这 3 个 GO term 中的数目最多；在分子功能中的黏附和催化活性这 2 个 GO term 中富集得到的显著差异基因最多。同时，KEGG 通路分析发现，差异表达基因在涉及鞭毛形成及双组分调节系统通路中发生显著富集。其具体相关关键基因及相应功能将在第七章通过比较基因组学及转录组学方法进行讨论。

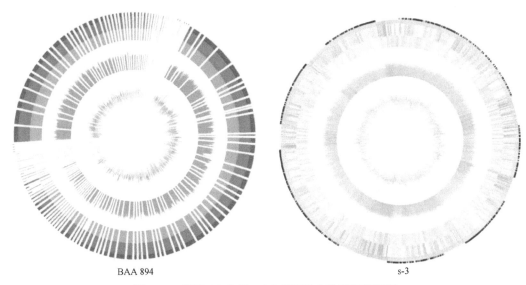

BAA 894   s-3

图 3-16　基因 GC 含量、GC 偏移分布的基因组圈图

3.6.2　阪崎肠杆菌微生物被膜相关基因的研究

在阪崎肠杆菌形成微生物被膜的过程中，主要有以下几类基因发挥作用。

（1）*luxR* 是一种细胞密度依赖性转录调控因子，编码 acyl-HSL 的受体蛋白（luxR 受体蛋白），当密度达到某一特定的阈值时，积累的 acyl-HSL 触发相应的 luxR 蛋白，acyl-HSL 与 luxR 蛋白结合使 luxR 受体蛋白发生折叠，稳定 luxR 构象，使其结合 DNA 激活目标基因的转录。在阪崎肠杆菌中，细菌胞内 acyl-HSL-luxR 蛋白复合物不仅作为 QS 响应操纵子的启动位点激活因子，也作为 acyl-HSL 自身合成的正向调节蛋白。

（2）与鞭毛形成相关的基因，如 FlgJ（鞭毛组装蛋白/胞壁质酶）、FlhE（鞭毛蛋白）和 FliD（鞭毛钩相关/帽蛋白）相关基因，在阪崎肠杆菌微生物被膜的形成过程中发挥着重要作用。在大多数菌株中并不存在 *flhE* 基因，在通过转座子诱变的含有 *flhE* 基因的恶臭假单胞菌突变体中，该菌株的鞭毛结构和对 Caco-2 细胞的黏附没有受到影响。并且 *flhE* 对生物膜形成的功能可能通常通过基因和环境条件（如温度、培养时间、离子浓度和 pH）之间的相互作用来调节，FlhA 和 FlhB 是鞭毛生物合成所必需的。

（3）Bcs 是一种广泛存在的多糖，可能与微生物被膜骨架稳定性有关，主要包括 BcsA、BcsD 和 BcsC（纤维素合成酶亚基）及 BcsR，Bcs 在微生物被膜形成和黏附阶段发挥着重要作用。

（4）纤维素生物合成相关基因（*bcsR*）参与阪崎肠杆菌黏附和侵入上皮细胞。*bcsR* 对纤维素生物合成产生负面影响。Δ*bcsR* 中 5 种关键纤维素合成基因（*bcsA*、*bcsB*、*bcsC*、*bcsE*、*bcsQ*）上调。*bcsR* 是纤维素生物合成的负调节剂，但是正调节生物膜形成和阪崎肠杆菌的黏附和侵入能力。

（5）PmrA/PmrB（多黏菌素抗性 A/B）调节系统是双组分调节系统（TCS）之一，已在多种细菌物种中鉴定，如肠沙门氏菌、大肠杆菌、肺炎克雷伯菌、柠檬酸杆菌和艰难梭菌等。PmrA/PmrB 位于 *pmrCAB* 操纵子中。在微生物被膜形成的最初 24 h 内，*pmrA* 突变体形成的微生物被膜总量比野生型多约 5 倍。然而，野生型在后成熟阶段（7～14 d）微生物被膜总量比 *pmrA* 突变体更多。此外，在整个微生物被膜形成期间，野生型显示出比 *pmrA* 突变体更高的活力。

笔者对阪崎肠杆菌的基因组进行了测序，对其中与微生物被膜形成相关基因进行分析，结果显示，阪崎肠杆菌携带 *luxR*、*bcsR*、*flhB* 等与微生物被膜形成相关的基因。

3.7 乳 杆 菌

3.7.1 乳杆菌基因组研究

3.7.1.1 引言

耐酸乳杆菌（*Lactobacillus acetotolerans*）是一种典型的难培养啤酒易感微生物，其代谢产物能够损害啤酒的风味和口感，并能通过形成混浊、沉淀等使啤酒外观发生变化。作为啤酒易感微生物，该菌最大的特点是首次检测时间长，在常规乳酸菌检测培养基 MRS（de Man, Rogosa, and Sharpe）上生长非常缓慢，需 14 d 以上才肉眼可见。耐酸乳杆菌隶属于乳杆菌属，其细胞呈杆状，菌落呈不规则圆形、粗糙微凸起、不透明，可耐受 4%～5%的乙酸浓度，能在 pH 3.3～6.6 于 23～40℃范围内生长，低于 15℃不生长，属于兼性厌氧菌，革兰氏阳性菌，同型发酵型，过氧化氢酶阴性、氧化酶阴性[70-72]。迄今为止，关于耐酸乳杆菌的相关研究仍不够深入，依然停留在分离鉴定的程度，其全基因组遗传信息仍然未知。本节以啤酒中分离获得的一株乳杆菌为研究对象，通过 *de novo* 测序技术对其进行全基因组测序，分析序列信息，获得其全基因组遗传信息，并对所获得的基因信息进行功能分析，确定各基因的功能。通过基因组学建立乳杆菌基因信息库，为该啤酒易感乳杆菌功能基因的研究与生物信息学分析提供基础数据和技术参考。

3.7.1.2 基因组 DNA 的提取和纯化

分别取 2 mL 处于对数生长期乳杆菌的新鲜培养物，12 000 r/min 离心 1 min，弃上清，向菌体沉淀中加入 20 μL 溶菌酶溶液（20 mg/mL）悬浮细胞，于 37℃处理 30 min 以上，使细胞裂解释放基因组 DNA，然后通过加入 RNA 酶去除 RNA，再经蛋白酶、去蛋白液和漂洗液的作用，将蛋白、脂质等杂质洗脱，以获得高质量基因组 DNA。将获得的基因组 DNA 进行核酸电泳验证，并进行胶回收纯化 DNA。在短波 360 nm 光谱照射下，快速切取含有目的 DNA 片段的琼脂糖凝胶条带，55～65℃水浴至胶全部融化，降至室温后将溶液加入 DNA 纯化柱中，将蛋白、盐等杂质洗脱后，获得高质量的 DNA

片段，实现基因组 DNA 的纯化。

3.7.1.3 菌株种属鉴定

对阪崎肠杆菌采用 16S 测序法进行鉴定。首先根据铜绿假单胞菌的 16S rDNA 基因序列设计特异性上游引物和下游引物，进行 PCR 扩增反应。PCR 反应条件为：94℃预变性 3 min，94℃ 30 s、50℃退火 30 s、72℃延伸 40 s，共 30 个循环，最后在 72℃温度下延伸 10 min。PCR 产物经 1%琼脂糖凝胶电泳，于凝胶成像系统下观察并拍照记录结果。PCR 产物通过电泳，利用凝胶回收试剂盒割胶回收纯化，将回收的片段进行 16S 测序。得到 16S rDNA 基因片段序列后，进行 BLAST 比对。

3.7.1.4 测序文库的构建

获得纯化的高质量乳杆菌基因组 DNA 后，需要对其进行测序文库的构建。首先对样品质量进行检测，主要采用 1%琼脂糖凝胶电泳、紫外分光光度计检测样品的浓度与纯度并扩增 16S 全长序列进行验证。然后用检测合格的样品构建文库：首先采用超声破碎仪将大片段 DNA［如基因组 DNA、细菌人工染色体（BAC）或长片段 PCR 产物］随机打断并产生主带小于等于 800 bp 的一系列 DNA 片段，然后用 T4 DNA 聚合酶、Klenow DNA 聚合酶和 T4 多聚核苷酸激酶将打断形成的黏性末端修复成平末端，再通过 3′端加碱基 "A"，使得 DNA 片段能与 3′端带有 "T" 碱基的特殊接头连接，用电泳法选择需回收的目的片段连接产物，再使用 PCR 技术扩增两端带有接头的 DNA 片段并进行 PCR 产物纯化，即获得构建好的文库；对文库进行质量检测，检测合格后即可用合格的文库进行簇（cluster）制备和上机测序。

3.7.1.5 Illumina 测序与质量评价

测序文库构建完成后，进行上机测序。笔者所采用的是 Illumina 测序技术，其采用的 HiSeq 2000 测序系统，测序读长达到 100 个碱基，单次运行可产生 600 GB 的数据，是目前通量较高的测序系统之一。Illumina 测序通量大且可控，数据精确，操作简单、自动化，所需样品少，能够在极短时间内获得数十亿高精确度的碱基序列信息，最大的缺点是其读长短，不适用于大基因组的 de novo 测序，但是正适用细菌这种较小基因组的测序。Illumina 测序的原理是 "边合成边测序"，其过程为：首先将基因组 DNA 打碎成 100～200 bp 的小片段，在片段的两个末端连接上特定的接头（adapter）；DNA 片段变成单链后通过与芯片表面的引物碱基互补被一端固定在芯片上，另外一端随机和附近的另外一个引物互补，也被固定住，从而形成桥状结构；进行桥型扩增，所有单链桥型待测片段被扩增成为双链桥片段，通过扩增反应，将会获得待测的上百万条 DNA 簇；加入 DNA 聚合酶和被荧光标记的脱氧核苷三磷酸（dNTP）及接头引物进行扩增，在 DNA 合成过程中，每一个核苷酸加到引物末端时都会释放出焦磷酸盐，激发生物发光蛋白发出荧光，测序仪通过捕获、采集、统计荧光信号，就可以得知每个模板 DNA 片段的序列[73, 74]。

3.7.1.6 de novo 组装

获得测序数据，首先要对原始的测序数据进行一系列预处理。对测序得到的原始读长（raw reads）进行质量评价、过滤及统计，去除接头序列、多 N 序列及质量值过低的序列，得到过滤后的有效读长（clean reads），并将过滤后的数据进行质量评价，本次质量评价所用的工具为常用的 FastQC 软件。序列组装是高通量测序数据处理中的一个非常重要的环节。前期的测序环节，采用的是将全基因组 DNA 打断成小片段，再对小片段分别进行测序，所以所得的测序结果是许多小片段的基因序列，需要对过滤后的数据经过一系列手段进行 de novo 组装，得到 contig 及 scaffold 序列的 fasta 文件，最终得到全基因组序列。一般需要根据不同测序平台选择最适合的软件进行初步 de novo 组装（454 或 Ion Torrent 平台采用 OLC 算法编写的软件，Illumina、Solid、Sanger 等采用 DBG 算法的软件），笔者采用的是 Velvet 短序列组装软件。Velvet 是由欧洲生物信息中心（EMBL-EBI）开发的一个软件，主要用于拼接测序长度短的序列，如 Illumina、Solid 测得的序列。Velvet 是目前广泛使用的拼接短 reads 的首选拼接工具，非常适合于拼接细菌、病毒等的基因组。数据组装过程一般主要分为以下几个步骤：首先利用所有 reads 的 k-mer 序列构建德布鲁因图（de Brujin graph）；其次利用处理序列的前后关系，将所有重叠（overlap）的序列组装成 contig 序列集，并调整主要参数，得到最优的组装结果；最后是构建 scaffold 序列，即把 reads 比对到 contig 上，根据 reads 的双末端（paired-end）和 overlap 关系，统计覆盖到不同 contig 序列上的成对的 reads 信息，构建 scaffold 序列。在 scaffold 序列构建过程中，主要是对其中的一些片段进行 BLAST 比对，寻找是否存在同源性高的参考序列。如果有同源性很高的参考基因组序列，那么可以利用参考基因组序列做参考，组装获得一系列片段，并和 de novo 组装得到的片段相互填补 gap。如果没有同源性高的参考序列，可以使用 Mauve 软件对 de novo 组装得到的 contig 序列进行定位，然后使用末端延伸测序填补 gap。当然在对同一个全基因组序列组装的过程中，也有部分序列有同源性高的参考序列，而部分序列没有同源性高的参考序列的情况，这种情况下则可以综合使用这两种方法。若用现有的方法数据无法再填补 gap，则可以通过设计引物测序、采用不同的高通量测序平台再次测序等方法完成[75, 76]。整个过程中非常重要的组装环节完成后将进行对组装结果的评价，对组装影响最大的数据指标是 reads 的长度和数据量。当测序的 reads 越长且数量越多时，reads 间的重叠部分就越多，在不考虑测序质量的情况下得到的 contig 就越长。目前所有第二代测序平台中，单次运行产生数据量最大的是笔者所用的 Illumina 测序平台。首先统计 scaffold 序列及 contig 序列的数量及 N50、N90 来评估组装结果的质量。其中 N50、N90 是用于评价组装结果好坏的一个标准。reads 组装后会获得一系列长短不同的片段，将组装后的片段按照从长到短排序，并按照这个顺序将序列长度依次相加，当相加长度达到总长度的一半时，最后一个加上序列的长度即为 N50，相加长度为总长度的 90% 时，最后一个加上序列的长度即为 N90。为对组装结果进行进一步评估，利用测序 reads 与组装结果比对，计算组装结果测序深度 Depth 值和 GC 含量，进而反映 GC 含量与测序深度的分布，对组装结果进行质控。以 500 bp 分区间无重复的序列计算组装基因组的 GC 含量和平均深度，可以根据 GC-depth 图分析测序数据是否存在 GC 偏向性。最后进行组装覆盖度统计，将 reads 与组装的 scaffold 序列进行 BWA 比对分析，得到比对上的 reads 数目与比对上的 scaffold 序列的长度，进而估计整个基因组的覆盖度，覆盖度=比对上的长度之和/组装结果长度。

3.7.1.7 基因预测

预测基因的长度为 9～49 997 bp，预测基因总数为 1824 个，基因总长度为 1 592 677 bp。以 100 bp 为一个长度单位，将基因长度分为 21 个区间，统计预测基因的长度分布及占比，如图 3-17 所示，横轴代表基因长度，纵轴代表数量。由图 3-17 可以看出，长度为 100～200 bp 的基因最多，且随后的变化规律大概为基因数量随着基因长度的增加而减少。

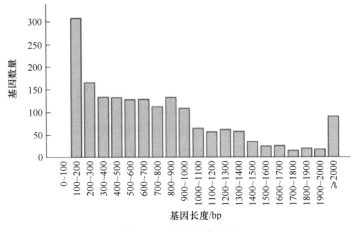

图 3-17　基因长度分布

3.7.1.8 基因功能注释

1. GO 功能注释

共有 545 个预测基因有相应的 GO 基因功能注释。对基因数目大于 20 的 GO 类别进行汇总，结果显示，分子功能注释中，参与结合 ATP 的基因占的比例较高，数目约为 260 个，其余类别按比例从高到低有结合 DNA、结合金属离子、核糖体的结构组分、水解酶活性、结合 RNA、ATP 酶活性等；生物过程注释中，参与氧化还原过程的基因占的比例最高，数目约为 90 个，其他为新陈代谢过程、翻译过程、磷酸化作用、蛋白质水解作用、ATP 分解代谢过程、转运过程、细胞分裂过程等；细胞组分注释中，参与组成细胞质的基因比例最高，数目约为 200 个，其余比例较高的细胞组分有质膜、核糖体、细胞膜等。笔者获得了耐酸乳杆菌一系列的 GO 基因功能注释，从分子功能、生物过程和细胞组分三个方面明确了乳杆菌基因发挥的各种功能作用，为对乳杆菌的深入研究提供了基础数据与理论依据。

2. COG 功能注释

本次分析中共有 1303 个预测基因有相应的 COG 功能注释。对各功能类别的基因数目进行统计，其中基因数目较多的类别主要有通用功能预测、翻译、各种结构的生物转化、复制、重组和修复、翻译、转录、各种物质的转运与代谢、各种机制的发生等。笔者获得了乳杆菌一系列的 COG 基因功能注释，为对乳杆菌功能基因的深入研究提供了基础数据与理论依据。

3. KEGG 生物通路注释

本次分析中共有 120 个预测基因有相应的 KEGG 生物通路注释,统计发现富集基因最多的 20 类 KEGG 生物通路,其中有约 50 个基因与核糖体代谢有关,其余富集基因较多的 KEGG 生物通路如下:嘌呤代谢、嘧啶代谢、氨基糖与核苷酸糖代谢、肽聚糖生物合成、DNA 复制、磷酸戊糖途径、果糖和甘露糖代谢、脂肪酸生物合成、细胞周期、糖酵解、丙酮酸代谢、丙氨酸、天冬氨酸、谷氨酸代谢、碱基切除修复等。笔者获得了乳杆菌一系列的 KEGG 生物通路注释,明确了乳杆菌基因参与的各类代谢情况,为对乳杆菌全基因组信息的深入研究提供了基础数据与理论依据。

4. 全基因组功能分析

通过对该耐酸乳杆菌进行全基因组研究,结合预测基因的 GO 功能注释、COG 功能注释及 KEGG 生物通路注释,并进行基因对比,发现该乳杆菌存在能够编码依赖于 ATP 的多药转运蛋白的基因,该转运蛋白能将苦味酸排出细胞,使细菌能够在啤酒中的无氧或微氧环境下生长[77]。此基因的存在能够引起啤酒中双乙酰和有机酸含量显著升高并导致啤酒浑浊。在啤酒行业中,消费者评价啤酒高质量的标准是口味新鲜、酒体澄清、泡沫丰富及色度适中。由于存在编码排出苦味酸转运蛋白的基因,该乳杆菌能使啤酒酸度增加并导致啤酒浑浊,从而导致啤酒风味改变、酒体浑浊,严重影响啤酒产品质量,最终会造成重大的经济损失。该啤酒易感乳杆菌的全基因组信息为啤酒中微生物安全控制提供了理论基础,可根据该基因设计相应的解决方案,控制啤酒的微生物安全。

3.7.1.9　小结

笔者通过对 1 株分离于啤酒的乳杆菌进行 *de novo* 测序,获取其全基因组序列,进行基因预测后将预测基因进行功能注释,获得一系列基因功能信息,为乳杆菌功能基因的研究与生物信息学分析提供基础数据和技术参考。同时根据基因功能信息,筛选出造成啤酒腐败变质的相关基因,下一步将选用不同状态的乳杆菌进行转录组学研究与蛋白组学研究,从而在转录水平与蛋白水平上阐述乳杆菌导致啤酒腐败变质的分子机制,为啤酒微生物安全控制提供理论基础和科学依据。

3.7.2　乳杆菌微生物被膜相关基因的研究

在乳杆菌形成微生物被膜的过程中,主要有以下几类基因发挥作用。

(1)在乳杆菌中,*luxS* 基因的缺陷,对其生物膜形成初期具有一定的影响,但当微生物被膜形成超过 12 h 时,缺陷型与野生型并无太大差别。此外,*luxS* 基因缺失后,在富含蔗糖的环境中,缺陷菌株形成的微生物被膜较野生型稀疏。

(2)*flmA*、*flmB* 和 *flmC* 分别编码蛋白质 FlmA、FlmB 和 FlmC,其无效突变部分损害了生物膜的发育;在 *flmC* 缺失的乳杆菌 LM3-6 菌株中显示出高自溶率,表明 *flmC* 可能与细胞壁完整性有关从而影响微生物被膜的形成。

(3)由 *bfrKRT* 和 *cemAKR* 编码的双组分调节系统,对生物膜的形成具有影响,使用敲除多个基因的方法破坏双组分系统的遗传基因座,操纵子 *bfrKRT* 和 *cemAKR* 显示出互补的作用。敲除操纵子 *bfrKRT* 和 *cemAKR* 中的单个或多个基因不影响细胞形态、生长或对各种应激物的敏感性。但是，这些基因的敲除影响了生物膜的形成，并且这种影响取决于碳源。

（4）在乳杆菌中，*gtfB*、*gtfC* 和 *gtfD*（编码葡萄糖基转移酶）表达量的降低，导致了乳杆菌形成的微生物被膜具有一定的缺陷性。

笔者对乳杆菌的基因组进行了测序，对其中与微生物被膜形成的相关基因进行分析，结果显示，乳杆菌携带 *luxS*、*flmA*、*flmC* 等与微生物被膜形成相关的基因。

3.8　片　球　菌

3.8.1　片球菌基因组研究

3.8.1.1　引言

有害片球菌（*Pediococcus deleterious*）属于厚壁菌门（Firmicutes）芽孢杆菌纲（Bacilli）乳杆菌目（Lactobacillales）气球菌科（Aerococcaceae）片球菌属（*Pediococcus*），它主要依赖碳水化合物作为碳源进行生长，可能以糖酵解（EMP）途径发酵葡萄糖产生 D-乳酸或 L-乳酸。有害片球菌能发酵产生有机酸、细菌素、环二肽、短链脂肪酸等多种抑菌物质。目前，有关有害片球菌的研究有细菌素的分离纯化及抑菌效果、有害片球菌在食品中的应用，以及有害片球菌对疾病的影响等多个方面，但缺乏对其发酵液的有机酸组成与抑菌活性的相关研究报道。

3.8.1.2　基因组 DNA 的提取和纯化

参见 3.7.1.2。

3.8.1.3　菌株种属鉴定

方法参见 3.7.1.3。

3.8.1.4　测序文库的构建

方法参见 3.7.1.4。

3.8.1.5　Illumina 测序与质量评价

方法参见 3.7.1.5。

3.8.1.6　*de novo* 组装

方法参见 3.7.1.6。

3.8.1.7　基因预测

预测基因的长度为 300～5188 bp，预测基因总数为 1619 个，基因总长度为 1 554 606 bp。以 100 bp 为一个长度单位，将基因长度分为 30 个区间，统计预测基因的长度分布及比例，长度为 500～600 bp 的基因最多，且随后的变化规律大致为基因数量随着基因长度的增加而减少（图 3-18）。

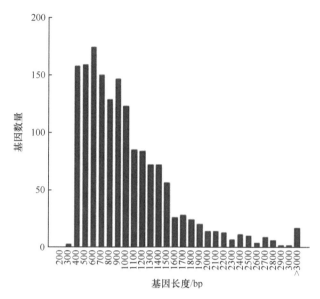

图 3-18　基因长度分布

长度范围为 200～300 bp、301～400 bp、401～500 bp、501～600 bp、601～700 bp、701～800 bp、801～900 bp、901～1000 bp、1001～1100 bp、1101～1200 bp、1201～1300 bp、1301～1400 bp、1401～1500 bp、1501～1600 bp、1601～1700 bp、1701～1800 bp、1801～1900 bp、1901～2000 bp、2001～2100 bp、2101～2200 bp、2201～2300 bp、2301～2400 bp、2401～2500 bp、2501～2600 bp、2601～2700 bp、2701～2800 bp、2801～2900 bp、2901～3000 bp、>3100 bp

3.8.1.8　基因功能注释

1. COG/KOG 基因功能注释

COG 基因功能注释如图 3-19 所示。

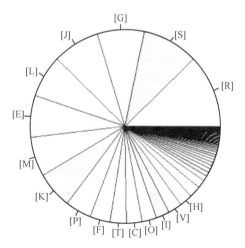

图 3-19　COG 基因功能注释

注参见图 3-1，有些占比过小不一一注明

有害片球菌中的基因功能主要注释在 9 个 COG 类别中，具体如表 3-8 所示。

表 3-8　COG/KOG 功能注释（部分）

COG 类别	R	S	G	J	L	E	M	K	P
基因数量	168	130	109	109	97	96	91	85	60

注：蛋白质直系同源簇（COG）数据库是对细菌、藻类和真核生物的 15 个完整基因组的编码蛋白，根据系统进化关系分类构建而成。COG 库对于预测单个蛋白质的功能和整个新基因组中蛋白质的功能都很有用

2. KEGG 生物通路注释

对有害片球菌进行 KEGG 功能富集和通路分析，如图 3-20 所示。

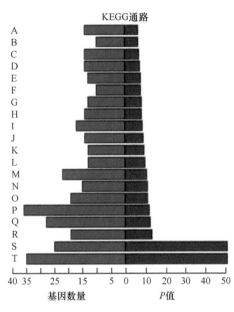

图 3-20　KEGG 功能富集分析结果

[A] 淀粉和蔗糖代谢，[B] 碱基切除修复，[C] 丙酮酸代谢，[D] 果糖和甘露糖代谢，[E] 丙氨酸、天冬氨酸和谷氨酸代谢，[F] 细胞周期-茎秆菌，[G] 戊糖磷酸途径，[H] 半乳糖代谢，[I] 糖酵解/糖异生，[J] 基因复制，[K] 赖氨酸生物合成，[L] 肽聚糖生物合成，[M] 氨基糖和核苷酸糖代谢，[N] 错配修复，[O] 磷酸转移酶系统（PTS），[P] 嘌呤代谢，[Q] 核糖体，[R] 同源重组，[S] 氨酰-tRNA 生物合成，[T] 嘧啶代谢

3.8.1.9　小结

笔者通过对 1 株片球菌进行 *de novo* 测序，获取其全基因组序列，进行基因预测后将预测基因进行功能注释，获得一系列基因功能信息，为片球菌功能基因的研究与生物信息学分析提供基础数据和技术参考。

3.8.2　片球菌微生物被膜相关基因的研究

在片球菌形成微生物被膜的过程中，主要有以下几类基因发挥作用：片球菌生物膜活性受 LasI/LasR 和 RhlI/RhlR 系统的控制，LasI/LasR 系统包括 LasI（催化 PAI-1 合成）和 LasR（一种正向转录激活蛋白）；RhlI/RhlR 系统包括 RhlI（催化 PAI-2 合成）和 RhlR。密度感知系统在片球菌微生物被膜形成的过程中发挥着重要的作用，其不仅通过调控因子 Rpos 的合成影响、控制微生物被膜的普遍应激反应（general stress response，GSR），

而且影响着 EPS 的合成。GSR 激活使细菌对环境压力（如氧化作用、养分不足、DNA 损害和渗透压以及温度变化等）的抵抗性增强。GSR 的调控器是因子 *Rpos*，而后者又受密度感知系统的调控。由 *lasi* 和 *rhli* 突变体形成的微生物被膜更弱，后者形成的微生物被膜非常不稳定，其微生物被膜内的细菌大多数易消散、脱离。此外在 *lasl* 和 *rhll* 突变体中细菌存在颤动能力的缺陷，而颤动能力缺陷不利于微生物被膜的形成。密度感知系统在微生物被膜结构的形成及其分化中均起了重要作用。*gtf* 编码的 Gtf 是一种由 567 个氨基酸组成、65 kDa 的蛋白质，可聚合来自 UDP-葡萄糖的葡萄糖残基[53]，诱导产生葡聚糖，从而使菌体的黏度增加，推测其可能在片球菌形成微生物被膜的黏附阶段发挥重要作用。笔者对片球菌的基因组进行了测序，对其中与微生物被膜形成相关的基因进行分析，结果显示，片球菌携带 *lasl*、*rhll* 等与微生物被膜形成相关的基因。

3.9　蜡样芽孢杆菌

3.9.1　蜡样芽孢杆菌基因组研究

3.9.1.1　引言

蜡样芽孢杆菌（*Bacillus cereus*）属于芽孢杆菌科（Bacillaceae）芽孢杆菌属（*Bacillus*）的一种，芽孢杆菌属可分为 5 个亚群：枯草芽孢杆菌（包括蜡样芽孢杆菌与地衣芽孢杆菌）、短小芽孢杆菌、苏云金芽孢杆菌、巨大芽孢杆菌和炭疽芽孢杆菌。其中炭疽芽孢杆菌、蜡样芽孢杆菌和苏云金芽孢杆菌都是基因组水平上很相似的革兰氏阳性菌。环境分离出的蜡样芽孢杆菌和苏云金芽孢杆菌有着丰富的遗传多样性。

3.9.1.2　实验菌株

本实验采用蜡样芽孢杆菌 B25 和 B26 菌株。

3.9.1.3　蜡样芽孢杆菌 16S rRNA 基因的验证

本节通过 16S rRNA 基因验证后，对蜡样芽孢杆菌 B25 和 B26 进行 Solexa 比较基因组测序，并进一步对测序质量进行评价。对菌株进行生化鉴定确定为蜡样芽孢杆菌，进一步根据其 16S rRNA 的序列设计特异性引物，通过提取蜡样芽孢杆菌 B25 及 B26 的 DNA，进行 PCR 验证，再对扩增产物进行凝胶电泳，相应位置出现条带，验证为所需要的蜡样芽孢杆菌菌株。

3.9.1.4　测序技术的选择

笔者选择 Illumina 公司的 Solexa 测序技术进行测序。

3.9.1.5　蜡样芽孢杆菌 B25 和 B26 的 Solexa 比较基因组测序

在对蜡样芽孢杆菌 *B. cereus* 25（B25）和 *B. cereus* 26（B26）进行 16S rRNA 基因验证，确认为所需菌株后，对蜡样芽孢杆菌 B25 和 B26 进行 DNA 提取与纯化，通过 cDNA 文库构建，进一步进行 Solexa 比较基因组测序，对测序结果进行评价分析，探究与细菌耐盐性相关的基因及通路。

3.9.1.6 基因组测序数据的分析

1. 对高通量测序数据的作图（mapping）分析及分析软件

在获得高通量测序数据并对其测序质量进行评价后，要想了解基因组数据与参考基因组的变异位点及与功能的关系，需对基因组测序序列进行 mapping 分析，序列的 mapping 分析是测序数据分析的关键和必备步骤，其原理与 NCBI 中 BLAST 程序类似，由于重测序基因组数据巨大，其比对速度更快、耗时较短。

2. 对全基因组测序数据的 mapping 分析及 SAM 注释

（1）在获得蜡样芽孢杆菌的高通量测序数据之后，通过对蜡样芽孢杆菌的测序序列进行 mapping 分析，应用 BWA 软件，以 *B. cereus* ATCC14579 为参考基因组进行比对，获得序列比对图（sequence alignment map，SAM）输出文件。

（2）在蜡样芽孢杆菌的 mapping 分析后，根据 SAM 文件对序列比对结果的注释，可获得测序序列来自参考序列的位置（position）。

（3）根据参考基因组的功能注释等已知信息，可预测序列的相关功能等信息。

标准比对数据格式中，每一列所表示的含义，对于进一步的基因组生物信息学分析具有决定意义。比对数据输出的标准比对数据格式文件总共分为两部分，包括注释信息与比对结果部分，前者也称为头片段（header section），在生物信息学分析中并非不可或缺；该部分数据可用不同的 tag 表示不同的信息，常以符号"@"开始，如@SQ 可表示参考序列说明，@CO 则表示任意的说明信息。第二部分为比对结果部分，其中每一行均表示一个片段的比对信息，不同的行用"\t"分隔，每行由 11 个必需字段及多个可选字段组成，其中 11 个必需字段分别包括：①对需要进行下一步比对的序列片段进行编号（QNAME）；②位标识（FLAG），每一个数字代表一种比对情况，得到的值是所有情况的数字相加的总和；③参考序列的编号（RNAME），没有比对上的序列就没有参考序列，这里用"*"表示；④比对上的位置（POS），从 1 开始计数，若没有比对上，记为"0"；⑤mapping 的质量（MAPQ）；⑥比对信息简要表达式（CIGAR），使用数字加字母表示比对结果，其中常用的字母如下，M-match/mismatch 匹配/不匹配，I-insertion 插入，D-deletion 删除，P-padding 填充，H-hard clipping 被截断扔掉的序列，N-skipped bases 跳过的碱基，S-soft clipping 没有被截断扔掉的序列，所以 2S5M1P1I4M 就表示前 2 个碱基被剪切去除了，之后的 5 个碱基匹配，然后打开了一个缺口，有一个碱基插入，最后是 4 个碱基比对上了，顺序对应于比对片段；⑦下一个片段比对上的参考序列的编号（RNEXT），如果没有另外的片段，这里是"*"，同一个片段，用"="；⑧下一个片段比对上的位置（PNEXT），如果没有比对上，仍记为"0"；⑨模板（template）的长度（TLEN）；⑩序列片段的序列信息（SEQ），如果没有信息，此处为"*"；⑪序列的质量信息（QUAL），格式同 FASTQ 一样。

3. 变异基因检测及注释

单核苷酸多态性（SNP）位点检测及注释：首先对测序结果与参考基因组比对得

到变异位点,即 SNP 及 InDel 位点。单核苷酸多态性指个体间基因组 DNA 序列同一位置单个核苷酸变异所引起的多态性,是指不同物种个体基因组 DNA 序列同一位置上的单个核苷酸存在差别的现象。

通过检测样品中每个位点上所具有的最高概率的基因型,获得样品与参考基因组之间的一致性文件,并对一致性文件进行筛选和过滤,获得高可信度的多态性位点,最后对其进行分类和注释。使用 SAMTOOLS 软件检测 SNP 位点,并使用 ANNOVAR 对 SNP 位点进行注释。SNP 位点统计主要统计以下 5 项内容:①SNP 位点为纯合/杂合位点;②SNP 分布区域;③是否改变基因功能,包括同义突变、错义突变、无义突变等;④InDel 位点检测及注释;⑤共有变异位点汇总。

这两株菌均为耐盐菌株,所以对其共有的 SNP 和 InDel 位点及其相应基因进行统计。由于分析的物种并非常见模式物种,因此基因注释要基于基因序列与已知数据库的比对。

将 SNP 位点及 InDel 位点分析的样品间共有变异基因结果进行合并,随后,将 *B. cereus* 25 和 *B. cereus* 26 两样品共有基因序列与已知数据库进行比对,最后,依据比对信息对分析的基因进行功能注释。

4. 样品间共有变异基因 COG 注释

在生物信息学分析中,可把所测得的基因组编码蛋白与所有 COG 数据库中的蛋白质进行比对。其生物信息学分析流程如下:①使用 blastall 软件将两样品共有的基因与 COG 数据库进行比对;②对比对结果进行注释;③统计每个功能类别富集的基因数目,每个基因的功能注释所属的功能类别[78]。

5. 共有变异基因 GO 功能注释

方法参见 3.3.1.5。

6. 共有变异基因 KEGG 注释

生物通路分析基于 KEGG 生物学通路数据库。KEGG 数据库包括 GENES 数据库、PATHWAY 数据库及 LIGAND 数据库。其中对于各种分子,如关于化学物质、酶分子、酶反应等信息,存储于 LIGAND 数据库中;对于基因组信息与高级的功能信息,则分别存储在 GENES 数据库与 PATHWAY 数据库中。与 GENES 数据库不同,PATHWAY 数据库包含高级的功能信息,涉及如细胞代谢、生物膜转运、生物信号传递、细胞生长周期,以及同系保守的子通路等生物过程。笔者从复杂调控网络的角度出发,对基因集合进行生物通路富集分析,将候选的突变/变异基因放到生物通路中进行综合分析,分析功能性变异对生物通路的影响程度及规律。对每条生物通路显著性进行计算,通过费希尔精确检验(Fisher exact test)计算 P 值,并用 FDR 方法对显著性进行校正,得到校正后的 P 值(corrected P-Value)。以 0.05 为显著性阈值得到基因集合相对于背景具有统计意义的 KEGG 通路。

7. 耐盐基因通路及功能

B. cereus ATCC14579 细菌中参与 Na^+/H^+、K^+ 运输、二肽或三肽转运、应激反应等

过程的基因变异均可能与其耐盐性相关，通过综合基因的 GO、KEGG 及 COG 注释结果，对于参与上述三类过程的基因进行筛选，初步获得与细菌耐盐性相关的基因。

3.9.1.7　对可能的潜在耐盐功能基因或调控因子的检测和验证

根据芽孢杆菌中与耐盐机制相关的功能基因和调控位点信息，选择参与包括 Na$^+$/H$^+$、K$^+$ 运输、二肽或三肽转运、应激反应（如氧化性应激反应）等过程的位点，综合 GO、KEGG 及 COG 注释结果，初步获得 49 个与细菌耐盐性相关的基因，通过 PCR 与测序进行验证。

1. 提取 DNA 模板

精提模板 DNA 的具体步骤如下。

取 1 mL 处于对数生长期的细菌液，置于 1.5 mL 离心管中，12 000 r/min 离心 1 min，弃上清，保留沉淀。将 72 μL 缓冲液溶菌酶和 108 μL DS 缓冲液加入离心得到的菌体沉淀中，30℃处理 30 min 后，加入 5 μL RNaseA（100 mg/mL）溶液，充分振荡，放置 10 min。加入 20 μL 蛋白酶 K 溶液，55℃水浴 30 min。之后与 220 μL 裂解液 MS 混匀，65℃水浴 10 min。离心，保留沉淀，用蛋白液 PS 与漂洗液 PE 漂洗，彻底除去纯化柱中残留的液体。用洗脱液将纯化柱上的 DNA 洗脱，即得到高纯度 DNA，于-20℃保存。

2. 定量 DNA 模板

①取 5 μL 上述提取的 DNA 模板，加入 145 μL TE 缓冲液中，并将两者充分混匀；②打开紫外分光光度计，使其预热 30 min；③测定模板稀释液的 OD$_{260}$ 和 OD$_{280}$ 值（若 OD$_{260}$/OD$_{280}$ 值小于 1.8，需要重新制备模板）；④计算 DNA 含量［公式：DNA 浓度（ng/μL）=OD$_{260}$×50×稀释倍数］；⑤用 TE 缓冲液将 DNA 模板稀释到终浓度为 100 ng/μL，并将其置于-20℃贮存备用。

3. 引物设计、合成及引物溶液配制

本实验在获得 49 个可能与耐盐通路相关的潜在基因后，通过对应标准菌株蜡样芽孢杆菌 ATCC14579 的基因组序列，分别找出相应的基因片段，同时选择 GroEL 与 hslU 等看家基因为参照，利用引物设计软件 Primer 5.0 设计相应特异性引物（表 3-9）。阳性对照采用蜡样芽孢杆菌 ATCC14579，阴性对照采用大肠杆菌（Escherichia coli）ATCC 25922。

表 3-9　本实验 PCR 反应所用到的引物序列

参考菌株	基因名称	参考序列位置	引物序列	预期片段长度/bp
ATCC14579	BC0244	219 960~220 940	CACTTTCAGACAGAAGAAGGGAC CCACCTACTACACTGCCTGATT	981
	BC0363	c343 543~342 347	TAGGTGTTTTACCATTCATCGTTCG GAATACAGAGTTTACTGCGTGGAA	1 197
	BC0615	c608 120~606 771	AACATCCACCAGGGTTATACTTG TCCTAAACCGCCGCTTACT	1 350
	BC0638	634 970~636 433	GGAGTCCAGCACTTGTTTATTTATG TTTCTCCTACGTGCCTTACTTG	1 464

续表

参考菌株	基因名称	参考序列位置	引物序列	预期片段长度/bp
ATCC14579	BC0669	667 987～668 331	TGATGGGAATTTTAGTCCGCA TAAATCCAAACACTAGTCCAATCCC	345
	BC0703	702 721～704 193	TCAGATAGACAAGTTGCTAAGATGG AAGTGCTCCTATTGTTTCTCCTC	1 473
	BC0753	738 869～740 536	AAACGGTAGTGCCAGAAACAG GAAGAATGTTAATGCACCGACA	1 668
	BC0754	740 547～742 640	ATCCGATTATGTTCGTTGTGG CCACGACCTTCTGCTAATGCT	2 094
	BC0755	742 657～743 238	TGTGCAGGTGGATCGCATAT CGCAGCACCTTCTGTTTGAT	582
	BC0756	743 304～744 449	AAAGGCGAACGCCAGAGGAA CCCTTGCATCAAAGAGCATT	1 146
	BC0838	816 720～817 907	TACATTTCAAGGCATTGGAAGTCAG CCGCACCAATACTGATAGAAGAT	1 188
	BC0910	899 157～900 149	AGAAGTAGTCGGTATCGTTGGG TTTCCTGGGGACATAACGAG	993
	BC1182	1 162 304～1 163 347	GAAACATTGGCGATTGTAGGA CGTTAAGTCACGACCTTCAAATAC	1 044
	BC1231	c1 206 899～1 205 421	GAAATGATTCCAGGTTTCGC CGAAATCCTCAAATTGCTCTTC	1 479
	BC1310	c1 290 377～1 289 058	GAGGTTTTACCCCATTTGAAGA GCACCAATAAACATAAGGAGCATCA	1 320
	BC1389	c1 353 243～1 352 008	CAGATAACCCAGCAAAAGCG GGATACCTTGAACTCGTTTTCCTAA	1 236
	BC1430	1 389 413～1 390 771	AGCATCTGTTGCGAAAGGTAA GCTGATGGAATACCGACTGC	1 359
	BC1432	1 392 819～1 394 093	GATTTTAGCGTATTCTACAGCAAGC CCTGTCGGAATAACGAAAGATG	1 275
	BC1609	1 565 385～1 566 935	ATGCGAGTGAATTTTATACGGC CCGAGAAATGAAGCAGCAGAC	1 551
	BC1615	1 573 117～1 574 472	TTGGTGTTGGAGCAGCATTT CACAGCAAACTTCAATCCTTCAC	1 356
	BC1739	1 684 575～1 685 846	TAGGGGCAGTCTTTTATGGCA TTACCACCCAGTTTCCCAAG	1 272
	BC2114	2 055 473～2 055 955	GGACAAGAACCAGGTACAGAAGC CCTTATCACCTTTCACATCAACC	483
	BC2170	2 119 625～2 120 965	GAAACAGACGGAGCAATGGA GGGAACTTCCTATCGCACC	1 341
	BC2224	2 169 555～2 170 913	TTGGGAGAAATGGTAGTTGGG TAATGCGACAAATGGATGCC	1 359

续表

参考菌株	基因名称	参考序列位置	引物序列	预期片段长度/bp
ATCC14579	BC2327	2 276 779~2 277 789	GGCAGTAAATGGCATAGAGTGAA TCTTTTGTTACACTATCTGCCTCTGT	1 101
	BC2831	c2 795 853~2 794 363	CGGTAGTGTTGAATCAGCGTC GCGATTAAGTTTAACCATGCCATAC	1 491
	BC3008	2 969 050~2 970 429	GTAAAAGGATTTGGTGCGTTCG CAGCTAACGAAAATCGAACCATAAC	1 380
	BC3122	c3 092 829~3 091 993	GCATCACCTAAAGGAACACTTGA TGCATCAGAATCACCGTGAATAA	837
	BC3153	c3 123 170~3 122 130	CGTTAGCATTTACAGCAGGTAGTAA CGCCCGAATGAATACCAAAC	1 041
	BC3370	c3 333 418~3 332 093	TAACAACAGCAGCAGGCATCG ACCATCCAGAACCCAGCATC	1 326
	BC3447	c3 406 619~3 405 576	AAGTTACGGTGTCTATTAGTCATCCT CCCTCTTTGTATTTATTTCAGCGT	1 044
	BC3644	c3 614 746~3 613 265	AACACTTGTAGGTTATGCTTGGG ACCAGCAAGAACGCCCCAT	1 482
	BC4071	c4 042 267~4 040 741	TTTATTTTCGCAGCGGTCG AACGCTAACAATGAAATACCAGTCG	1 527
	BC4201	4 157 267~4 158 187	TTCGGTAAAGTCATTTTCACAGCAG CAATGATTTGCCCAGTATGAGA	921
	BC4203	c4 159 372~4 158 665	AACCAGATCCAGCTCTTTATCGA GGTAAATTCCGTGTCACATCATTAG	708
	BC4242	4 188 763~4 190 157	TGCTCATCTTAGTTGGCGTATTA CCGATTAAGCCAAACCAAGTAT	1 359
	BC4841	c4 765 511~4 764 186	CAAAGTGGGTACATAAAAGGGTG CTTGGCAAATCAGTTGAGACAGT	1 325
	BC5050	c4 954 427~4 953 258	GGAATCGTTTTCGTATTTGGTG TTCCGATTAAAACCGCAAAG	1 170
	BC5051	c4 956 177~4 954 735	GGTGAAATGATTCGTTTGCTTG GAATGATGATACGCCGCTCTT	1 443
	BC5226	5 128 743~5 130 101	TTATTTACGGACTCCACAACGC CATAAGGGCAGGATGGTTATTG	1 359
	BC5293	c5 205 532~5 203 670	ATGGCTCATACCGCTTTTCC TTATGCTTCACGCTTGCTTCT	1 863
	BC5294	c5 205 877~5 205 563	TTGTTTTGCATCGGTCTATTTGG AATTGGCAGCATTCAGCATTA	315
	BC5295	c5 206 394~5 205 870	GCGGTTATGTATTTCGCTGTT GAAGCGTACCGATTTGAAGTG	525
	BC5297	c5 207 837~5 206 836	GACGCTCTTACAATCACCTTCAA CCCATCACTTTCCGTTCTGC	1 002

续表

参考菌株	基因名称	参考序列位置	引物序列	预期片段长度/bp
	BC5299	c5 210 181～5 208 940	CTCGCAAGGTGATGGGGATT CCCTTTGTCTTCGCTCTTGC	1 242
	GroEL	257 826～259 460	GAAGAGTCTAAAGGATTCACAACAGA GGGTTATCAAGAACTGCTTCCAT	1 635
ATCC14579	hslU	c3 806 205～3 804 814	TGCTGAACAGCTCGGGATT CGCAACATTCGACCCTTCT	1 392
	BC3323	c3 288 484～3 287 414	TACAGGGAGTAATACAGAAGCAAGC CCTTCGTTTCTATTTTGTCCGT	1 071
	BC5218	5 118 325～5 119 542	AGGCATATCGCTTTCCACTTA CGATGCGATGCTAAAGAACACT	1 218

注："c"代表染色体

本节实验用引物均由广州基迪奥生物科技有限公司合成。引物混合液的配制如下：离心粉末状引物，使附在管壁上的 DNA 引物粉末沉于管底；加入无菌超纯水配制成浓度为 100 pmol/μL 的引物储存液，置于−20℃保存；使用前，将引物储存液稀释 10 倍（即 10 pmol/μL）作为 PCR 工作液，置于−20℃保存备用。在常规 PCR 中，在 25 μL 反应体系中均加入 1.5 μL 引物工作液，使反应体系的工作液终浓度达到 0.6 μmol/L。

4. PCR 检测

（1）在无菌干燥的 0.2 mL PCR 管中配制反应体系（表 3-10），所有操作在冰盒上进行。

表 3-10　PCR 反应体系

组分	体积/μL
10×PCR 缓冲液	2.5
2.5 mmol dNTP 混合物	2
引物工作液	1.5
DNA 模板	0.125
Taq DNA 聚合酶（5U/μL）	1
加无菌水至终体积	25

（2）将 PCR 反应液充分混匀后，放置于 PCR 仪中。本部分实验 PCR 及多重 PCR 的反应程序如下：94℃预变性 5 min；94℃变性 30 s，解链温度（T_m）下退火 30 s，72℃延伸 1.5 min 并进行 30 个循环；最后，72℃延伸 7 min。产物置于−20℃保存。

5. 凝胶电泳

（1）将洁净、干燥的琼脂糖凝胶电泳槽水平放置于工作台上，插入适当大小规格的梳子，注意梳齿不能接触胶模的底部。

（2）40 mL 0.5×无核糖核酸酶（RNase free）的 TAE 电泳缓冲液（TAE buffer）中加入 0.6 g 琼脂糖，摇晃混匀，在微波炉内将琼脂糖凝胶电泳溶液完全溶解，冷却至 55℃

左右。

（3）将约 55℃的琼脂糖凝胶电泳溶液快速倒入胶模中，厚度为 4～5 mm，静置 15 min 待其凝固。

（4）小心移去梳子，同时将凝胶移动至电泳槽中，加样口端位于负极，加入 0.5×无核糖核酸酶（RNase free）的 TAE 电泳缓冲液（TAE buffer），使缓冲液液面没过琼脂糖凝胶 1～2 mm。

（5）用微量移液枪将样品加入凝胶样品孔内（7 μL/孔），同时设置对照组（DNA 分子量标准 Marker）。

（6）盖上琼脂糖凝胶电泳仪电泳槽盖，并打开电泳槽电源，电泳电压 100 V，电泳时间约 25 min。

（7）电泳结束后，将凝胶置于溴化乙锭（EB）溶液染色 10 min，再清水清洗 10 min，最后置于琼脂糖凝胶成像系统上观察结果，记录图像。

6. 序列测定与分析

由广州基迪奥生物科技有限公司对以上阳性克隆菌株进行 DNA 序列测定。使用 DNAtools 软件对 DNA 序列进行分析，用 Standard nucleotide BLAST 程序进行基因同源性检索（http://www.ncbi.nlm.nih.gov）。

3.9.1.8 对潜在耐盐基因的生物信息学分析与功能预测

在生物信息学分析后，根据获得的基因编号，应用共 49 个基因位点，在美国国家生物技术信息中心 GenBank 数据库中，与参考基因组蜡样芽孢杆菌 ATCC14579 进行搜索与比对，通过分析，共获得以下具有不同功能的基因产物，如表 3-11 所示。

表 3-11 具有不同功能的基因产物

序号	基因名称	基因编号（Gene ID）	蛋白编号（Protein ID）	基因长度/bp	氨基酸数量/个	基因产物
1	BC0244	1202716	NP 830202.1	1197	399	
2	BC0910	1203259	NP 830696.1	993	331	腺苷三磷酸结合寡肽转运蛋白 oppD
3	BC1182	1203531	NP 830967.1	1044	348	（oligopeptide transport ATP-binding protein oppD）
4	BC2327	1204676	NP 832090.1	1011	337	
5	BC0363	1202716	NP 830202.1	1197	399	ABC 核苷转运蛋白透过酶 nupC
6	BC5050	1207392	NP 834720.1	1170	390	（nucleoside ABC transporter permease nupC）
7	BC0615	1202967	NP 830432.1	1350	450	二/三肽转运蛋白（di-/tripeptide transporter）
8	BC0638	1202990	NP 830454.1	1464	488	依赖于钠/质子（Na⁺/H⁺载体蛋白）的丙氨酸载体蛋白
9	BC2831	1205179	NP 832581.1	1491	497	（sodium/proton-dependent alanine carrier protein）
10	BC5051	1207393	NP 834721.1	1443	481	
11	BC0669	1203020	NP 830482.1	345	115	钾离子通道蛋白（potassium ion channel protein）
12	BC0703	1203054	NP 830516.1	1473	491	
13	BC1231	1203580	NP 831015.1	1479	493	
14	BC1609	1203958	NP 831387.1	1551	517	钠/脯氨酸转运蛋白（sodium/proline symporter）
15	BC3644	1205989	NP 833373.1	1482	494	
16	BC4071	1206416	NP 833789.1	1527	509	

序号	基因名称	基因编号（Gene ID）	蛋白编号（Protein ID）	基因长度/bp	氨基酸数量/个	基因产物
17	BC0753	1203104	NP 830543.1	1668	556	钾转运 ATP 酶蛋白亚基（potassium-transporting ATPase subunit）
18	BC0754	1203105	NP 830544.1	2094	698	
19	BC0755	1203106	NP 830545.1	582	194	
20	BC0756	1203107	NP 830546.1	1146	382	KdpD 感应蛋白（sensor protein KdpD）
21	BC0838	1203187	NP 830624.1	1188	396	Na$^+$/H$^+$逆向转运蛋白 NapA（Na$^+$/H$^+$ antiporter NapA）
22	BC1310	1203659	NP 831092.1	1320	440	钾摄取蛋白 KtrB（potassium uptake protein KtrB）
23	BC1389	1203738	NP 831170.1	1236	412	质子谷氨酸钠同向转运蛋白（proton/sodium-glutamate symport protein）
24	BC1432	1203781	NP 831212.1	1275	425	
25	BC1739	1204088	NP 831514.1	1272	424	
26	BC4242	1206587	NP 833956.1	1395	465	
27	BC5218	1207558	NP 834881.1	1218	406	
28	BC1430	1203779	NP 831210.1	1359	453	钠依赖色氨酸转运蛋白（sodium-dependent tryptophan transporter）
29	BC2170	1204519	NP 831935.1	1341	447	
30	BC1615	1203964	NP 831393.1	1356	452	钠离子驱动多药外排泵（Na$^+$ driven multidrug efflux pump）
31	BC2114	1204463	NP 831881.1	483	161	谷胱甘肽过氧化物酶（glutathione peroxidase）
32	BC2224	1204573	NP 831989.1	1359	453	葡萄糖酸盐通透酶（gluconate permease）
33	BC3370	1205717	NP 833109.1	1326	442	
34	BC3008	1205356	NP 832754.1	1380	460	过氧化氢酶（catalase）
35	BC3122	1205469	NP 832864.1	837	279	芳香基酯酶（arylesterase）
36	BC3153	1205500	NP 832894.1	1041	347	抗砷蛋白 ACR3（arsenical-resistance protein ACR3）
37	BC3447	1205792	NP 833181.1	1044	348	CzcD 辅助蛋白（CzcD accessory protein）
38	BC4201	1206546	NP 833915.1	921	307	假定蛋白（hypothetical protein）
39	BC4203	1206548	NP 833917.1	708	236	磷酸乙醇酸磷酸酯酶（phosphoglycolate phosphatase）
40	BC4841	1207183	NP 834541.1	1326	442	2-酮-3-脱氧葡糖酸透过酶（2-keto-3-deoxygluconate permease）
41	BC5226	1207566	NP 834889.1	1359	453	砷泵膜蛋白（arsenical pump membrane protein）
42	BC5293	1207633	NP 834956.1	1854	618	NADH 脱氢酶亚基（NADH dehydrogenase subunit）
43	BC5294	1207634	NP 834957.1	315	105	
44	BC5295	1207635	NP 834958.1	525	175	
45	BC5297	1207637	NP 834960.1	1002	334	
46	BC5299	1207639	NP 834962.1	1242	414	
47	GroEL	1202648	NP 830146.1	1635	545	分子伴侣 GroEL（molecular chaperone GroEL）

3.9.1.9　小结

笔者通过对 2 株分离于酱油渣的蜡样芽孢杆菌进行全基因组 Solexa 测序，获得其全基因组信息；通过以基因组蜡样芽孢杆菌 ATCC14579 作为参考基因组进行比对，得到样本的 SNP 及 InDel 位点；同时，基于菌株的耐盐特性，对其共有变异进行统计并对其功能进行注释，并进行包括 COG 注释、GO 功能注释及 KEGG 生物通路富集统计在内的多项统计。通过综合以上分析结果对三类过程的基因进行筛选，初步获得 49 个与细菌耐盐性相关的基因。

3.9.2 蜡样芽孢杆菌微生物被膜相关基因的研究

在蜡样芽孢杆菌形成微生物被膜的过程中，主要有以下几类基因发挥作用。

（1）rpoN 是一种转录调节因子，与毒力和生物膜形成相关。rpoN 缺失突变体菌株的许多功能受损，包括低温和厌氧生长、碳水化合物代谢、孢子形成和毒素产生、运动性和生物膜形成，并且其与鞭毛的缺失相关[79]。该基因主要是在生物膜形成的早期起促进作用。

（2）在对蜡样芽孢杆菌 ATCC10978 的研究中，91 个基因被确定为生物膜形成的必要基因[80]。这些基因编码诸如趋化性、氨基酸代谢和细胞修复机制等功能，并且包括许多以前不知道是生物膜形成所需的基因。通过生物信息学分析发现 BC00940 基因可能编码谷氨酰胺合成酶，并受到转录因子 SigL、CcpA、DegU 和 LexA 的调控。SigL 是一种增强子，负责转录编码谷氨酸脱氢酶的 rocG 基因；CcpA 转录因子参与代谢产物的分解；DegU 控制鞭毛形成和微生物被膜形成的基因表达；LexA 蛋白在 DNA 损伤的情况下被诱导，是细菌 SOS DNA 修复系统的转录抑制因子。BC00940 基因的敲除对菌株的生长趋势没有影响，但是其群游能力和微生物被膜形成能力提高，说明 BC00940 基因的敲除提高了菌株的微生物被膜形成能力。

（3）PlcR 是一种多效调节因子，由一种小的可扩散肽（PapR）激活，可作为群体感应效应物。它控制着多种基因的表达，其中许多基因编码潜在的毒力因子，包括肠毒素、溶血素、磷脂酶 C 和蛋白酶。在蜡样芽孢杆菌中，plcR 突变体增强微生物被膜的形成能力，表明 PlcR 直接或间接地抑制微生物被膜的形成[81]。

（4）CodY 是一种多效调节因子，可影响蜡样芽孢杆菌的多细胞行为和毒力因子的有效产生。CodY 通过分泌与氨基酸转运蛋白表达偶联的蛋白酶引发对寡营养条件的适应。此外，它参与调节生存策略，如孢子形成、运动性、生物膜形成，并且还已知 CodY 影响致病细菌中的毒力因子产生。在 codY 缺失突变体（ΔcodY）中，参与生物膜形成和氨基酸转运与代谢的许多基因被上调，并且在缺失 codY 时抑制与运动性和毒力相关的基因。在 ΔcodY 突变体中生物膜形成被高度诱导，表明 CodY 抑制生物膜形成。

（5）ComER 在蜡样芽孢杆菌中的生物膜形成和孢子形成中发挥重要作用。ComER 基因的突变导致生物膜形成的缺陷和蜡样芽孢杆菌中孢子形成的延迟，表明 ComER 在蜡样芽孢杆菌微生物被膜的形成过程中起到促进作用。

笔者对蜡样芽孢杆菌的基因组进行了测序，对其中与微生物被膜形成相关的基因进行分析，结果显示，蜡样芽孢杆菌携带 sigL、plcR、lexA 等与微生物被膜形成相关的基因。

3.10 苏云金芽孢杆菌

3.10.1 苏云金芽孢杆菌基因组研究

3.10.1.1 引言

苏云金芽孢杆菌（*Bacillus thuringiensis*，Bt）是 1901 年由日本生物学家 S. Ishiwata

从家蚕中发现的，1915 年德国 Berliner 从地中海粉螟将其分离并命名，美国 1928 年启动了利用苏云金芽孢杆菌防治玉米螟计划，1929 年第一次进行大田应用，1938 年法国第一个产品 Sporeine 面世，20 世纪 50 年代许多国家进行了商业性生产。该菌被发现已有一百余年的历史，世界上有超过万篇的研究报道，涉及生物学、分类命名、有效成分、杀虫机制、分子生物学、遗传学、产品化和安全性，包括近年来的转基因植物等诸多方面。

3.10.1.2　菌株鉴定

已扩增 16S rRNA 基因进行凝胶电泳验证，如图 3-21 所示，并测序以进行细菌鉴定。该菌株的 16S rRNA 基因序列与苏云金芽孢杆菌菌株 BAB-Bt2（GenBank 登录号 AM293345）的相似性为 99.9%。因此，细菌菌株被鉴定为苏云金芽孢杆菌。

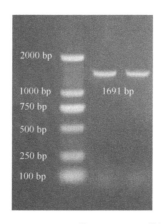

图 3-21　来自苏云金芽孢杆菌菌株 BM-BT15426 的 16S rRNA 基因的 PCR 扩增。左侧泳道是标记物（DSTM2000），中间和右侧泳道是来自苏云金芽孢杆菌菌株 BM-BT15426 的 16S rRNA 基因的扩增条带

3.10.1.3　全基因组测序及数据质控

方法参见 3.3.1.2。

3.10.1.4　全基因组序列组装

方法参见 3.3.1.3。

3.10.1.5　基因组组分分析

获得基因组序列后需要分析其各功能元件分布情况，才能从基因组层面深入研究菌株的特性、功能区域、突变情况、进化过程等。微生物基因组虽然较小，但是其各功能元件比较丰富，可占据基因组序列的 90% 以上，既有编码功能基因的编码区域，又有各种参与表达调控、表观修饰等的非编码区域。

苏云金芽孢杆菌菌株 BM-BT15426 的基因组组装成一个支架。它的长度为 5 246 329 bp，含有 5409 个预测基因，平均 GC 含量为 35.40%。基因组与苏云金芽孢杆菌菌株 HD682（GenBank 登录号：CP009720）的基因组显示出高度相似性（90% 覆盖率和 99% 同一性）。然而，苏云金芽孢杆菌菌株 BM-BT15426 的基因组比苏云金芽孢杆菌菌株 HD682 短 45 kb。这表明在苏云金芽孢杆菌菌株 BM-BT15426 的进化过程中缺失了一些序列。在基因组中鉴定了共 74 个重复序列，即 5S rRNA、16S rRNA、23S rRNA 和 tRNA。有 5110 和 3556 个预测基因分别具有 COG 功能注释和 GO 功能注释（图 3-22）。此外，2626 个预测基因参与了 82 个 KEGG 途径，这些途径被分类为"代谢"（66/82）、"遗传信息处理"（13/82）、"细胞过程"（1/82）、"人类疾病"（1/82）和"环境信息处理"（1/82）。包括 rocF 编码的精氨酸酶、ahpC 编码的硫氧还蛋白过氧化物酶（thioredoxin peroxidase）和未命名的基因编码的醛脱氢酶家族蛋白在内的三个蛋白参与了"传染病：阿米巴病"途径，这是与"人类疾病"相关的唯一途径。CAZy 分为 5 类，即"糖苷水解酶""糖基转移酶""碳水化合物酯酶""碳水化合物结合模块"和"辅助活性"。在苏云金芽孢杆菌 BM-BT15426 的基因组中，一个中等原噬菌体位于 1 907 077～1 918 575 bp。此外，在基因组中鉴定出共 172 种分泌蛋白。

3.10.1.6 功能注释

1. COG 基因功能注释

利用 BLAST 比对工具基于 COG 数据库对各微生物的预测基因进行 COG 功能分类，其统计结果如图 3-22A 所示。

由图 3-22 可知，苏云金芽孢杆菌共预测得到 5409 个基因，其中共有 5110 个基因具有 COG 功能注释，占全部预测基因的 94.47%。

2. KEGG 生物通路注释

苏云金芽孢杆菌中共有 2626 个预测基因有相应的 KEGG 生物通路注释，主要包含的生物通路如下：代谢途径、次生代谢产物的生物合成、酪氨酸代谢、糖酵解/糖异生、丙酮酸代谢、嘌呤代谢、精氨酸和脯氨酸代谢、嘧啶代谢、半胱氨酸和蛋氨酸代谢、甘氨酸代谢、丝氨酸代谢、苏氨酸代谢、组氨酸代谢、氨酰-tRNA 生物合成等，获得的苏云金芽孢杆菌一系列的 KEGG 生物通路注释，明确了苏云金芽孢杆菌基因参与的各类代谢情况，为对全基因组信息的深入研究提供了基础数据与理论依据。

3. GO 功能注释

由图 3-22B 可知，有 3556 个基因具有 GO 功能注释，占全部基因的 65.7%，主要注释到细胞组分中的代谢过程（metabolic process）、细胞内过程（cellular process）和单有机体过程（single-organism process），分子功能中的细胞（cell）、膜（membrane）、膜组分（membrane part）和细胞部分（cell part），以及生物过程中的催化活性（catalytic activity）和结合（binding）。

4. 结构域分析

该菌株包含 4414 个结构域，主要包括与细胞周期控制、细胞分裂、染色体分配、氨基酸转运和新陈代谢、核苷酸转运和代谢、碳水化合物转运和新陈代谢、辅酶的运输和代谢、脂质转运和新陈代谢、翻译、核糖体结构和生物发生、转录、复制、重组和修复、细胞壁/膜/包膜生物发生等相关的蛋白结构。

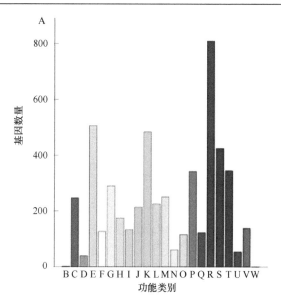

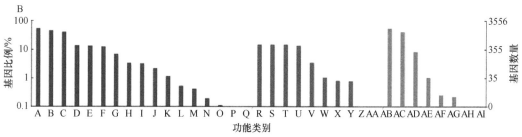

图 3-22 COG（A）和 GO（B）基因功能注释

A. 功能类别：[B] 染色质结构和动力学，[C] 能量产生与转化，[D] 细胞周期控制，细胞分裂，染色体分配，[E] 氨基酸转运与代谢，[F] 核苷酸转运与代谢，[G] 碳水化合物转运与代谢，[H] 辅酶转运与代谢，[I] 脂质转运与代谢，[J] 翻译、核糖体结构与生物合成，[K] 转运，[L] 复制、重组与修复，[M] 细胞壁、细胞膜、包膜的生物合成，[N] 细胞运动，[O] 翻译后修饰、蛋白质周转、分子伴侣，[P] 无机离子转运和代谢，[Q] 次生代谢物生物合成、转运和分解代谢，[R] 一般功能预测，[S] 功能未知，[T] 信号转导机制，[U] 细胞内运输、分泌和囊泡运输，[V] 防御机制，[W] 细胞外结构

B. 功能类别：1. 生物过程：[A] 代谢过程，[B] 细胞过程，[C] 单一有机体过程，[D] 定位，[E] 生物调节，[F] 生物调节过程，[G] 应激反应，[H] 信号，[I] 细胞成分聚集和生物合成，[J] 发育过程，[K] 生殖，[L] 多有机体过程，[M] 运动，[N] 生物过程负调控，[O] 细胞杀灭，[P] 生物黏附，[Q] 免疫系统过程；2. 细胞成分：[R] 细胞，[S] 膜，[T] 膜局部，[U] 细胞局部，[V] 大分子复合物，[W] 细胞器，[X] 病毒粒子，[Y] 细胞器局部，[Z] 病毒粒子局部，[AA] 细胞外区域；3. 分子功能：[AB] 代谢活性，[AC] 结合，[AD] 运输活性，[AE] 蛋白质结合转录因子活性，[AF] 抗氧化活性，[AG] 分子传感器活性，[AH] 分子功能调节器，[AI] 酶调节器活性

5. 病原与宿主互作注释

共有 833 个与病原与宿主互作相关的基因，主要包括铁载体、超氧化物歧化酶、防止氧化应激、多药耐药、胞外多糖、UDP-葡萄糖脱氢酶、木糖醇脱氢酶等的相关基因。

6. 碳水化合物活性酶数据库注释

碳水化合物活性酶数据库（CAZy）是碳水化合物酶相关的专业数据库，包括能催化碳水化合物降解、修饰，以及生物合成的相关酶系家族，其结果如图 3-23 所示。

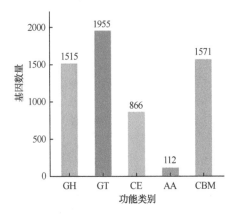

图 3-23　碳水化合物活性酶数据库（CAZy）注释
注参见图 3-2

3.10.1.7　毒力因子

在苏云金芽孢杆菌菌株 BM-BT15426 的基因组中，共鉴定出 21 种毒力因子[79-81]。在毒力因子中，鉴定出 4 个 *clp* 基因，包括编码内肽酶 Clp ATP 结合链 C 的 *clpC* 基因，编码 ATP 依赖性蛋白酶的 *clpE* 基因和两个 *clpP* 基因。鉴定了由 *cap8D* 和 *cap8M* 基因编码的两种荚膜多糖合成酶。此外，分别鉴定了编码 UDP-葡萄糖焦磷酸化酶和胶原酶的两个 *hasC* 基因和两个 *colA* 基因。其他毒力因子包括 *htpB*、*lmo0931*、*yscN*、*acfB*、*essC*、*pvdD*、*pfoA* 和 *insF*，分别编码热休克蛋白 HtpB、脂肪酸蛋白连接酶、推定的 Yops 分泌 ATP 合酶、辅助定植因子 AcfB、假设蛋白和铜绿假单胞菌铁载体蛋白（pyoverdine）合成酶 D。

3.10.1.8　耐药基因

在苏云金芽孢杆菌菌株 BM-BT15426 的基因组中鉴定出 9 种抗生素抗性基因，包括 4 种 *baca*，以及 *bcra*、*bl2a₁*、*bl2a₁ᵢᵢ*、*fosb* 和 *vanrb*。*baca* 基因赋予对杆菌肽编码的十一碳烯基焦磷酸磷酸酶的抗性，其中包括十一碳烯基焦磷酸的分离[82]。*bcra* 基因也负责杆菌肽抗性，编码 ABC 转运系统和杆菌肽外排泵[83]。*bl2a₁* 和 *bl2a₁ᵢᵢ* 基因赋予对青霉素的抗性，编码 A 类 β-内酰胺酶，其打破 β-内酰胺抗生素环结构并使分子的抗菌特性失活[84]。磷霉素抗性基因 *fosb* 编码谷胱甘肽转移酶和金属谷胱甘肽转移酶，通过催化向磷霉素添加谷胱甘肽赋予对磷霉素的抗性[85]。万古霉素抗性基因 *vanrb* 是 *vanB* 型万古霉素抗性操纵子基因，可以将肽聚糖与修饰的 C 端 D-丙氨酸-D-丙氨酸合成为 D-丙氨酸-D-乳酸[86]。

3.10.1.9　基因组圈图

笔者采用 Circos 软件进行基因组圈图的绘制，图 3-24 为传统经典的基因组圈图。

3.10.1.10　小结

笔者通过全基因组测序和生物信息学分析，重点研究苏云金芽孢杆菌菌株 BM-BT15426 的遗传特征。苏云金芽孢杆菌菌株 BM-BT15426 的基因组长度为 5 246 329 bp，含有 5409

个预测基因，平均 GC 含量为 35.40%。鉴定了苏云金芽孢杆菌 BM-BT15426 的主要致病因子，包括参与"传染病：阿米巴病"途径的 3 个基因、21 个毒力因子和 9 个抗生素抗性基因。本研究有助于进一步研究苏云金芽孢杆菌的致病机制和表型。

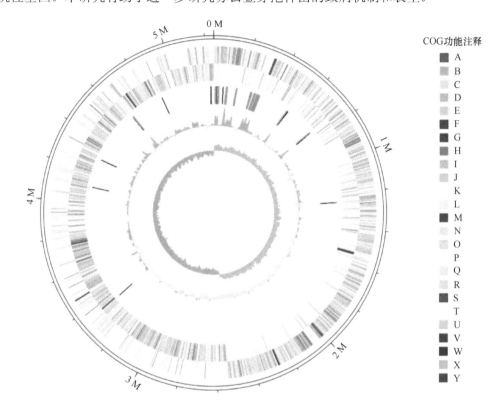

图 3-24　苏云金芽孢杆菌菌株 BM-BT15426 的基因组圈图

从最外层到最内层的圆圈分别表示染色体，正链基因，负链基因，非编码 RNA（黑色：tRNA，红色：rRNA），
GC 含量（红色：>平均值，蓝色：<平均值），GC 偏斜（紫色：>0，橙色：<0）。

注参见图 3-3

3.10.2　苏云金芽孢杆菌微生物被膜相关基因的研究

在苏云金芽孢杆菌形成微生物被膜的过程中，主要有以下几类基因发挥作用。

（1）调节剂 *Spo0A*、*AbrB* 和 *SinR* 在苏云金芽孢杆菌微生物被膜形成过程中发挥重要作用，*SinR* 不控制参与胞外多糖产生的 *eps* 操纵子，而是调节参与脂肽生物合成的基因。这种脂肽是生物膜形成所必需的，此外，*SinR* 调节子含有编码 Hbl 肠毒素的基因。转录融合测定、蛋白质印迹法（Western blotting）和溶血测定证实，*SinR* 与 *PlcR* 一起控制 *Hbl* 表达，*PlcR* 是苏云金芽孢杆菌中的主要毒力调节剂，*Hbl* 以持续的方式在生物膜的小亚群中表达。编码 SinI 拮抗剂的 *SinI* 基因在与 *Hbl* 相同的生物膜亚群中表达，表明 *Hbl* 转录异质性是 *SinI* 依赖性的。

（2）编码脂肽合成酶的 *krs* 基因座对蜡样芽孢杆菌组具有特异性，已有研究表明 *krs* 转录受另一个主调节因子 *Spo0A* 的调节，通过整合多个信号可以微调 *krs* 表达，*krs* 基因座是正确的生物膜结构所必需的。在苏云金芽孢杆菌形成微生物被膜的过程中发挥着积极作用。

（3）在苏云金芽孢杆菌 BMB171 中鉴定了两个 c-di-GMP-1 核糖开关，称为 *Bc1* RNA 和 *Bc2* RNA。*Bc1* DNA 位于甲基接受趋化蛋白的开放阅读框的上游，而 *Bc2* DNA 位于胶原黏附蛋白（Cap）的 ORF 的上游。Δ*Bc2* 突变体表现出运动缺陷，胞外多糖分泌减少，细胞聚集增强，生物膜形成减少。

（4）原始黏附蛋白 Cap 缺失突变体 Δ*cap* 使苏云金芽孢杆菌形成的微生物被膜的量增加，形成更厚的微生物被膜，并显示出对宿主昆虫及幼虫的毒力增强，此外，研究表明过量的 Cap 表达导致生物膜形成减少，说明在微生物被膜形成过程中 Cap 具有抑制作用。

笔者对苏云金芽孢杆菌的基因组进行了测序，对其中与微生物被膜形成的相关基因进行分析，结果显示，苏云金芽孢杆菌携带 *Spo0A*、*AbrB*、*SinR*、*Cap* 等与微生物被膜形成相关的基因。

参 考 文 献

[1] Bassett A S, Scherer S W, Brzustowicz L M. Copy number variations in schizophrenia: critical review and new perspectives on concepts of genetics and disease[J]. The American Journal of Psychiatry, 2010, 167(8): 899-914.

[2] Loman N J, Constantinidou C, Chan J Z M, et al. High-throughput bacterial genome sequencing: an embarrassment of choice, a world of opportunity[J]. Nature Reviews Microbiology, 2012, 10(9): 599-606.

[3] Twyford A D. Will benchtop sequencers resolve the sequencing trade-off in plant genetics?[J]. Frontiers in Plant Science, 2016, 7(e1004410): 433.

[4] Quail M A, Smith M, Coupland P, et al. A tale of three next generation sequencing platforms: comparison of Ion Torrent, Pacific Biosciences and Illumina MiSeq sequencers[J]. BMC Genomics, 2012, 13(1): 341.

[5] Margulies M, Egholm M, Altman W E, et al. Genome sequencing in microfabricated high-density picolitre reactors[J]. Nature, 437(7057): 376-380.

[6] Turcatti G, Romieu A, Fedurco M, et al. A new class of cleavable fluorescent nucleotides: synthesis and optimization as reversible terminators for DNA sequencing by synthesis[J]. Nucleic Acids Research, 2008, 36(4): 25.

[7] Shendure J, Church G M. Accurate multiplex polony sequencing of an evolved bacterial genome[J]. Science, 2005, 309(5741): 1728-1732.

[8] Treffer R, Deckert V. Recent advances in single-molecule sequencing[J]. Current Opinion in Biotechnology, 2010, 21(1): 4-11.

[9] Liao Y C, Lin S H, Lin H H. Completing bacterial genome assemblies: strategy and performance comparisons[J]. Scientific Reports, 2015, 5: 8747.

[10] Shin S C, Ahn D H, Kim S J, et al. Advantages of Single-Molecule Real-Time Sequencing in High-GC Content Genomes[J]. PLoS One, 2013, 8(7): e68824.

[11] Ansorge W, Voss H, Wirknera U, et al. Automated Sanger DNA sequencing with one label in less than four lanes on gel[J]. Journal of Biochemistry Biophysics Methods, 1989, 20(1): 47-52.

[12] Hanriot L, Keime C, Gay N. A combination of LongSAGE with Solexa sequencing is well suited to explore the depth and the complexity of transcriptome[J]. BMC Genomics, 2008, 9: 418.

[13] Zhang G J, Guo G W, Hu X D, et al. Deep RNA sequencing at single base-pair resolution reveals high complexity of the rice transcriptome[J]. Genome Res, 2010, 20(5): 646-654.

[14] Koonin E V. Genome sequences: genome sequence of a model prokaryote[J]. Current Biology, 1997, 7(10): R656-R659.

[15] Harismendy O, Ng P C, Strausberg R L, et al. Evaluation of next generation sequencing platforms for population targeted sequencing studies[J]. Genome Biology, 2009, 10(3): R32.

[16] Luo R, Liu B, Xie Y, et al. SOAPdenovo2: an empirically improved memory-efficient short-read *de novo* assembler[J]. GigaScience, 2012, 1(1): 18.

[17] Prjibelski A D, Vasilinetc I, Bankevich A, et al. ExSPAnder: a universal repeat resolver for DNA fragment assembly[J]. Bioinformatics, 2014, 30(12): 293-301.

[18] Powell D R, Seemann T. VAGUE: A graphical user interface for the velvet assembler[J]. Bioinformatics. 2013, 29 (2): 264-265.

[19] Hernandez D, Tewhey R, Veyrieras J B, et al. *De novo* finished 2.8 Mbp *Staphylococcus aureus* genome assembly from 100 bp short and long range paired-end reads[J]. Bioinformatics, 2014, 30(1): 40-49.

[20] Besemer J, Lomsadze A, Borodovsky M. GeneMarkS: a self-training method for prediction of gene starts in microbial genomes. Implications for finding sequence motifs in regulatory regions[J]. Nucleic Acids Research, 2001, 29(12): 2607-2618.

[21] Delcher A L, Bratke K A, Powers E C, et al. Identifying bacterial genes and endosymbiont DNA with Glimmer[J]. Bioinformatics, 2007, 23(6): 673-679.

[22] Overbeek R, Olson R, Pusch G D, et al. The SEED and the Rapid Annotation of microbial genomes using Subsystems Technology (RAST)[J]. Nucleic Acids Research, 2014, 42: 206-214.

[23] Koonin E V, Fedorova N D, Jackson J D, et al. A comprehensive evolutionary classification of proteins encoded in complete eukaryotic genomes[J]. Genome Biology, 2004, 5(2): R7.

[24] Conesa A, Götz S. Blast2GO: a comprehensive suite for functional analysis in plant genomics[J]. International Journal of Plant Genomics, 2008, 2008: 619832.

[25] Kanehisa M, Goto S. KEGG: kyoto encyclopedia of genes and genomes[J]. Nucleic Acids Research, 1999, 27(1): 29-34.

[26] Su Y C, Resman F, Hörhold F, et al. Comparative genomic analysis reveals distinct genotypic features of the emerging pathogen *Haemophilus influenzae* type f[J]. BMC Genomics, 2014, 15(1): 1-23.

[27] Marçais G, Delcher A L, Phillippy A M, et al. MUMmer4: A fast and versatile genome alignment system[J]. Plos Computational Biology, 2018, 14(1): e1005944.

[28] Alikhan N F, Petty N K, Ben Zakour N L, et al. BLAST Ring Image Generator (BRIG): simple prokaryote genome comparisons[J]. BMC Genomics, 2011, 12: 402.

[29] Pratt L A, Kolter R. Genetic analysis of Escherichia colt biofilm formation: roles of flagella, motility, chemotaxis and type I pili[J]. Mol Microbiol, 1998, 30(2): 285-293.

[30] 刘海舟, 张素琴. 细菌信息素研究进展[J]. 应用与环境生物学报, 2000, 6(3): 288-293.

[31] Davies D G, Parsek M R, Pearson J P, et al. The involvement of cell-to-cell signals in the development of a bacterial biofilm[J]. Science, 1998, 280(5361): 295-298.

[32] Whiteley M, Bangera M G, Bumgamer R E, et al. Gene expression in *Pseudomonas aeruginosa* biofilms[J]. Nature, 2001, 413(6858): 860-864.

[33] Suh S J, Silosuh L, Woods D E, et al. Effect of rpos mutation on the stress response and expression of virulence factors in *Pseudomonas aeruginosa*[J]. J Bacteriol, 1999, 181(13): 3890-3897.

[34] Mah T F, O'Toole G A. Mechanisms of biofilm resistance to antimicrobial agents[J]. Trends Microbiol, 2001, 9(1): 34-39.

[35] Brooks J L, Jefferson K K. Phase variation of poly-*N*-acetylglucosamine expression in *Staphylococcus aureus*[J]. PLoS Pathog, 2014, 10(7): c1004292.

[36] Tsang L H, Gassat J E, Shaw L N, et al. Factors contributing to the biofilm-deficient phenotype of *staphylococcus aureus sarA* mutants[J]. PLoS One, 2008, 3(10): e3361.

[37] Tormo M A, Martí M, Valle J, et al. SarA is an essential positive regulator of *Staphylococcus* epidermidis biofilm development[J]. Journal of Bacteriology, 2005, 187(7): 2348-2356.

[38] Das T, Sehar S, Koop L, et al. Influence of calcium in extracellular DNA mediated bacterial aggregation and biofilm formation[J]. PLoS One, 2014, 9(3): e91935.

[39] McCarthy H, Rudkin J K, Black N S, et al. Methicillin resistance and the biofilm phenotype in *Staphylococcus aureus*[J]. Frontiers in Cellularand Infection Microbiology, 2015, 5: 1.

[40] Li S, Huang H, Rao X C, et al. Phenol-soluble modulins: novel virulence-associatedpeptides of staphylococci[J]. Future Microbiology, 2014, 9(2): 203-216.

[41] Le K Y, Dastgheyb S, Ho T V, et al. Moleculardeterminants of staphylococcal biofilm dispersal and

structuring[J]. Frontiers in Cellular and Infection Microbiology, 2014, 4: 167.

[42] Xu Z, Xie J, Peters B M, et al. Longitudinal surveillance on antibiogram of important gram-positive pathogens in southern China, 2001 to 2015[J]. Microb Pathog, 2017, 103: 80-86.

[43] Xu Z, Li L, Shirtliff M E, et al. First report of class 2 integron in clinical *Enterococcus faecalis* and class 1 integron in *Enterococcus faecium* in South China[J]. Diagn Micr Infec Dis, 2010, 68(3): 315-317.

[44] Xu Z, Li L, Shi L, et al. Class 1 integron in staphylococci[J]. Molecular Biology Reports, 2011, 38: 5261-5279.

[45] Deraspe M, Alexander D C, Xiong J, et al. Genomic analysis of *Pseudomonas aeruginosa* PA96, the host of carbapenem resistance plasmid pOZ176[J]. FEMS Microbiol Lett, 2014, 356(2): 212-216.

[46] Hickman J W, Harwood C S. Identification of *FleQ* from *Pseudomonas aeruginosa* as a c-di-GMP-responsive transcription factor[J]. Mol Microbiol, 2008, 69: 376-389.

[47] Baraquet C, Harwood C S. A FleQ DNA binding consensus sequence revealed by studies of FleQ-dependent regulation of biofilm gene expression in *Pseudomonas aeruginosa*[J]. J Bacteriol, 2015, 198: 178-186.

[48] Merighi M, Lee V T, Hyodo M, et al. The second messenger Bis-(3′-5′)-cyclic-GMP and its PilZ domain-containing receptor A1944 are required for alginate biosynthesis in *Pseudomonas aeruginosa*[J]. Mol Microbiol, 2007, 65: 876-895.

[49] Oglesby L L, Jain S, Ohman D E. Membrane topology and roles of *Pseudomonas aeruginosa* A198 and A1944 in alginate polymerization[J]. Microbiology, 2008, 154: 1605-1615.

[50] Lee V T, Matewish J M, Kessler J L, et al. A cyclic—di-GMP receptor required for bacterial exopoly-saccharide production[J]. Mol Microbiol, 2007, 65(6): 1474-1484.

[51] Li Z, Chen J H, Hao Y, et al. Structures of the PelD cyclic diguanylate effector involved in peUicle formation in *Pseudomonas aeruginosa* PAO1[J]. J Biol Chem, 2012, 287: 30191-30204.

[52] Whitney J C, Colvin K M, Marmont L S, et al. Structure of the cytoplasmic region of PelD, a degenerate diguanylate cyclase receptor that regulates exopolysaccharide production in *Pseudomonas aeruginosa*[J]. J Biol Chem, 2012, 287: 23582-23593.

[53] Espinosa-Urgel M, Salido A, Ramos J L. Genetic analysis of functions involved in adhesion of *Pseudomonas putida* to seeds[J]. J Bacteriol, 2000, 182: 2363-2369.

[54] Gjermansen M, Nilsson M, Yang L, et al. Characterization of starvation—induced dispersion in *Pseudomonas putida* biofilms: genetic elements and molecular mechanisms[J]. Mol Microbiol, 2010, 75: 815-826.

[55] Martinez-Gil M, Yousef-Coronado F, Espinosa-Urgel M. *LapF*, the second largest *Pseudomonas putida* protein, contributes to plant root colonization and determines biofilm architecture[J]. Mol Microbiol, 2010, 77(3): 549-561.

[56] Lahesaare A, Ainelo H, Teppo A, et al. *LapF* and its regulation by Fis affect the cell surface hydropho-bicity of *Pseudomonas putida*[J]. PLoS One, 2016, 11: e0166078.

[57] Marfinez-Gil M, Ramos-Gonzfilez M I, Espinosa-Urgel M. Roles of cyclic Di-GMP and the Gac system in transcriptional control of the genes coding for the *Pseudomonas putida* adhesins *LapA* and *LapF*[J]. J Bacteriol, 2014, 196: 1484-1495.

[58] Newell P D, Monds R D, O'Toole G A. *LapD* is a bis-(3′, 5′)-cyclic dimeric GMP-binding protein that regulates surface attachment by *Pseudomonas fluorescens* PfO-1[J]. Proc Natl Acad Sci USA, 2009, 106: 3461-3466.

[59] Navarro M V, Newell P D, Krasteva P V, et al. Structural basis for C-di-GMP-mediated inside-out signaling controlling periplasmic proteolysis[J]. PLoS Biol, 2011, 9(2): e1 000588.

[60] Newell P D, Boyd C D, Sondermann H, et al. A C-di-GMP effector system controls cell adhesion by inside-out signaling and surface protein cleavage[J]. PLoS Biol, 2011, 9(2): e1000587.

[61] Lahesaare A, Moor H, Kivisaar M, et al. *Pseudomonas putida* Fis binds to the lapF promoter *in vitro* and represses the expression of *LapF*[J]. PLoS One, 2014, 9: e15901.

[62] Nelson K E, Weinel C, Paulsen I T, et al. Complete genome sequence and comparative analysis of the metabolically versatile *Pseudomonas putida* KT2440[J]. Environ Microbiol, 2003, 4: 799-808.

[63] Nilsson M, Chiang W C, Fazli M, et al. Influence of putative exopolysaccharide genes on *Pseudomonas*

putida KT2440 biofilm stability[J]. Environ Microbiol, 2011, 13: 1357-1369.

[64] Li X, Nielsen L, Nolan C, et al. Transient alginate gene expression by *Pseudomonas putida*, biofilm residents under water-limiting conditions reflects adaptation to the local environment[J]. Environ Microbiol, 2010, 12: 1578-1590.

[65] Iversen C, Waddington M, On S L W, et al. Identification and phylogeny of *Enterobacter sakazakii* relative to *Enterobacter* and *Citrobacter* Species[J]. Journal of Clinical Microbiology, 2004, 42(11): 5368-5370.

[66] Beuchat L R, Kim H, Gurtler J B, et al. *Cronobacter sakazakii* in foods and factors affecting its survival, growth, and inactivation[J]. International Journal of Food Microbiology, 2009, 136(2): 204-213.

[67] Popp D, Narita A, Maeda K, et al. Filament structure, organization, and dynamics in *MreB* sheets[J]. Communicative & Integrative Biology, 2010, 285(5): 15858-15865.

[68] Van d E F, Amos L A, Löwe J. Prokaryotic origin of the actin cytoskeleton[J]. Nature, 2001, 413(6851): 39.

[69] Ent F V D, Johnson C M, Persons L, et al. Bacterial actin MreB assembles in complex with cell shape protein RodZ[J]. The Embo Journal, 2014, 29(6): 1081-1090.

[70] Entani E, Masai H, Suzuki K I. *Lactobacillus acetotolerans*, a new species from fermented vinegar broth[J]. Int J Syst Bacteriol, 1986, 36: 544-549.

[71] Deng Y, Liu J, Li H, et al. An improved plate culture procedure for the rapid detection of beer-spoilage lactic acid bacteria[J]. Journal of the Institute of Brewing, 2014, 120(2): 127-132.

[72] 邓阳, 刘君彦, 房慧婧, 等. VBNC 状态啤酒易感乳杆菌的诱导及复苏[J]. 现代食品科技, 2014, 30(4): 154-159.

[73] Mardis E R. The impact of next-generation sequencing technology on genetics[J]. Trends in Genetics, 2008, 24: 133-141.

[74] Shendure J, Ji H. Next-generation DNA sequencing[J]. Nature Biotechnology, 2008, 26: 1135-1145.

[75] Zerbino D R, Birney E. Velvet: algorithms for *de novo* short read assembly using de Bruijn graphs[J]. Genome Research, 2014, 18: 821-829.

[76] Guistini D S, Liao N Y, Platt D, et al. *De novo* genome sequence assembly of a filamentous fungus using Sanger, 454 and Illumina sequence data[J]. Genome Biology, 2009, 10(9): R94.

[77] Juvonen R, Satokari R. Detection of spoilage bacteria in beer by polymerase chain reaction[J]. Journal of the American Society of Brewing Chemists, 1999, 57: 99-103.

[78] Tatusov R L, Natale D A, Garkavtsev I V, et al. The COG database: new developments in phylogenetic classification of proteins from complete genomes[J]. Nucleic Acids Research, 2001, 29(1): 22-28.

[79] Hayrapetyan H, Tempelaars M, Nierop Groot M, et al. *Bacillus cereus* ATCC 14579 RpoN (Sigma 54) is a pleiotropic regulator of growth, carbohydrate metabolism, motility, biofilm formation and toxin production[J]. PLoS One, 2015, 10(8): e0134872.

[80] Yan F, Yu Y, Wang L, et al. The *comER* gene plays an important role in biofilm formation and sporulation in both *Bacillus subtilis* and *Bacillus cereus*[J]. Frontiers in Microbiology, 2016, 7: 1025.

[81] Gohar M, Faegri K, Perchat S, et al. The PlcR virulence regulon of *Bacillus cereus*[J]. PLoS One, 2008, 3(7): e2793.

[82] Deng Y, Liu J, Peters B M, et al. Antimicrobial resistance investigation on *Staphylococcus* strains in a local hospital in Guangzhou, China, 2001-2010[J]. Microb Drug Resist, 2015: 21(1): 102-104.

[83] Xu Z, Li L, Shirtliff M E, et al. Resistance class 1 integron in clinical methicillin-resistant *Staphylococcus aureus* strains in southern China, 2001-2006[J]. Clin Microbiol Infec, 2011, 17(5): 714-718.

[84] Yu G, Wen W, Peters B M, et al. First report of novel genetic array *aacA4-bla*$_{IMP-25}$*-oxa30-catB3* and identification of novel metallo-betalactamase gene *blaIMP25*: a retrospective study of antibiotic resistance surveillance on *Pseudomonas aeruginosa* in Guangzhou of South China, 2003-2007[J]. Microb Pathog, 2016: 95: 62-67.

[85] Xu Z, Shi L, Alam M J, et al. Integron-bearing methicillinresistant coagulase-negative staphylococci in South China, 2001-2004[J]. FEMS Microbiol Lett, 2008, 278(2): 223-230.

[86] Xu Z, Li L, Alam M J, et al. First confirmation of integron-bearing methicillin-resistant *Staphylococcus aureus*[J]. Curr Microbiol, 2008, 57(3): 264-268.

第四章　微生物被膜相关基因的检测

4.1　概　　述

　　DNA 双螺旋结构的发现开启了分子生物学领域的大门，30 年后的聚合酶链反应（PCR）的发明又大大推动了核酸检测的进程。目前基因的检测技术主要有核酸杂交技术、聚合酶链反应技术、核酸等温扩增技术及基因芯片技术。

　　核酸杂交技术是根据互补的核苷酸单链可以相互结合的原理，将一段核酸单链以放射性同位素或地高辛、生物素、荧光素等非放射性元素加以标记，制成芘二酰亚胺（PDI）或六亚甲基二异氰酸酯（HDI）探针，再与待测样品核酸杂交，地高辛、生物素标记探针的杂交产物通过酶联免疫吸附反应产生有色物质，而荧光素、光放射性元素通过显影的方法产生杂交信号，从而指示核酸的存在。核酸杂交技术操作简便、灵敏度高。以不同标记探针灵敏度比较排序，放射性同位素＞地高辛＞生物素，但放射性同位素存在放射性污染，而地高辛、生物素及荧光素则相对更加安全[1]。

　　目前，普通 PCR 方法已经成为基因检测中常用的方法，通常作为定性检测方法。在后来的发展中为提高检测通量，开发出了在一个反应管中使用多套引物，针对多个 DNA 模板或同一模板在不同区域进行扩增的多重 PCR 技术。多重 PCR 已被成功地应用到了生物学的多个方面，如各类病原的检测与鉴别、遗传疾病诊断，以及基因缺失、突变和多态性分析等[2, 3]。1995 年美国 PE 公司研发出了 TaqMan 荧光探针定量技术，真正使 PCR 技术发展成为对未知样品进行定量分析的一种核酸定量技术[4]。该技术具有特异性强、灵敏度高、操作简便的特点，广泛应用于科学研究和生产实践之中。现已在基础科学研究、转基因产品和食品安全检测、医学诊断、药物研发、海关检验检疫等科研和实践领域得到广泛应用。

　　核酸等温扩增技术是在恒定温度下扩增核酸的技术，与普通 PCR、荧光定量 PCR 等核酸扩增方法相比最大的区别就在于其反应温度的单一性。因此该技术在水浴锅、金属浴，甚至一个保温效果好的保温杯中就可以完成反应，彻底抛弃了 PCR 等技术需要的精密、复杂的变温仪器，大大简化了核酸检测的操作步骤，这对现场基因检测与诊断是十分有意义的。核酸等温扩增技术主要包括环介导等温扩增技术、滚环扩增技术、交叉引物等温扩增技术，以及聚合酶螺旋反应、重组酶聚合酶扩增技术等[5]。上述恒温扩增技术具有较高的扩增效率，大多数可在 1~1.5 h 内完成结果的判读，通过筛选采用特异性很好的引物，同时，由于其具有灵敏度较高的特点，在目前的基因检测及分子诊断中具有较好的发展前景。

　　基因芯片技术是最近国际上迅猛发展的一项高新技术，是快速检测技术的重要发展方向。其原理是采用原位合成或直接点样的方法将 DNA 片段或寡核苷酸片段排列在硅片、玻璃等介质上形成微矩阵，并以荧光标记的探针与芯片进行杂交，杂交信号借助激光共聚焦显微扫描技术进行实时、灵敏、准确的检测和分析，再经计算机进行结果判断，以达到快速、高效、高通量地分析生物信息的目的[6]。基因芯片的应用概括起来有两大用处：检测基因的量及检测基因的结构（质），前者主要用于大规模检测基因表达的改变情况；后者主要指 DNA 的序列分析，包括测序及再测序、SNP 分析、突变检测等[7, 8]，因此在后基因组研究、分子诊断及分子检测方面具有广阔的应用前景。

4.2　基因检测方法

4.2.1　PCR

4.2.1.1　PCR 技术原理

PCR 技术的基本原理类似于 DNA 的天然复制过程，其特异性依赖于与靶序列两端互补的寡核苷酸引物。PCR 由变性、退火、延伸三个基本反应步骤构成。①模板 DNA 的变性：模板 DNA 经加热至 93℃左右一定时间后，使模板 DNA 双链或经 PCR 扩增形成的双链 DNA 解离，使之成为单链，以便它与引物结合，为下轮反应做准备。②模板 DNA 与引物的退火（复性）：模板 DNA 经加热变性成单链后，温度降至 55℃左右，引物与模板 DNA 单链的互补序列配对结合。③引物的延伸：DNA 模板-引物结合物在 72℃、DNA 聚合酶（如 *Taq* DNA 聚合酶）的作用下，以 dNTP 为反应原料，靶序列为模板，按碱基互补配对与半保留复制原理，合成一条新的与模板 DNA 链互补的半保留复制链，重复循环变性、退火、延伸三过程就可获得更多的"半保留复制链"，而且这种新链又可成为下次循环的模板。每完成一个循环需 2～4 min，2～3 h 就能将待扩目的基因扩增几百万倍[9]。

4.2.1.2　PCR 技术的应用

由 Mullis 在 1983 年建立的 PCR 方法已成为分子生物学及其相关领域的经典实验方法，其应用已趋于多元化，从基因扩增与基因检测，到基因克隆、基因改造、遗传分析，等等，甚至扩展到非生物学领域，如作为商品标识物，用以跟踪一些易燃易爆以及有销售控制的商品。技术的本身也获得长足进步，可靠性不断提高。同时，在聚合酶链反应这一基本原理的基础上发展了一系列新的概念和实验方法，它们在生命科学研究中有重要的应用价值。

4.2.2　实时荧光定量 PCR

4.2.2.1　实时荧光定量 PCR 技术原理

实时荧光定量 PCR（Q-PCR）技术是一种具有高度灵敏性和准确性的核酸定量监测技术，广泛应用在食品安全，转基因食品检测，病毒细菌 RNA、DNA 检测，动物学，植物学，昆虫学等多个科研领域。在 PCR 反应体系的基础上，加入荧光基因分子，因荧光染料能特异性掺入 DNA 双链中，发出荧光信号，而不掺入双链中的荧光染料分子则不发出荧光信号，从而保证荧光信号与扩增的 PCR 产物完全同步，监测整个 PCR 反应过程，监测过程中得到的荧光信号可绘制成一条曲线，经研究，曲线存在三个阶段，分别是指数期、线性期和最后的平台期。在 PCR 反应处于指数期某一时刻时检测 PCR 产物的量，由此可推断出模板最初的含量[10]。

4.2.2.2 实时荧光定量 PCR 技术的应用

实时荧光定量 PCR 技术在很多领域都得到运用，主要包含转基因食品、兽医学、动物学、植物学、食品安全和医学及药物研发等多个领域。在食品安全检测领域，2008 年，黄东东等利用实时荧光定量 PCR 技术，根据转基因大豆（Roundup Ready）的外源基因 35S 启动子序列设计引物和 TaqMan MGB 探针对豆粉中转基因大豆含量进行检测，建立 35S 启动子循环数阈值（Ct 值）与样品中转基因成分数量之间的标准曲线和线性回归方程[11]。2013 年李富威等也利用 TaqMan 探针和实时荧光 PCR 技术建立了检测食品中木瓜成分的方法[12]。时隔一年，郑秋月等根据丙型副伤寒沙门氏菌和猪霍乱沙门氏菌的序列分别设计了引物和 TaqMan 探针，建立了实时荧光 PCR 检测这两种菌的方法，并且可实现特异性检测丙型副伤寒沙门氏菌，同时检测丙型副伤寒沙门氏菌、猪霍乱沙门氏菌[13]。

在动物疾病检测方面，2005 年，陈茹等采用实时荧光 PCR 技术原理，自行设计荧光标记引物，对不同的牛传染性鼻气管炎病毒样品进行敏感性和特异性检验测试，最终建立了可以快捷检测牛传染性鼻气管炎的生物学检测方法[14]。与此同时，孙洋等也利用实时荧光定量 PCR 技术和以猪链球菌 2 型的荚膜的多糖抗原编码基因 *CPS2J* 为靶基因设计的引物相结合，建立了快速、精准、特异性高的猪链球菌 2 型生物学检测方法[15]。在环境保护及监测等方面的应用上，利用特异性 16S rDNA 引物扩增两种甲苯降解菌，运用荧光定量 PCR 技术分析后得知，分枝杆菌在甲苯降解方面作用持续的时间更长久，黄色杆菌只在夏季短暂出现，而分枝杆菌存在的时间却超过 5 个月[16]。与此同时，何闪英、于志刚为了解决赤潮的问题，以赤潮中红色裸甲藻（*Gymnodinium sanguineum*）作为研究对象，以红色裸甲藻中 18S rDNA 序列为靶区域，设计出引物和 TaqMan 探针，并通过实时荧光 PCR 技术确定其中的特异性关系[17]，此方法灵敏度很高，所以在红色裸甲藻密度很低的时候便可以预测赤潮的发生，为赤潮的预警预测研究奠定了基础。

4.2.3 滚环扩增技术

4.2.3.1 RCA 原理

滚环扩增技术（rolling circle amplification，RCA）是一种等温扩增技术，主要应用于环状 DNA 分子的复制，如质粒或者病毒。Lizardi 等最早将结合锁式探针的滚环扩增应用于突变检测，发展了使用单条引物的线性 RCA 和使用双引物的指数 RCA。线性 RCA 又称单引物 RCA，一条结合于环状 DNA 模板的引物沿着环延伸，产物为单环长度的数千倍。在单引物 RCA 中，一个环形 DNA（扩增模板）和一条 DNA 引物在一种 DNA 多聚酶的作用下，以这个环形 DNA 为模板，催化核苷三磷酸（NTP）合成单链 DNA 分子，该分子由上千个反复衔接的环形 DNA 链的拷贝构成。指数 RCA 可以使目标物扩增 10^9 倍以上，甚至实现单分子的核酸检测[18]。指数 RCA 是基于一个环形 DNA 模板和多条 DNA 引物的扩增。与其他扩增反应不同，RCA 产生的单链的扩增产物，其一端可始终连接在固相支持物的引物上，非常适宜于固相形式的微阵列局部特异信号的检测。RCA 这一与众不同的性质适合于同时分析检测许多目标分子而不互相干扰。

4.2.3.2 应用

本研究中所采用的 RCA 扩增反应主要包括三个过程，即锁式探针环化、核酸外切酶酶切及滚环扩增反应，不同阶段反应体系及要求不一样，对反应体系中锁式探针、连接酶及 RCA 扩增中的退火温度进行优化后，建立的 RCA 反应体系如下。

锁式探针环化过程反应体系为 10 μL，包括模板 DNA 1 μL、10×T4 连接酶缓冲液 2 μL、100 nmol/L 锁式探针 1 μL、双蒸水 4 μL，经 95℃解链 5 min 后，加入 8 U/μL 的 T4 连接酶 2 μL，锁式探针在 60℃条件下环化 1 h，后 95℃ 15 min 将酶灭活，取出后冰浴 5 min。将未环化的锁式探针利用核酸外切酶酶切，所用酶切反应液 20 μL，包括 10× 的两种核酸外切酶缓冲液各 1 μL、5 U/μL 的外切酶 12 μL、20 U/μL 的外切酶 III 0.15 μL 及双蒸水，经 37℃酶切 3 h 后，80℃ 20 min 将酶灭活。取 10 μL 酶切消化后的锁式探针环化反应液进行 RCA 反应，反应体系为 25 μL，包括 10×Bst 聚合酶缓冲液 2.5 μL，10 μmol/L 的上下游引物 F、R 各 2.5 μL，8 U/μL 的 Bst DNA 聚合酶 0.625 μL，10 mmol/L 的 dNTPs 1 μL，以及双蒸水。经 58℃扩增 1 h 后，80℃将酶灭活 20 min。RCA 反应结果需用 2% 的琼脂糖凝胶电泳进行判定。针对金黄色葡萄球菌 10071 检测靶点 seb、sec、eta 和 mecA，阪崎肠杆菌 ESA_02130、ompA 基因，以及耐酸乳杆菌 horA 基因分别进行 RCA 特异性检测，结果如图 4-1 及图 4-2 所示。

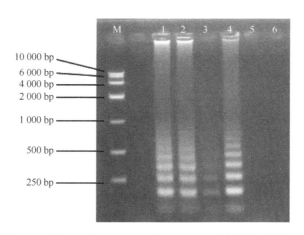

图 4-1 阪崎肠杆菌 BAA 894 和 s-3 RCA 反应的特异性检测

M：Marker DL10000；1、2、3、4：阳性对照，分别为 BAA 894 和 s-3 针对 ESA_02130、ompA 基因的 RCA 扩增产物；
5、6：空白对照，分别为双蒸水针对 ESA_02130、ompA 基因的 RCA 扩增产物

由图 4-1、图 4-2 可知，阳性对照组对应扩增产物的电泳条带明显，且条带排列及大小符合滚环扩增原理，阴性对照组或空白对照组无条带产生，表明所建立 RCA 扩增体系可行，可扩增出金黄色葡萄球菌的 seb、sec、eta 及 mecA 基因，阪崎肠杆菌的 ESA_02130 和 ompA 基因，且各扩增体系具有较高特异性。

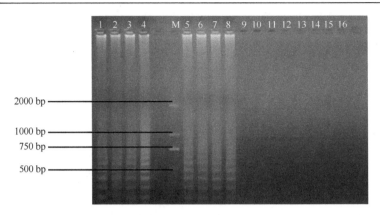

图 4-2　金黄色葡萄球菌 10071 和 12513 RCA 反应的特异性检测

1、2、3、4: 阳性对照, 分别为 10071 针对 *seb*、*sec*、*eta*、*mecA* 基因的 RCA 扩增产物; M: Marker DL2000; 5、6、7、8: 阳性对照, 分别为 12513 针对 *seb*、*sec*、*eta*、*mecA* 基因的 RCA 扩增产物; 9、10、11、12: 阴性对照, 分别为阪崎肠杆菌 BAA 894 针对 *seb*、*sec*、*eta*、*mecA* 基因的 RCA 扩增产物; 13、14、15、16: 空白对照, 分别为双蒸水针对 *seb*、*sec*、*eta*、*mecA* 基因的 RCA 扩增产物

4.2.4　环介导等温扩增技术

4.2.4.1　环介导等温扩增技术原理

环介导等温扩增（loop-mediated isothermal amplification，LAMP）技术是以靶基因的 6 个区域设计 4 种特异的引物，包括一对内引物 FIP 和 BIP 及一对外引物 F3 和 B3。若再增加一对环引物便可加快反应，提高扩增效率。LAMP 扩增过程反应在 65℃ 左右下进行，DNA 双链处于解链和聚合的动态平衡中，一个 LAMP 引物和靶基因链的一端互补结合，然后开始利用 DNA 聚合酶通过链置换作用合成 DNA，置换并释出一条单链 DNA。通过链置换作用，DNA 聚合酶从 FIP 上 F2 的 3′端开始合成一条和靶基因链互补的 DNA 链。然后 F3 和 F3c 区域互补结合，在靶基因链通过 DNA 聚合酶合成 DNA，并置换出与 FIP 结合的互补链。F3 依照靶基因链合成一个互补链，这样形成一个双链 DNA。F3 引物合成新 DNA 链并把原来的 DNA 链置换出来，释放出与 FIP 结合的互补链。然后因为 F1c 区域和 F1 区域互补，被释放的单链 DNA 就在其 5′端形成一个茎环结构。上面形成的单链 DNA 作为一个模板用于 BIP 启动 DNA 合成。BIP 与在上面形成的 DNA 链结合，从 BIP 的 3′端开始合成互补 DNA 链。通过这个过程，DNA 由环状结构恢复成线性结构。B3 引物在 BIP 的外侧通过 DNA 聚合酶的活动从 3′端开始进行复性过程，BIP 合成的 DNA 在 B3 引物合成 DNA 之前被置换释放出来。经过上面的过程产生双链 DNA。而 BIP 结合的互补链被置换后在两端形成茎环结构，类似哑铃结构。之后再以自身为模板，在 3′端 F1 启动合成，与此同时，FIP 结合于哑铃状结构的 F2c 上启动合成，以哑铃状结构中新合成的 3′端 B1c 与 B1 互补形成茎状结构，并以 B1 引物自身为模板启动合成，释放出刚由 FIP 引导合成的互补链。循环往复形成新的茎环结构，又引导合成互补链。最终形成许多长短不一的 DNA 链，但都是靶基因的整数倍[19]。

4.2.4.2　LAMP 的应用

笔者已经建立基于环介导等温扩增检测葡萄球菌、大肠杆菌及大肠杆菌志贺毒素基因、沙门氏菌、铜绿假单胞菌、单增李斯特菌、副溶血弧菌等的反应体系。本研究所构建的 LAMP 反应体系如下：反应母液，含硫酸镁、甜菜碱、10×ThermoPol 反应缓冲液和二蒸水（ddH$_2$O）；反应储液，含反应母液和 10 mmol/L dNTPs；引物混合液，含 F3/B3 和 FIP/BIP；显色液，含 1 mmol/L 氯化锰和 50 μmol/L 钙黄绿素。25 μL LAMP 反应体系：17 μL 反应储液，3 μL 引物混合液，2 μL 模板 DNA，1 μL *Bst* DNA 大片段聚合酶，ddH$_2$O 加至 25 μL。以 LAMP 技术检测大肠杆菌 O157：H7 及其志贺毒素基因（*stx1/stx2*）为例加以说明。

以大肠杆菌 O157：H7 的 O 抗原基因 *rfbE*、志贺毒素基因（*stx1/stx2*）设计 4 条特异性引物，以 ATCC43895 菌株 DNA 为模板，LAMP 反应体系在 65℃下恒温反应 60 min，于 80℃、2 min 灭活酶结束反应。模板 DNA 需要预先在 95℃解链 3 min。

最优的 LAMP 方法特异性检测结果见图 4-3。从图 4-3 得知，只有 *E. coli* O157 标准菌株 ATCC43895 模板 DNA 经 LAMP 扩增后体系颜色由浅黄色变为绿色，紫外灯下观察具有强烈的荧光，经 2%琼脂糖电泳验证后只有 *E. coli* O157 模板 DNA 产生特异性的梯状条带，显示阳性结果。这说明，针对 *rfbE* 设计的 LAMP 引物高度特异。

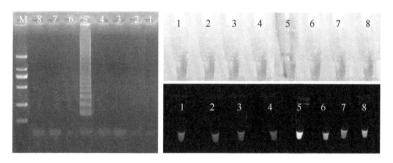

图 4-3　LAMP 检测方法的特异性

M: DS 2000 Marker，1～8：阴性对照、金黄色葡萄球菌 ATCC27664、小肠耶尔森氏菌 ATCC27853、副溶血弧菌 ATCC27969、大肠杆菌 O157：H7 ATCC43895、沙门氏菌 ATCC14208、铜绿假单胞菌 ATCC27853、大肠杆菌非 O157

最优的 LAMP 方法灵敏度检测结果见图 4-4。从图 4-4 可以得知，LAMP 反应的灵敏度达到 10 fg/μL，体系颜色由浅黄色变为绿色，紫外灯下具有强烈的荧光。经 2%的琼脂糖凝胶电泳验证后，100 ng/μL 到 10 fg/μL 的 DNA 模板浓度经 LAMP 反应后均能产生特异性的梯状条带。PCR 方法平行检测，其灵敏度仅为 10 ng/μL。这说明，LAMP 反应体系高度特异，且反应灵敏，能够快速检测低剂量的 DNA。

以优化的 LAMP 方法检测 66 株大肠杆菌样品，针对 O 抗原基因 *rfbE* 及志贺毒素基因 *stx1* 和 *stx2* 设计特异性引物，进行 LAMP 扩增。通过肉眼观察体系颜色变化判定反应，同时，以 2%琼脂糖凝胶电泳验证，并以 PCR 方法进行平行检测。

以 *rfbE* 为靶基因，对 66 株大肠杆菌样品进行鉴定，确认是否属于 *E. coli* O157 菌株，鉴定结果见表 4-1。从表 4-1 可知，66 株大肠杆菌样品中，有 36 株为 *E. coli* O157，有 30 株为 *E. coli* 非 O157。以 LAMP 反应的外引物 F3/B3 作为 PCR 反应的上下游引物，进行 PCR 检测，检测结果与 LAMP 反应检测结果一致。

以 *stx1* 和 *stx2* 为靶基因，运用 LAMP 方法检测 36 株 *E. coli* O157 中 *stx1*、*stx2* 的携带率，检测结果见图 4-5。图 4-5 左侧为 *stx1* 鉴定结果，右侧为 *stx2* 鉴定结果。

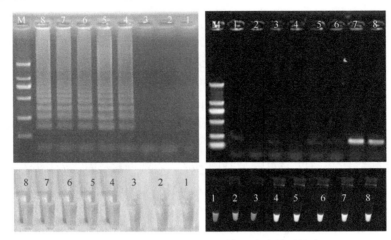

图 4-4　LAMP 和 F3/B3 PCR 检测方法的灵敏度

M：DS 2000 Marker，8～1：DNA 模板浓度为 100 ng/μL、10 ng/μL、10 pg/μL、1 pg/μL、10 fg/μL、
1 fg/μL、0.1 fg/μL、0.01 fg/μL

表 4-1　66 份大肠杆菌中 *rfbE* 基因鉴定结果

菌株	菌株数量	鉴定结果	
		F3/B3 PCR	LAMP
E. coli O157	36	+	+
E. coli 非 O157	30	−	−

注："＋"为阳性结果；"−"为阴性结果

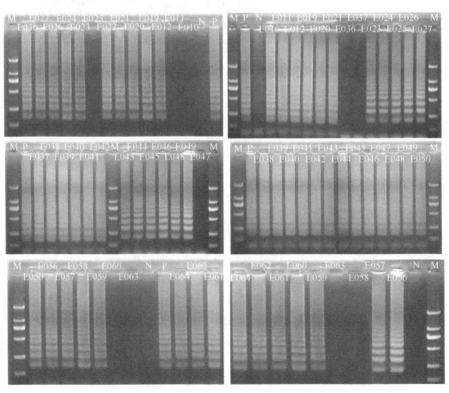

图 4-5　36 份 *E. coli* O157 中 *stx1* 和 *stx2* 电泳鉴定结果
"P"代表阳性对照组，"N"代表阴性对照组

从图 4-5 和表 4-2 得知,36 株 *E. coli* O157 中有 30 株携带 *stx1* 基因,32 株携带 *stx2*。携带率分别高达 83.33% 和 88.89%。而且 36 株 *E. coli* O157 中,E036、E037 和 E058 仅含有 *stx1* 基因,E010、E011、E025、E047 和 E060 仅含有 *stx2* 基因;E063 没有 *stx1* 和 *stx2* 基因。这说明,*E. coli* O157 志贺毒素基因携带率极高,感染食品后由于志贺毒素基因的表达将会威胁食品安全。

表 4-2　36 株 *E. coli* O157 中 *stx1* 和 *stx2* 鉴定结果

菌株	检测结果		菌株	检测结果	
	stx1	*stx2*		*stx1*	*stx2*
E010	–	+	E042	+	+
E011	–	+	E043	+	+
E012	+	+	E044	+	+
E019	+	+	E045	+	+
E020	+	+	E046	+	+
E021	+	+	E047	–	+
E022	+	+	E048	+	+
E023	+	+	E049	+	+
E024	+	+	E050	+	+
E025	–	+	E056	+	+
E026	+	+	E057	+	+
E027	+	+	E058	+	–
E036	+	–	E059	+	+
E037	+	–	E060	–	+
E038	+	+	E061	+	+
E039	+	+	E062	+	+
E040	+	+	E063	–	–
E041	+	+	E064	+	+

注:"+"为阳性结果;"–"为阴性结果

4.2.5　重组酶聚合酶扩增技术

4.2.5.1　重组酶聚合酶扩增技术原理

重组酶聚合酶扩增(recombinase polymerase amplification,RPA)技术是一项发明于 2006 年的核酸等温扩增技术,但近几年才得到推广。它主要依赖于三种酶:能结合单链核酸(寡核苷酸引物)的重组酶(recombinase)、DNA 单链结合蛋白(SSB)酶和具有链置换活性的 DNA 聚合酶[20, 21]。RPA 与解旋酶依赖性扩增(helicase-dependent amplification,HDA)技术类似,即采用了一种酶使得 DNA 双链解旋,而不是采用 PCR 中高温变性的方法。重组酶与引物结合形成蛋白-引物复合物,该复合物能在模板双链 DNA 上寻找与之对应的互补序列,一旦引物定位到靶标序列,复合物上的重组酶就会促使双链 DNA 进行解链,之后重组酶释放,用 DNA 单链结合蛋白稳定分离的 DNA 单链,在引物、DNA 聚合酶作用下生成两条完整的双链 DNA 作为下一次反应的模板,进行指数式扩增。整个 RPA 反应过程进行得非常快,一般在恒定 37℃,20 min 内即可检测扩增产物,若在反应体系中加入特异探针,则可实现实时荧光检测[20]。

RPA 技术也存在相应的缺点，它所需的探针（46～52 bp）和引物（30～35 bp）比其他核酸扩增技术要长，因此不适用于短序列的核酸检测；RPA 试剂价格目前也比较高，无法大规模地推广；RPA 产物还需要专门的荧光检测仪器完成检测。

4.2.5.2 RPA 检测的应用

RPA 结合了血清学和分子技术的优点，并克服了两种方法的缺点，是一种简单、快速、性价比高的诊断工具，能够实现实验室外的现场精确检测。作为等温扩增技术中的后起之秀，RPA 技术在即时检测（point-of-care testing，POCT）中发挥更大的作用。

目前 RPA 技术已应用于耐药金黄色葡萄球菌、结核杆菌、链球菌等多种致病菌的检测[22-24]。在现实生活中，提供了简单快速的实地筛查方案。已有研究者使用定量实时 RPA、固相 RPA 电化学等方法对土拉热弗朗西斯菌（*Francisella tularensis*）进行检测[25, 26]。除了单一致病菌的特异性检测，还有关于一次检测多种致病菌的报道。2014 年，Kersting 等通过微阵列技术与多重扩增 RPA 结合，实现同时检测淋病奈瑟菌（*Neisseria gonorrhoeae*）、肠道沙门氏菌（*Salmonella enterica*）和金黄色葡萄球菌（*Staphylococcus aureus*）[27]。另外，有研究者使用了 RPA 与横向流动试纸条（lateral flow dipstick，LFD）相结合的 RPA-LFD 技术，进行了引发致死性腹泻的隐孢子虫病原体和牛病毒性腹泻病毒的检测。这些实验结果都表明，RPA 分析灵敏度、特异性与 PCR 相当，并且无交叉反应，具有比 PCR 更快的优点，可以说，RPA 在反应动力学上超越了 PCR。

此外，RPA 技术也在病毒检测上应用广泛。目前已经成功将 RPA 技术应用于检测 HIV 病毒。例如，Rohrman 和 Richards-Kortum 采用 RPA 结合侧流层析技术，检测了 HIV 病毒 DNA，成功地在 15 min 内检测到低至 10 拷贝数的病毒 DNA[28]。2013 年，Euler 等进行了基于 RPA 的天花病毒的检测[25]，以及采用 RT-RPA 检测 RNA 病毒，包括裂谷热病毒（Rift Valley fever virus）、埃博拉病毒（Ebola virus）、苏丹病毒（Sudan virus）和马尔堡病毒（Marburg virus）[29, 30]。同年，Amer 等研发出一种可以在 10～20 min 检测到牛冠状病毒（bovine coronavirus，BCoV）和在 4～10 min 检测到口蹄疫病毒（foot-and-mouth diseasevirus，FMDV）的实时逆转录 RPA[31, 32]。此技术成功应用于当年埃及的口蹄疫大暴发时期，有效抑制疫情的蔓延，实时 RT-RPA 诊断 FMDV 灵敏度高达 98%，几乎与灵敏度为 100% 的 RT-qPCR 相当。

4.2.6　交叉引物扩增技术

4.2.6.1　交叉引物扩增技术的扩增原理

交叉引物扩增（cross-priming amplification，CPA）技术[33]是一种较新的等温核酸扩增技术，也采用了具有链置换活性的 DNA 聚合酶。CPA 设计了一对呈交叉状的主引物，一条从 5′端到 3′端为 2a、1s，另一条为 1s、2a，并借鉴 LAMP 法 F3、B3 置换引物的原理设计了能够置换新合成单链的引物 3s 和引物 4a。但该方法扩增出来的产物只是在靶序列两端不断添加的 2a、1s 引物及其互补序列，不能像 LAMP 一样大量复制靶序列，因此扩增效率不高。CPA 主要扩增步骤如下。①带有交叉引物位点的扩增产物的产生。正向交叉引物的 5′端与反向交叉引物的杂交识别序列相同。特异引物分别位于交叉引物的上游，且特异引物的浓度低于交叉引物的浓度。*Bst* DNA 聚合酶通过置换作用不断延伸交叉引物及特异引物。通过特异引物和交叉引物的不断延伸产生固定的正向链5′端。②交叉引物的扩增。置换链包括两端新产生的引物位点同时作为其3′端交叉引物的引入点模板。通过引物不断的杂交、延伸及扩增产物的自我杂交和延伸，产生多个引物杂交位点从而加速扩增过程。③检测产物的产生。反应结束后将产生单链、双链或者部分双链混合物，混合物中有两条探针同时结合的产物即可被核酸试纸条检测到。

4.2.6.2 CPA 检测的应用

交叉引物扩增技术可用于沙门氏菌的快速筛选,检测DNA的灵敏度可达到10 fg/反应、纯菌液灵敏度达到 10^2 CFU/mL,可满足样品检测需求[34]。同时通过对大量实际样品进行检测,同金标准的检测结果大致相符,没有漏检情况,有可能出现假阳性但发生率比较低。实验结果表明该检测方法特异性强、灵敏度高、操作简便,不需要特殊设备,适合基层实际操作。

亦有结果表明 CPA 技术检测大肠杆菌的灵敏度较高[35],将标本稀释到 10^2 CFU/mL 时仍然能够获得较好的扩增结果,其检测灵敏度与相关文献报道的荧光定量 PCR 灵敏度相当。将 CPA 法与作为金标准的分离培养鉴定方法和常用的荧光定量 PCR 法共同用于检测 60 份模拟食品样品,结果表明,CPA 法与其他两种方法相比,其特异性分别为 93.10% 和 90%;灵敏度分别为 96.77% 和 96.67%。CPA 与其他两种方法的一致性好,统计学分析无明显差异。

将交叉引物等温扩增技术和核酸试纸条检查方法结合,建立一种针对单一动物源成分核酸快速检测的新方法[36],对 3 种动物源性成分检测方法均具有良好的检测特异性。鸭源 CPA 检测方法对羊、牛、鸡、猪源成分无交叉反应,羊源 CPA 检测方法对鸭、牛、鸡、猪源成分无交叉反应,猪源 CPA 检测方法对羊、牛、鸡、鸭源成分无交叉反应。鸭源性成分 CPA 检测方法对单一鸭源成分的检出限为 0.1 ng/μL,对混合样品的检出限可以达到 1%。羊源性成分 CPA 检测方法的单一成分检出限达到每微升 1000 个拷贝,对混合羊肉制品的检出限同样达到 1%。猪源性成分 CPA 检测方法对单一猪源成分的检出限仅为 1 ng/μL,对混合猪肉的检出限仅 10%。CPA 检测方法在重复性实验中表现出良好的稳定性。该研究的 3 种动物源性成分核酸检测方法,对混合肉制品的检测特异性良好、操作简单、设备依赖程度低,检测灵敏度基本达到动物源性成分 PCR 的检测水平,有发展成为动物源性成分核酸快速检测手段的潜力。

4.2.7 聚合酶螺旋反应

4.2.7.1 聚合酶螺旋反应等温扩增原理

聚合酶螺旋反应（polymerase spiral reaction，PSR）的体系中存在大量的甜菜碱,达到反应温度时,甜菜碱会使得 DNA 处于单双链的动态平衡,减少了酶的种类,相对提高了反应稳定性[37]。具体反应原理如下：Ft 引物的 F 段能特异性识别靶序列上的 Fc 段并与之结合,并在 *Bst* DNA 聚合酶作用下向 3′端缺口处延伸形成 DNA 双链结构,该双链在甜菜碱作用下再次解链为游离的 DNA 单链,另一条主引物 Bt 的 B 段与其中一条单链的 Bc 段结合并向 3′端缺口延伸,生成的单链再次断开,而此时该单链上的 Nc 段与

N 段是反向互补的，根据碱基互补配对原则 Nc 段会旋转与 N 段结合，形成第一个钩形结构，这是聚合酶螺旋反应的起始步骤，形成的 3′端缺口会被 *Bst* DNA 聚合酶用碱基填补，继续向 3′端延伸形成一个 U 形结构，而此时引物 Bt 的 B 段再结合到该结构的 Bc 段上，绕着 U 形结构向 3′端延伸，展开后生成大量的 DNA 双链，同样该 DNA 双链在甜菜碱存在的情况下解链成单链，单链的 Nc 段旋转与 N 段互补结合，再次形成一个钩形结构，并继续向 3′端缺口延伸，之后会反复重复引物结合、延伸、解链、单链旋转、延伸的循环，最终形成一系列分子量大小不一的复杂的结构，达到等温条件下核酸扩增的目的。

4.2.7.2 PSR 等温扩增技术的应用

由于 PSR 等温扩增技术同 LAMP 技术相类似，因此所需要的反应物质基本一样。具体反应体系如下：Tris-HCl 20.0 mmol/L，$(NH_4)_2SO_4$ 10.0 mmol/L，KCl 10 mmol/L，$MgSO_4$ 8.0 mmol/L，Tween20 0.1%，甜菜碱 0.7 mol/L，dNTP（各）1.4 mmol/L，8 U *Bst* DNA 聚合酶（NEB，USA），1.6 μmol/L 引物 Ft 和 Bt，0.8 μmol/L 引物 IF 和 IB，1 μL 的钙黄绿素与氯化锰反应的混合液，2 μL 的 DNA 模板，反应总体积为 25 μL。笔者利用 PSR 等温扩增技术的原理选择合适靶点，设计相应的引物，已成功建立了基于核酸扩增的 PSR 等温扩增检测典型食源性微生物及其毒素的反应体系，包括大肠杆菌 O157：H7（*rfbE*）、肠炎沙门氏菌（*invA*）、金黄色葡萄球菌（*femA*）、单增李斯特菌（*hylA*）、铜绿假单胞菌（*oprL*）、乳酸菌（*pheS*）、副溶血弧菌（*tlh*）。典型毒素如肠毒素（*sea*、*seb*、*sec*、*see*），大肠杆菌志贺毒素（*stx1*、*stx2*），表皮剥落毒素（*pvL*）等致病菌易产生的毒素。

于 65℃条件下水浴或恒温 PCR 仪器中保温 60 min 进行聚合酶螺旋反应。分别采用颜色反应及琼脂糖凝胶电泳，对构建的反应体系加以评价。其中以大肠杆菌 O157：H7 检测结果为例，如图 4-6 所示，结果显示，空白对照组的颜色为黄色，说明不含有 *E. coli* O157：H7 菌；实验组的颜色变为绿色，说明含有 *E. coli* O157：H7 菌，随后对扩增产物进行 2%的琼脂糖凝胶电泳，阳性组呈现梯形条带，阴性组无扩增条带，与预期结果一致。

图 4-6 聚合酶螺旋反应技术检测 *E. coli* O157：H7 的结果
"M" 代表标记（Marker），"NG" 代表阴性对照组

将大肠杆菌 O157：H7 ATCC43895 与非大肠杆菌的基因组 DNA 按照以上所述的反应体系和条件建立聚合酶螺旋反应检测方法，进行特异性试验；其中，非大肠杆菌为：金黄色葡萄球菌 ATCC23235，干酪乳杆菌 GBHM-2，沙门氏菌 ATCC14028，铜绿假单胞菌 ATCC27853，单增李斯特菌 ATCC19118。设置大肠杆菌 O157：H7 基因组为阳性对照，结果如图 4-7 所示。加入大肠杆菌基因组的反应体系变为绿色，为阳性结果。而加入非大肠杆菌基因组的仍为黄色，反应呈现阴性。这表明，基于聚合酶螺旋反应检测 *E. coli* O157：H7 的引物具有较高的特异性。

图 4-7　聚合酶螺旋反应技术检测大肠杆菌特异性结果

管 1~6 分别为金黄色葡萄球菌 ATCC23235，干酪乳杆菌 GBHM-2，沙门氏菌 ATCC14028，铜绿假单胞菌 ATCC27853，
单增李斯特菌 ATCC19118，大肠杆菌 O157：H7 基因组

　　将大肠杆菌 O157：H7 的基因组进行 10 倍浓度梯度稀释，分别为 112 ng/μL、11.2 ng/μL、1.12 ng/μL、112 pg/μL、11.2 pg/μL 和 1.12 pg/μL，同时设置阴性对照（去离子水），按照描述的反应体系构建聚合酶螺旋反应扩增方法，以确定检测方法的敏感性，结果如图 4-8 所示。从图中可以看出，样品中大肠杆菌 DNA 的浓度高于 11.2 pg/μL 的均出现了反应体系变为绿色，呈现阳性结果。结果表明：建立的 *E. coli* O157：H7 聚合酶螺旋反应方法可检测样品中浓度高于 11.2 pg/μL 的大肠杆菌 DNA。

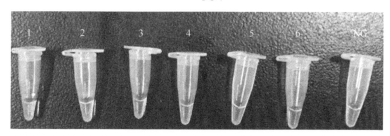

图 4-8　聚合酶螺旋反应技术检测大肠杆菌灵敏度检测结果

管 1~6 分别为 112 ng/μL、11.2 ng/μL、1.12 ng/μL、112 pg/μL、11.2 pg/μL 和 1.12 pg/μL 稀释度的
大肠杆菌 O157：H7 基因组；"NG" 代表阴性对照

　　从上述实验结果可以看出，聚合酶螺旋反应扩增方法与常规 PCR 和荧光 PCR 相较具有如下优点：首先，操作和鉴定简便快捷，常规 PCR 整个过程在 2~4 h 才能出结果，荧光定量 PCR 需要 1~1.5 h，而本研究所用检测方法在 40 min 就可出现阳性结果；其次，对仪器要求低，仅需要一个普通水浴锅，并可以通过荧光染料直接观测检测结果，省去了传统的电泳检测步骤，在快速检测及现场检测的实践中有广泛的应用前景；再次，特异性强，仅通过是否扩增就可判断目的基因的存在与否，从而完成了细菌的定性检测；最后，灵敏度高，常规 PCR 检测方法的灵敏度为 100 pg/μL，采用本研究检测方法，检测下限为 11.2 pg/μL，灵敏度是常规 PCR 反应的 10 倍左右。

4.2.8　传感器

4.2.8.1　传感器原理

　　光学传感器是一个包含集成或连接到光学传感器系统的生物传感元件的紧凑的分析设备，可根据吸收、反射、折射、拉曼光谱、红外光谱、化学发光、色散、荧光和磷光分为几类。其中，表面等离子体共振（surface plasmon resonance，SPR）是一种基于反射光谱技术的常用方法[38]。当偏振光源照射到金膜表面，若光的入射条件满足金膜自由电子的振荡条件时，会造成金属接口自由电子的简谐振荡，此现象称为表面等离子体共振，如图4-9所示。感应面晶膜位于高折射率共振层和低折射率耦合层之上或之下，可见光或近红外辐射（IR）以正确的方式通过波导时，光与金属中的电子云的相互作用产生强烈的共振。病原体与金属表面的结合引起共振向较长波长的移动，相应的移位量反映了结合生物活性物质（如DNA、蛋白质等）的浓度。

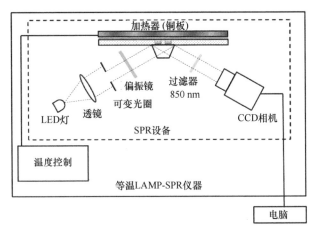

图 4-9　SPR 系统架构图[39]

4.2.8.2　传感器检测技术的应用

本研究以构建的 SPR 传感器为主，开发多孔的 SPR 传感器晶片。结合多种恒温核酸扩增技术，建立恒温扩增-SPR 传感器检测体系，对微生物所携带的基因进行检测。其检测流程如图4-10所示。

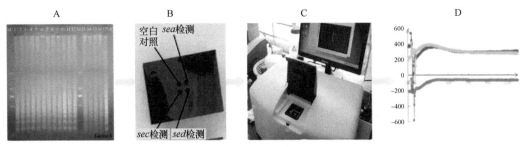

图 4-10　SPR 传感器检测微生物携带基因流程
A. 常规 RCA，B. 反应体系加入 SPR 晶片，C. 晶片放入 SPR 传感器，D. 实时检测结果

检测主要是在 SPR 传感器晶片上进行，传感器通过捕获晶片上光学变化来实现对反应的实时检测。本研究采用的是 4 孔的晶片，去除空白对照组，即一块晶片可实现同时对 3 个靶点进行检测，提高了检测效率；由于基于光学原理的 SPR 传感器具有较高的灵敏度，因此对反应体系体积要求不高，结合晶片上样孔的容积（<7 μL），一般选择 6 μL 的反应体系，大大减少了各种试剂的用量；同时，RCA-SPR 实验结果表明，该反应可视化曲线类似于 RT-QPCR，呈先上升后平缓的趋势，如图4-11所示，且反应在 20 min 内即可达到曲线平缓处，大大缩短了反应时间。若检测样品为阴性，则该曲线呈平缓的

直线，纵坐标显示的振幅基本不变。

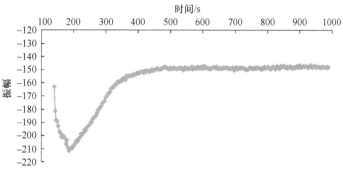

图 4-11　RCA-SPR 检测体系阳性结果

利用建立的 RCA-SPR 反应体系分别对两株金黄色葡萄球菌（12513 和 10071）及两株阪崎肠杆菌（BAA 894 和 s-3）的各靶点进行检测，反应结果扣除仪器背景后，检测结果如图 4-12 所示。

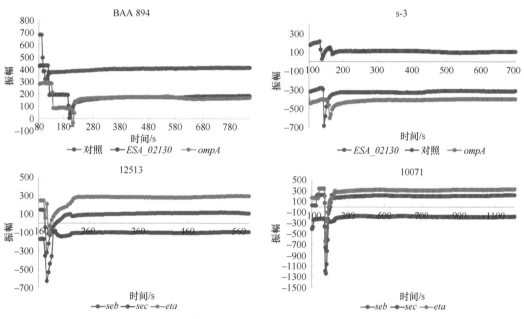

图 4-12　金黄色葡萄球菌及阪崎肠杆菌的 RCA-SPR 检测结果

针对两株阪崎肠杆菌的检测中，阴性对照组用的是金黄色葡萄球菌 10071。由图 4-12 可知，在 12513 及 10071 的 RCA-SPR 检测中，对三种毒素相关基因的检测结果均呈阳性，检测阪崎肠杆菌 BAA 894 和 s-3 中 *ESA_02130* 及 *ompA* 基因的携带情况，结果显示均为阳性。发现 RCA-SPR 检测结果与组学分析及 RCA 检测结果一致，且两株阪崎肠杆菌检测体系中金黄色葡萄球菌 10071 的检测结果均为阴性，说明了该反应体系的特异性，同时一定程度上反映了组学分析结果的可靠性及该检测体系的实用性。

根据 RCA-SPR 检测结果，发现该检测体系具有耗时短、体系体积小、反应灵敏等优点。由图 4-12 可知，4 组反应曲线均在很短时间内趋于平缓，整个检测过程在 15 min 内就已完成；该反应体系较小，一般不超过 6 μL，相比于 RCA 的 25 μL 反应体系大大减小，节省成本；该检测体系可实现同时检测与微生物多方面特性相关的靶点，如致毒及耐药特性，而且彼此不会相互影响，大大提高了检测通量，使得一个反应同时检测微生物的多个方面成为可能；同时，由反应曲线可以看出，在进入反应之前加样，以及盖上传感器盖子的过程中，曲线会出现波动，表明该反应体系极为灵敏，且可实时监测反应进程，但针对各检测靶点的检测限仍有待进一步探究。

此外，以 100 株肺炎支原体为检测对象，将已建立的 LAMP 扩增体系同 SPR 技术相结合，验证建立 LAMP-SPR 传感器体系用来检测肺炎支原体的稳定性及特异性。结果如图 4-13 所示，结果显示建立的 LAMP 反应体系用来检测支原体，其中 79 个反应管中

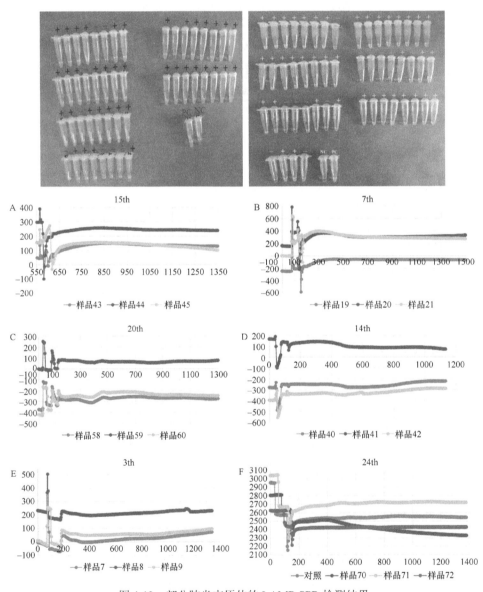

图 4-13　部分肺炎支原体的 LAMP-SPR 检测结果

A. 肺炎支原体编号为 43、44、45 菌株结果；B. 肺炎支原体编号为 19、20、21 菌株结果；C. 肺炎支原体编号为 58、59、60 菌株结果；D. 肺炎支原体编号为 40、41、42 菌株结果；E. 肺炎支原体编号为 7、8、9 菌株结果；F. 对照组及肺炎支原体编号为 70、71、72 菌株结果。横轴代表时间（d），纵轴代表与折射率正相关的坐标值

检出为阳性结果，阳性检出率可达到 79%。构建 4 孔晶片的 LAMP-SPR 传感器体系，检测 96 株肺炎支原体中有 50 株为阳性结果，阳性率为 52.1%。

目前的阳性检出率较低，说明构建的反应体系不够完善。同时所得曲线不稳定，出现试剂附着在芯片上时曲线下降的现象，不确定是由芯片储藏不当导致的芯片镀层脱落引起，还是设置的 SPR 实验参数，如光角度，或者是其他操作问题引起的。在后期实验过程中，通过对反应体系进行优化或对传感器设备的参数进行更改等，将建立一个稳定的核酸传感器检测一体化平台。

4.3　金黄色葡萄球菌微生物被膜相关基因的检测

4.3.1　金黄色葡萄球菌微生物被膜相关基因型分析

金黄色葡萄球菌（以下简称"金葡菌"）微生物被膜是菌体相互黏附并黏附于惰性物质表面，分泌代谢产物，将其自身包绕其中，形成的一种大量微生物聚集的膜状结构。研究发现，不同克隆来源菌株的微生物被膜形成能力不同。微生物被膜的形成过程可分两个阶段：细菌初始黏附，以及细菌微生物被膜的形成、成熟与分化。微生物被膜初期黏附主要是由 *atl* 基因调控，该阶段可逆并且黏附时间很短即进入下一阶段；微生物被膜的形成、成熟与分化是由 *ica* 操纵子、聚集因子 *aap* 基因及 *agr* 基因调控。通过对微生物被膜相关基因 *atl*、*ica* 操纵子、*aap* 和 *agr* 进行检测，进而确定菌体的微生物被膜形成能力。

本研究以 524 株葡萄球菌为实验对象，利用 PCR 方法对微生物被膜相关基因 *atl*、*ica* 操纵子、*aap* 和 *agr* 进行检测，确定其携带率，同时对微生物被膜相关基因的相互联系进行分析，探讨具有微生物被膜形成能力菌株的基因分型。

4.3.1.1　微生物被膜初始黏附阶段附着基因 *atl* 分析

在葡萄球菌微生物被膜初始形成阶段，*atl* 基因编码表面相关蛋白自溶素 Atl，该蛋白位于细胞表面，介导细菌黏附于实体表面。以 *atl* 为靶基因设计特异性引物，进行 PCR 扩增，确定菌株微生物被膜相关基因 *atl* 的携带情况，进而分析菌株初始黏附基因 *atl* 对微生物被膜形成能力的影响。

本实验对 524 株葡萄球菌进行微生物被膜形成初始黏附基因 *atl* 检测，部分结果如图 4-14 所示，使用对应 PCR 引物可获得片段大小为 432 bp 的扩增条带，说明携带 *atl* 基因，这解释了微生物被膜形成过程中第一阶段的初始黏附能力。细菌微生物被膜的形成包括两个阶段，第一阶段也称为初始黏附阶段，浮游菌体可黏附到惰性实体表面，该过程持续时间短，主要由附着基因 *atl* 进行调控。*atl* 基因编码一种葡萄球菌表面相关蛋白，该蛋白并不直接作用于菌体的初始黏附，而是通过降解葡萄球菌细胞壁中的肽聚糖成分，在细胞表面通过非共价结合使菌体向惰性物质表面附着。

在微生物被膜形成过程中，细菌在完成第一阶段，即黏附到刚性实体表面后，才能起始第二阶段，即微生物被膜的形成、成熟与分化，必须以 *atl* 基因介导的初始黏附于刚性表面为前提。在本实验中，96.2%（504/524）的菌株携带 *atl* 基因，结果显示，流行葡萄球菌中绝大多数菌株具有微生物被膜初始黏附能力，在成功黏附于刚性表面后即可启动第二阶段被膜的成熟与分化。同时，*atl* 基因的高携带率提示，其可能为葡萄球菌生存必需因子，存在于基因组的高度保守序列中，而在葡萄球菌基因组进化过程中保守度高，稳定而未发生重大变化。

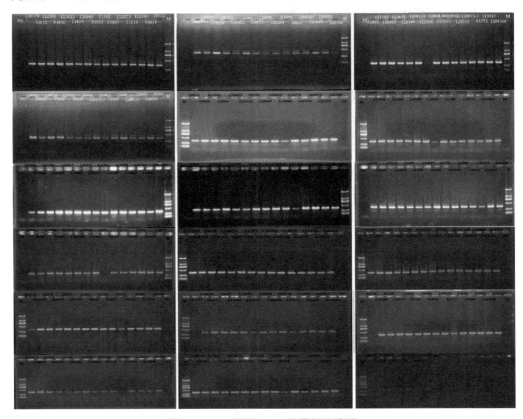

图 4-14   *atl* 基因 PCR 扩增部分结果

4.3.1.2   微生物被膜成熟阶段 *ica* 操纵子分析

微生物被膜形成过程中，PIA 介导细菌之间的相互黏附，促使微生物被膜形成。其由 *ica* 操纵子进行调控。*ica* 操纵子包括 *icaA*、*icaD* 和 *icaBC*。因此，需对 *ica* 操纵子的三种基因进行检测，确定菌株对 *ica* 操纵子的携带情况，进而分析 *ica* 操纵子对菌株微生物被膜形成能力的影响。

菌株 PCR 鉴定结果见图 4-15A、B 和 C。对 524 株葡萄球菌进行 *ica* 操纵子（*icaA*、*icaD* 和 *icaBC*）鉴定，结果显示，491、485 和 432 株葡萄球菌中分别扩增出 188 bp、198 bp 和 1188 bp 的条带，提示分别携带 *icaA*、*icaD* 和 *icaBC* 基因。

在微生物被膜第一阶段初始黏附后，即开始第二阶段的成熟与分化；该过程持续时间较长，其中 *ica* 操纵子在被膜成熟过程中起重要作用。

ica 操纵子含有 *icaA*、*icaD* 与 *icaBC* 基因，负责调控 PIA 代谢产物的合成，其在细菌微生物被膜形成过程中起着至关重要的作用。其中 *icaA* 基因负责编码合成 N-乙酰氨基葡萄糖转移酶，*icaD* 基因负责编码合成提高 N-乙酰氨基葡萄糖转移酶活性的蛋白。*icaBC* 基因处于 *icaAD* 下游，编码合成负责多糖类复合物转运和壳聚糖脱乙酰化的相关蛋白，该蛋白可促使多糖类物质黏附到惰性物质表面；*ica* 操纵子的相互作用，共同调控细菌间的黏附，微生物被膜才得以成熟。

A

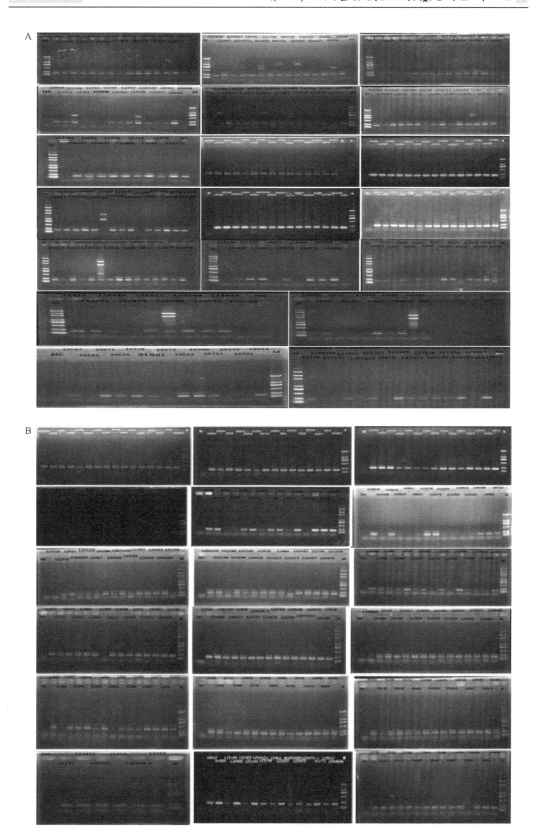

B

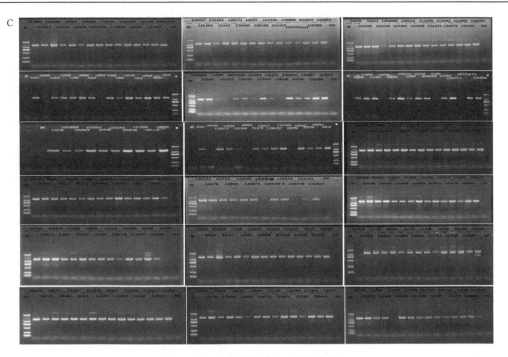

图 4-15　*ica* 操纵子 PCR 扩增结果

A. 对基因 *icaA* 鉴定结果琼脂糖凝胶电泳图，B. 对基因 *icaD* 鉴定结果琼脂糖凝胶电泳图，

C. 对基因 *icaBC* 鉴定结果琼脂糖凝胶电泳图

此前有研究表明，*ica* 操纵子属于一个基因簇，在微生物被膜形成过程中 *icaA* 和 *icaD* 应同为阳性或同为阴性。然而本研究获得 *icaA*、*icaD* 和 *icaBC* 基因，阳性率分别为 94%、93% 和 82%。本实验发现的部分 *icaA* 阴性、*icaD* 阳性或 *icaA* 阳性、*icaD* 阴性的菌株，提示 *ica* 操纵子虽属于一个基因簇，但在进化过程中存在差异分化。

432 株 *icaBC* 阳性菌株中，384 株含有 *icaA* 和 *icaD*，7 株仅携带 *icaBC*；88.9%（384/432）的菌株携带完整的 *ica* 操纵子（*icaA*、*icaD* 和 *icaBC* 均为阳性），提示流行葡萄球菌中大多数具备合成并分泌 PIA 的能力，在菌株成功黏附于刚性表面后具有形成成熟微生物被膜的能力。与此前研究类似，118 株葡萄球菌中 *ica* 操纵子显示阳性结果的比例达到了 89.2%。

4.3.1.3　微生物被膜成熟与分化调控基因 *agr* 分析

agr 对微生物被膜形成的调节是多方面的，干预微生物被膜形成的各个阶段，包括附着、粘连、增殖、成熟及解离。但是如果 *agr* 基因不能表达，则微生物被膜固化加厚，不再脱落。因此，需对调控微生物被膜脱离行为的 *agr* 基因进行检测，确定菌株携带率，进而分析 *agr* 基因对菌株微生物被膜形成能力的影响。

对 524 株葡萄球菌微生物被膜成熟与分化的关键调控基因 *agr* 进行检测，结果显示，421 株葡萄球菌获得 976 bp 的扩增片段（图 4-16）。本实验中，*agr* 携带率为 80.3%。在微生物被膜成熟阶段中，细菌间可通过群体感应系统进行物质交流，促进被膜进一步成熟与分化。本实验中，80.3% 的葡萄球菌携带群感效应 *agr* 基因，提示大部分菌株在微生物被膜形成过程中，除具有第一阶段的初始黏附、第二阶段的胞间粘连和聚集能力外，在被膜成熟后期具有脱落并扩散迁移能力；反之，*agr* 阴性菌株则在被膜成熟后，仍保持被膜状态，倾向于被膜进一步固化或加厚。

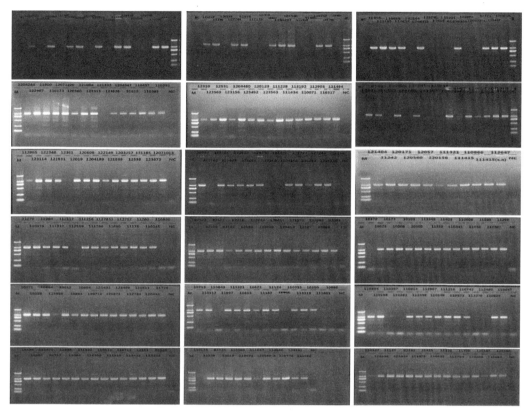

图 4-16 *agr* 基因 PCR 扩增结果

4.3.1.4 微生物被膜基因型相互作用分析

葡萄球菌微生物被膜三维结构的形成过程较复杂，包括第一阶段的初始黏附与第二阶段的被膜形成、成熟和分化，是菌体多种基因调控的结果。本研究根据微生物被膜形成不同阶段与路径的关键调控基因，把 262 株流行葡萄球菌分为 11 种基因型，其中主要包括 4 种基因型：*ica*⁺*atl*⁺*aap*⁺*agr*⁺型、*ica*⁺*atl*⁺*aap*⁺*agr*⁻型、*ica*⁺*atl*⁺*aap*⁻*agr*⁺型及 *ica*⁻*atl*⁺*aap*⁺*agr*⁺型。首先，*ica*⁺*atl*⁺*aap*⁺*agr*⁺型与 *ica*⁺*atl*⁺*aap*⁺*agr*⁻型葡萄球菌在遗传水平上携带完备的微生物被膜形成和成熟过程所需的功能与调控基因位点，包括 *ica* 操纵子与 *atl*、*aap* 基因，在表型上倾向于形成较强微生物被膜。然而两者在微生物被膜成熟后的分化与转移扩散能力上有所差别，前者形成的微生物被膜具有较强分化与扩散能力，后者则倾向于形成牢固与加厚的稳定微生物被膜；*ica*⁺*atl*⁺*aap*⁻*agr*⁺型与 *ica*⁻*atl*⁺*aap*⁺*agr*⁺型葡萄球菌虽同时具有调控微生物被膜第一阶段初始黏附及第二阶段被膜成熟的基因位点，但只具有 PIA 或 *aap* 聚集两条被膜成熟路径之一，提示其形成被膜能力相对较弱，然而 *agr* 基因的携带使该类菌株在形成较弱微生物被膜后具有一定被膜分化与转移扩散能力[20, 28]。对各个微生物被膜基因型所占比率进行分析可知（图 4-17），*ica*⁺*atl*⁺*aap*⁺*agr*⁺型与 *ica*⁺*atl*⁺*aap*⁺*agr*⁻型金葡菌共占 72.5%（190/262），*ica*⁺*atl*⁺*aap*⁻*agr*⁺型与 *ica*⁻*atl*⁺*aap*⁺*agr*⁺

型则占 18.7%（49/262）。结果显示，目前流行金葡菌大部分具有微生物被膜形成过程所需的基因位点，包括初始黏附及后续被膜成熟（单一或多条途径）相关基因，同时大多数菌株在被膜成熟后具有决定被膜分化与转移扩散的调控因子，提示在进行食品加工时，食品材料表面若有葡萄球菌存在，在适合的外界条件下，倾向于形成较强（72.5%）或较弱（18.7%）的微生物被膜，同时大部分菌株（81.3%）被膜在成熟后倾向于进一步分化及转移扩散。葡萄球菌在形成微生物被膜后，易黏附于加工管道内壁，难以清洗且长期存在，能持续性地对食品造成污染，在食品工业中是一项潜在的威胁。

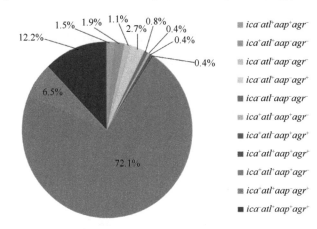

图 4-17　葡萄球菌微生物被膜基因型类别

Ica⁺atl⁻aap⁺agr⁻、*ica⁻atl⁻aap⁻agr⁻* 和 *ica⁻atl⁻aap⁻agr⁻* 基因型占 1.5%（4/262），这些菌株在微生物被膜形成的第一阶段即不可完成。由于在微生物被膜形成过程中，细菌完成第一阶段后才能起始第二阶段，必须以 *atl* 基因介导的初始黏附于刚性表面为前提，可见在葡萄球菌中大部分菌株都可完成微生物被膜的初级黏附。

Ica⁻atl⁺aap⁺agr⁻ 和 *ica⁺atl⁺aap⁻agr⁻* 基因型占 3.4%（9/262），该类菌株具备第一阶段初始黏附及第二阶段被膜成熟的基因位点，只有 PIA 或 *aap* 聚集两条被膜成熟路径之一，提示其形成被膜能力相对较弱，*agr* 基因的缺失暗示该类菌株在形成较弱微生物被膜后，更多表现的是被膜的加厚和固化。

ica⁻atl⁺aap⁻agr⁺ 和 *ica⁻atl⁺aap⁻agr⁻* 基因型占 3.8%（10/262），其具有调控微生物被膜第一阶段初始黏附的基因位点，但其 PIA 或 *aap* 聚集两条被膜成熟路径均为阴性，提示其在生成微生物被膜能力方面非常弱。

4.3.2　基因组岛 SCC*mec* 与微生物被膜基因型的相关性

金葡菌的基因组背景进化演变主要是集中在可移动遗传元件在细胞中的转入和转出，以及其本身固有的核心基因群发生的基因突变。研究指出，金葡菌的可移动元件 SCC*mec* 基因组岛是重要的遗传信息交换系统，影响着金葡菌的流行与进化。SCC*mec* 是存在于金葡菌中的基因组岛（也称 G 岛），携带一套特异性重组酶 *ccrA* 和 *ccrB* 基因，作用于外源基因的位点特异性切除和整合，从而介导 SCC*mec* 的移动与基因交换。在 *ccr* 复合物的作用下，SCC*mec* 切除整合了金葡菌的各种相关基因，成为一个遗传信息的交换系统，最终影响金葡菌的基因组进化。微生物被膜的形成过程可分两个阶段：细菌初始黏附，细菌微生物被膜的形成、成熟与分化。而不同的基因组岛微生物被膜生成能力不同，其携带的调控基因也不同。所以本章将对基因组岛 SCC*mec* 与微生物被膜基因型的相关性进行研究。

本节研究内容如下：①通过对葡萄球菌属特异性基因 *16S rRNA*、金黄色葡萄球菌种属特异性基因 *femA* 和关键耐药基因 *mecA* 进行多重 PCR 检测，以期获得带有 SCC*mec* 的菌株。②通过 PCR 方法对 *mec* 复合物和 *ccr* 复合物进行分型，再通过生物信息学技术确定菌株 SCC*mec* 型别，然后分析基因组岛各型别的结构特点、流行性及国际现状。③结合微生物被膜形成的关键调控因子分析 SCC*mec* 与被膜调控因子、微生物被膜相关基因型的关系，进而探究可移动元件 SCC*mec* 影响微生物被膜基因型的进化机制。

4.3.2.1　多重 PCR 对金黄色葡萄球菌的种属特异性与关键耐药因子检测

对葡萄球菌属特异性基因 *16S rRNA*、金黄色葡萄球菌种属特异性基因 *femA* 和关键耐药基因 *mecA* 进行多重 PCR 检测。应用特异性引物对 M1 和 M2、F1 和 F2 及 C1 和 C2 分别扩增 *mecA*（374 bp）、*femA*（823 bp）与 *16S rRNA* 基因（542 bp）。

运用多重 PCR 方法对 262 株葡萄球菌扩增结果显示：262 株（100%）菌株检测到 *16S rRNA*，247 株（94.3%）检测到 *femA* 基因，以及 243 株（92.7%）检测出 *mecA*。本次实验分离到 247 株金黄色葡萄球菌，有 231 株为耐甲氧西林金黄色葡萄球菌 MRSA（*16S rRNA$^+$femA$^+$mecA$^+$*），16 株甲氧西林敏感型金黄色葡萄球菌 MSSA（*16S rRNA$^+$femA$^+$mecA$^-$*），12 株耐甲氧西林凝固酶阴性葡萄球菌（MRCNS）（*16S rRNA$^+$femA$^-$mecA$^+$*）以及 3 株甲氧西林敏感凝固酶阴性葡萄球菌（MSCNS）（*16S rRNA$^+$femA$^-$mecA$^-$*）。MRSA、MRCNS 均是携带有 SCC*mec* 基因组岛的葡萄球菌，可见流行性的葡萄球菌中 SCC*mec* 的携带率达到了 92.7%（243/262）。

4.3.2.2　SCC*mec* 关键边界基因 *orf-X* 的检测与分析

对 262 株葡萄球菌进行 PCR，结果如图 4-18 所示：240 株（91.6%）菌株扩增出 *orf-X* 基因，提示其携带 SCC*mec* 基因组岛关键边界 *orf-X* 基因。目前 *orf-X* 的具体作用机制尚未明确，但有研究报道 SCC*mec* 基因组岛可精确插入到 *orf-X* 的 5′端，从而介导外源基因的位点特异性切除与整合。

4.3.2.3　*ccr* 复合物的基因分型分析

ccr 复合物包含编码 2 个位点特异重组酶基因（*ccrA*、*ccrB*）及周围未知功能的开放阅读框（ORF）。*ccr* 复合物分 A、B、C 三型，可以使 SCC*mec* 精确地整合到染色体上或者从染色体上剪切下来。根据携带 *ccrA* 和 *ccrB* 基因的不同，可将其分为 5 型：1 型携带 *ccrA1* 和 *ccrB1*，2 型携带 *ccrA2* 和 *ccrB2*，3 型携带 *ccrA3* 和 *ccrB3*，4 型携带 *ccrA4* 和 *ccrB4*，5 型只携带 *ccrC* 基因。4 型被发现于 VI 型 SCC*mec*（HDE288），一般较少报道。*ccrC* 则是一种新型的重组酶基因，目前发现其只在 V 型 SCC*mec* 中存在。本研究对 262 株葡萄球菌采用 PCR 方法进行 *ccr* 复合物分型。根据 PCR 反应扩增产物判断 *ccr* 复合物的类型，长度为 700 bp、1000 bp 与 1600 bp 的产物分别为 1 型、2 型与 3 型；若扩增为阴性，则分别对 4 型和 5 型进行检测，预期产物长度分别为 1000 bp 与 336 bp。*ccr1*、 *ccr2*、*ccr3*、*ccr4* 与 *ccr5* 型阳性对照分别为 10442、N315、85/2082、JCSC4469 与 WIS。

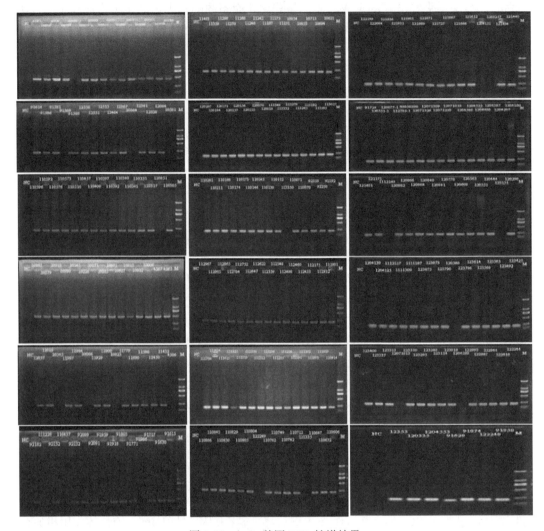

图 4-18   *orf-x* 基因 PCR 扩增结果

4.3.2.4   *mec* 复合物的基因分型分析

mec 复合物也称作 *mec* 操纵子,携带耐药基因 *mecA* 及两个调控因子 *mecI* 和 *mecR1*。在 *mec* 复合物中,根据 *mecA* 基因上下游的调控基因的删减、缺失和插入子的不同分为 4 类:A 类为 *mecI-mecR1-mecA-IS431*;B 类为 *IS1272-ΔmecR1-mecA-IS431*(*ΔmecR1* 代表 *mecR1* 调控子在 *IS1272* 的插入过程中被剪切之后的 DNA 序列);C 类为 *IS431-mecA-ΔmecR1-IS431*(*ΔmecR1* 是被邻近的 *IS431* 插入子在插入过程中剪切之后的缺失片段);D 类为 *IS431-mecA-ΔmecR1*。根据 *ccr* 复合物类型,选择不同的引物对,进一步对 *mec* 复合物进行分型。

根据 *ccr* 复合物分型结果,对 243 株葡萄球菌进行相应 *mec* 复合物分型(其余 19 株不带有 SCC*mec* 基因组岛)。结果显示,69 株 2 型 *ccr* 复合物的菌株中,43 株携带 A 类 *mec* 复合物(图 4-19),另 26 株携带 B 类 *mec* 复合物(图 4-20);153 株 3 型 *ccr* 复合物的菌株中（图 4-19），138 株携带 A 类 *mec* 复合物，判断为 III 型 SCC*mec*（3A），而 15 株对 pT181 显示阴性，判断为 IIIA 型。5 株 4 型 *ccr* 复合物的菌株携带 B 类 *mec* 复合物。10 株 5 型 *ccr* 复合物的菌株均携带 C 类 *mec* 复合物（图 4-21）。

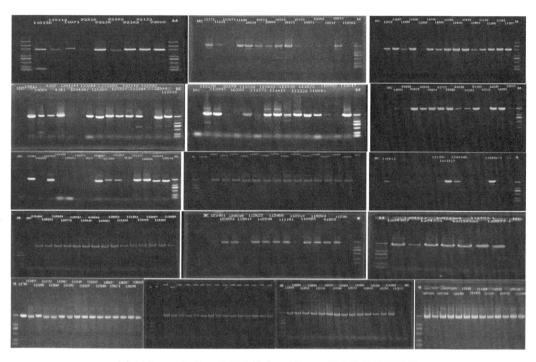

图 4-19　*ccr2* 或 *ccr3* 的菌株中 A 类 *mec* 复合物的检测结果

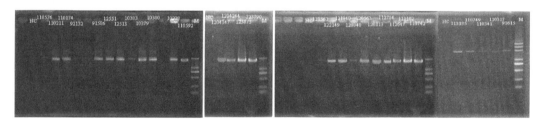

图 4-20　*ccr2* 或 *ccr4* 的菌株中 B 类 *mec* 复合物的检测结果

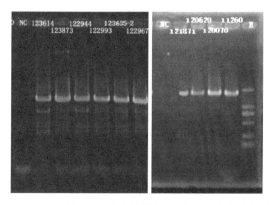

图 4-21　对 10 株 *ccrC* 的菌株检测 C 类 *mec* 复合物的结果

4.3.2.5 微生物被膜基因型与 SCC*mec* 相关性的研究与分析

（1）MRSA 与 MSSA 中微生物被膜基因型的比较

MRSA 与 MSSA 的区别在于前者携带基因组岛 SCC*mec* 而后者不携带该基因元件。通过比较其微生物被膜基因型可见，231 株携带 SCC*mec* 葡萄球菌中 151 株（65.4%）MRSA 微生物被膜基因型为 *ica*+*atl*+*aap*+*agr*+ 型；24 株（10.4%）为 *ica*+*atl*+*aap*+*agr*- 型；13 株（5.6%）为 *ica*+*atl*+*aap*-*agr*+ 型，28 株（12.1%）为 *ica*-*atl*+*aap*+*agr*+ 型，还有 15 株不属于以上任何类型。16 株不携带 SCC*mec* 菌株中，6 株（37.5%）为 *ica*+*atl*+*aap*+*agr*+ 型；1 株（6.3%）为 *ica*+*atl*+*aap*+*agr*- 型；3 株（18.8%）为 *ica*+*atl*+*aap*-*agr*+ 型；3 株（18.8%）为 *ica*-*atl*+*aap*+*agr*+ 型，还有 3 株不属于任何类型。

由图 4-22 可知，携带 SCC*mec* 的 MRSA 菌中，*ica*-*atl*+*aap*+*agr*+ 型的菌株占 65.4%，而不携带 SCC*mec* 的 MSSA 中则只有 37.5%（$0.01<P<0.05$），提示携带 SCC*mec* 的葡萄球菌倾向于同时携带微生物被膜形成过程初期黏附、细胞间粘连和聚集，以及被膜成熟后的迁移和扩散等阶段的多个关键基因，形成的微生物被膜具有较强分化与扩散能力，而不携带 SCC*mec* 菌株则大部分缺失其中部分被膜形成的相关基因。与 Kwon 等[40]研究相似，93 株带有 SCC*mec* 的葡萄球菌中，91.3%具有强黏附被膜生成能力。

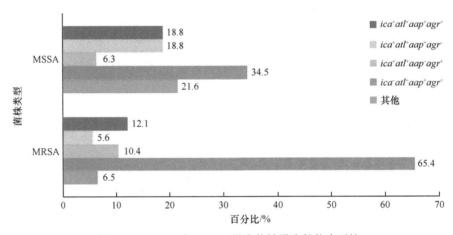

图 4-22 MRSA 与 MSSA 微生物被膜生长能力对比

（2）微生物被膜相关基因与 SCC*mec* 基因组岛的相关性研究

SCC*mec* 通过基因重组与交换影响葡萄球菌的基因组进化。因此，通过对微生物被膜基因与 SCC*mec* 的相关性进行分析，拟对微生物被膜基因的分子进化规律进行探讨。不同 SCC*mec* 类型中微生物被膜基因的表达率如表 4-3 所示。由表 4-3 可知：*atl* 基因影响微生物被膜初期的附着过程中表面蛋白的表达，在 II 型、III（或 IIIA）型、IV 型、V 型和 VI 型基因组岛 SCC*mec* 中检出率分别为 100%、98.0%、96.2%、100%和 100%，在各型别 SCC*mec* 中均高于 96%，说明其携带与 SCC*mec* 型别无显著相关性；同时，*atl* 在 SCC*mec* 阳性和阴性菌株中的表达率分别为 98.3%和 100%（无显著性差异，$P>0.05$），提示其携带与菌株基因组是否具有基因组岛 SCC*mec* 无相关性。以上结果提示，在葡萄球菌的遗传进化中，*atl* 属于高度保守的核心看家序列，SCC*mec* 介导的基因转移、交换与重组不影响其携带，在进化历程中为葡萄球菌本身所固有存在的基因。

表 4-3　不同 SCCmec 类型中微生物被膜基因的表达率

SCCmec	ica 操纵子		atl		aap		agr	
	+	-	+	-	+	-	+	-
II	38	5	43	0	41	2	26	17
	88.4%	11.6%	100.0%	0.0%	95.3%	4.7%	60.5%	39.5%
III（或 IIIA）	126	27	150	3	133	20	139	14
	82.4%	17.6%	98.0%	2.0%	86.9%	13.1%	90.8%	9.2%
IV	22	4	25	1	21	5	17	9
	84.6%	15.4%	96.2%	3.8%	80.8%	19.2%	65.4%	34.6%
V	8	2	10	0	9	1	10	0
	80.0%	20.0%	100.0%	0.0%	90.0%	10.0%	100.0%	0.0%
VI	3	2	5	0	5	0	5	0
	60.0%	40.0%	100.0%	0.0%	100.0%	0.0%	100.0%	0.0%

注："+"为阳性结果，"-"为阴性结果

　　ica 操纵子是葡萄球菌微生物被膜形成过程中的关键基因元件，在 II 型、III 型、IV 型、V 型和 VI 型基因组岛 SCCmec 中的检出率分别为 88.4%、82.4%、84.6%、80.0% 和 60.0%；可见其在 II、III、IV 和 V 型 SCCmec 中携带率较高（均不低于 80%），而在 VI 型中携带率较低（60.0%）。VI 型 SCCmec 一般较少报道，最早在 2001 年由 Oliveiral 发现，目前，在葡萄牙、西班牙、亚速尔群岛、瑞士、阿根廷、波兰、哥伦比亚和美国有过报道，但并未在全球流行，在葡萄球菌基因进化中属于非主导分支。这可能与其 ica 操纵子在 VI 型中的携带率较低相关。同时，VI 型 SCCmec 携带 4 型 ccr 复合物与 B 类 mec 复合物，而同样携带 B 类 mec 复合物的 IV 型 SCCmec 中 ica 操纵子则高达 84.6%，可见与 mec 复合物不相关，提示较低的 ica 伴随携带率可能与 4 型 ccr 相关。

　　aap 基因编码聚集相关蛋白，在 II 型、III 型、IV 型、V 型和 VI 型基因组岛 SCCmec 中检出率分别为 95.3%、86.9%、80.8%、90.0% 和 100.0%。结果显示，II 型和 VI 型 SCCmec 中 aap 携带率均为 95% 以上，提示 aap 基因可能与上述型别 SCCmec 存在伴随携带关系，但具体机制有待进一步研究。同时，II 型和 VI 型 SCCmec 的 ccr 复合物与 mec 复合物均显示较大差异，因此 aap 基因与这些 SCCmec 的高度相关可能并没有局限于具体的 ccr 复合物或 mec 复合物，而仅与 SCCmec 相关。

　　agr 在微生物被膜中表达主要影响被膜成熟后的迁移和扩散，在 II 型、III 型、IV 型、V 型和 VI 型基因组岛 SCCmec 中检出率分别为 60.5%、90.8%、65.4%、100% 和 100%。在 III 型、V 型和 VI 型 SCCmec 中携带率均高于 90%，而在 II 型和 IV 型中则仅分别为 60.5% 和 65.4%，提示 II 型和 IV 型 SCCmec 可能会抑制 agr 基因的携带。IV 型基因组岛目前已在世界各地流行，并且存在多种克隆株，如瑞士、英国、美国等国家流行的 ST1-IV 型，西班牙、意大利、葡萄牙、阿尔及利亚等国家流行的 ST5-IV 型，日本、马来西亚流行的 ST6-IV 型，还有多个国家流行的其他克隆株，可见 IV 型 SCCmec 已经在全球呈现流行趋势。本次实验进一步分析，II 型和 IV 型 SCCmec 均携带 2 型 ccr 复合物，提示在基因组岛的转移过程中，2 型 ccr 复合物编码的重组酶在金黄色葡萄球菌内可能对 agr 基因产生抑制或者切除，在微生物被膜的形成过程中会表现出被膜成熟后的固化和加厚而非扩散和迁移。

（3）微生物被膜相关基因型的进化分析

SCC*mec* 是一类广泛存在于葡萄球菌染色体上的基因元件，主要作用是作为葡萄球菌中基因交换的载体。其携带一套特异性重组酶 *ccrA* 和 *ccrB* 基因，作用于外源基因的位点进行特异性切除和整合，大量的遗传信息通过 SCC*mec* 交换，从而影响了葡萄球菌的基因组进化。在过去半个世纪，SCC*mec* 对不同时期流行葡萄球菌的基因型和表型进化起关键决定作用，包括以下几个重要阶段：①20 世纪 60 年代，葡萄球菌以 I 型 SCC*mec* 为主，由于 I 型 SCC*mec* 不携带毒素基因和其他耐药因子，且 *mecI* 对 *mecA* 表达起抑制作用，因此菌株表现为无毒性及低度耐药，具有中度基因交换能力；②从 70 年代开始，葡萄球菌以 II 型和 III 型 SCC*mec* 为主，II 型和 III 型 SCC*mec* 不携带毒素基因，但伴随多个耐药因子。菌株表现为无毒性、高度与多重耐药，但 SCC*mec* 较大，基因交换和移动能力弱，因此菌株表现为基因进化较缓慢；③从 90 年代开始，葡萄球菌开始转为轻便型基因组岛（以 IV 型和 V 型为主），该类 SCC*mec* 一般携带毒素基因，SCC*mec* 较小而轻便，因此具有较强的基因交换和移动能力。所以，SCC*mec* 通过基因重组和交换，对葡萄球菌的基因组进化起关键作用。

由图 4-23 可知，本次实验发现，*ica*⁺*atl*⁺*aap*⁺*agr*⁻ 基因型、*ica*⁺*atl*⁺*aap*⁻*agr*⁻ 基因型、*ica*⁺*atl*⁺*aap*⁻*agr*⁺ 基因型与 *ica*⁺*atl*⁺*aap*⁺*agr*⁺ 基因型，在 II 型中分别占 51.2%、36.6%、0.0% 和 12.2%；在 III 型中分别占 81.4%、4.6%、8.5% 和 5.4%；在 IV 型中分别占 56.0%、16.0%、12.0% 和 16.0%；在 V 型中分别占 88.9%、0.0%、0.0% 和 11.1%；在 VI 型中分别占 75.0%、0.0%、0.0% 和 25.0%；而在不携带 SCC*mec* 的菌株中分别占 46.7%、6.7%、20.0% 和 26.7%。分析发现：在 *ica*⁺*atl*⁺*aap*⁺*agr*⁺ 基因型中，多组之间进行卡方检验，差异显著（0.01<*P*<0.05）。而 III 型和 VI 型相对于 II 和 IV 型都比较高，分析原因，可能是 III 型基因组岛带有 3 型 *ccr* 复合物和 A 类 *mec* 复合物，II 型带有 2 型 *ccr* 复合物和 A 类 *mec* 复合物，它们带有同样的 *mec* 复合物，而 *ccr* 复合物不同；同样，VI 型带有 4 型 *ccr* 复合物和 B 类 *mec* 复合物，IV 型带有 2 型 *ccr* 复合物和 B 类 *mec* 复合物，可见不同的 *ccr* 复合物可能造成了对该基因型的携带率不同，提示 2 型 *ccr* 复合物相对于 3、4、5 型 *ccr* 复合物，在菌株间传播时，对微生物被膜 *ica*⁺*atl*⁺*aap*⁺*agr*⁺ 基因型携带率较低。

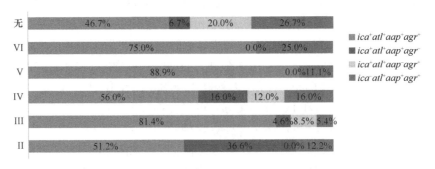

图 4-23　不同 SCC*mec* 类型与微生物被膜相关基因型关系

被膜基因型为 *ica*⁺*atl*⁺*aap*⁺*agr*⁻ 的菌株，具备初期附着、细胞黏附和聚集能力，但是在微生物被膜成熟后的迁移和扩散方面表现相对较弱，形成的微生物被膜具有更强的固化和加厚能力。本研究中 II 型 SCCmec 占 36.6%，与其他基因组岛在该基因型中所占比例相比，差异性极显著（$P<0.01$）。agr 基因最初是在金黄色葡萄球菌的致病因子中被发现，金黄色葡萄球菌几乎所有的胞外和表面毒力因子都受到 agr 基因的调控。之后又发现，agr 基因对微生物被膜形成的调节是多方面的，干预微生物被膜形成的各个阶段，包括附着、粘连、增殖、成熟及解离，但是 agr 基因在微生物被膜形成过程中调控成熟后的群体感应系统，细胞间信号的传递，以及表面活性剂样蛋白的表达，从而促进微生物被膜的扩散和迁移。如果 agr 基因表现阴性，则其在微生物被膜形成过程中更多地是倾向于固化和加厚被膜厚度。本研究发现 II 型 SCCmec 的菌株伴随 agr 基因携带率明显降低。推测原因：agr 基因最初是在毒力因子中被发现的，其可调控毒素的表达，然而 II 型 SCCmec 是复合型基因组岛，携带有大片段的外源基因和耐药因子，但毒素不强；所以，在多年的进化中，2 型 ccr 复合物在重组外源基因或者整合内源基因时，大部分 agr 毒力基因被排除在外。同样，带有 2 型 ccr 复合物的 IV 型菌株 $ica^+atl^+aap^+agr^-$ 基因型也达到了 16.0%。可见对于携带 $ica^+atl^+aap^+agr^-$ 基因型的菌株，II 型和 IV 型 SCCmec 在转入该菌株时，形成的微生物被膜更多是固化加厚型被膜，不容易发生迁移和扩散。

$ica^+atl^+aap^+agr^+$ 基因型，代表菌株具备初期附着、细胞黏附、被膜迁移和扩散能力，但是在细胞的聚集能力方面表现相对较弱，提示其形成被膜能力会相对较弱。本研究中发现不具有 SCCmec 的菌株占 20.0%，与其他 SCCmec 相比，差异性不显著（$P>0.05$），III、IV 和不携带 SCCmec 的组之间不具有统计学意义。而 II 型菌株并无该被膜基因型的出现，分析原因：II 型基因组岛带有 2 型 ccr 复合物和 A 类 mec 复合物，IV 型带有 2 型 ccr 复合物和 B 类 mec 复合物，所以这并非 ccr 复合物的影响。而 III 型同样带有 A 类 mec 复合物，因此也并非 mec 复合物的影响，可能还受到其他机制的影响。由于 aap 聚集因子在微生物被膜的形成过程中可能会不依赖 PIA，通过细菌表面蛋白直接作用形成蛋白依赖的细菌微生物被膜，该表面蛋白表达是由聚集相关蛋白基因 aap 编码的。由此，推测在 II 型基因组岛的被膜形成过程中，aap 基因与 II 型 SCCmec 存在伴随携带关系，但是具体机制有待继续研究。

$ica^-atl^+aap^-agr^+$ 基因型代表菌株具备初期附着、细胞聚集和被膜成熟后的迁移能力，但是在微生物被膜分泌关键的细胞间多糖黏附素（PIA）促进细胞黏附方面，表现相对较弱，提示其形成被膜能力相对较弱。本研究发现各类型基因组岛均出现在该被膜基因型中，不具有 SCCmec 的菌株占 26.7%，与其他 SCCmec 相比，没有显著差异（$P>0.05$）。可见，不带有 SCCmec 的菌株微生物被膜形成能力弱于带有微生物被膜 SCCmec 的菌株，并非由 ica 操纵子的缺失而引起，而是由于其他调控机制造成。

在 $ica^+atl^+aap^-agr^+$ 和 $ica^-atl^+aap^-agr^-$ 基因型菌株中 V 型和 VI 型基因组岛并未出现，一方面，可能是由于样本量太少，分别为 10 株和 5 株；另一方面，可能在基因组岛的进化过程中，5 型和 4 型 ccr 复合物并未对 agr 和 aap 基因产生影响。

在金黄色葡萄球菌的可移动元件中，SCCmec 基因组岛是非常重要的一组序列，由可移动性造成 SCCmec 基因组岛频繁转移和重组。这使得它不仅携带多数功能元件，也是近年来金黄色葡萄球菌进化传播的重要因素。

参 考 文 献

[1] 韩盛, 向本春. 植物病毒分子检测方法研究进展[J]. 石河子大学学报(自然科学版), 2006, 24(5): 550-553.

[2] Brow M A D. Review: advanced PCR[J]. Science, 1994, 265(5173): 817-819.

[3] 陈枝楠, 卢泽, 高卢俭. PCR 应用技术进展简介[J]. 植物病理学报, 1997, (3): 198-200.

[4] 陈旭, 齐凤坤, 康立功, 等. 实时荧光定量 PCR 技术研究进展及其应用[J]. 内蒙古民族大学学报(自然汉文版), 2006, 21(6): 665-668.

[5] 汪琳, 罗英, 周琦, 等. 核酸恒温扩增技术研究进展[J]. 生物技术通讯, 2011, 22(2): 296-302.

[6] 裴敏燕, 李瑶, 谢毅, 等. 基因芯片技术及其应用[J]. 微创医学, 2002, 21(3): 267-269.

[7] 王升启. 基因芯片技术及应用研究进展[J]. 中国生物工程杂志, 1999, 19(4): 45-51.

[8] 翟鹏, 童坦君. 基因科学的革命——基因芯片技术[J]. 生理科学进展, 2000, 31(2): 135-139.

[9] Seliger H. PCR protocols-a guide to methods and applications[J]. Trends in Biotechnology, 1990, 8(90): 335.

[10] 欧阳松应, 杨冬, 欧阳红生, 等. 实时荧光定量 PCR 技术及其应用[J]. 生命的化学, 2004, 24(1): 74-76.

[11] 黄东东, 翁少萍, 吕玲, 等. TaqMan MGB 实时荧光 PCR 对转基因大豆定量检测的研究[J]. 中山大学学报(自然科学版), 2008, 47(3): 140-142.

[12] 李富威, 张舒亚, 叶军, 等. 食品中木瓜成分实时荧光 PCR 检测方法[J]. 食品研究与开发, 2013, (11): 51-56.

[13] 郑秋月, 赵彤彤, 袁慕云, 等. 实时荧光 PCR 检测食品中丙型副伤寒沙门氏菌和猪霍乱沙门氏菌[J]. 食品科技, 2014, (2): 297-301.

[14] 陈茹, 赵吟, 林志雄, 等. 牛传染性鼻气管炎病毒实时荧光 PCR 检测方法的建立[J]. 检验检疫学刊, 2005, 15(s1): 5-7.

[15] 孙洋, 刘军, 郭学军, 等. 荧光实时定量 PCR 方法检测猪链球菌 2 型[J]. 中国兽医学报, 2008, 28(1): 55-57.

[16] 赵晓祥, 庞晓倩, 庄惠生. 荧光定量 PCR 技术在环境监测中的应用研究[J]. 环境科学与技术, 2009, 32(12): 125-128.

[17] 何闪英, 于志刚. 红色裸甲藻实时定量 PCR 快速检测方法的建立[J]. 浙江大学学报(农业与生命科学版), 2009, 35(2): 119-126.

[18] Giffard P M, Hafner G J, Wolter L C, et al. Rolling-circle amplification of DNA: purification of circular molecules prior to amplification increases specificity[J]. Clinical Chemistry, 1998, 44(11): 2389.

[19] Nagamine K, Watanabe K, Ohtsuka K, et al. Loop-mediated isothermal amplification reaction using a nondenatured template[J]. Clinical Chemistry, 2001, 47(9): 1742-1743.

[20] Piepenburg O, Williams C, Stemple D N. DNA detection using recombination proteins[J]. Plos Biology, 2006, 4(7): 1115-1121.

[21] Abd A E W, Eldeeb A, Eltholoth M, et al. A portable reverse transcription recombinase polymerase amplification assay for rapid detection of foot-and-mouth disease virus[J]. PLoS One, 2013, 8(8): e71642.

[22] Hillcawthorne G A, Hudson L O, Ghany M F A E, et al. Recombinations in staphylococcal cassette chromosome, mec, elements compromise the molecular detection of methicillin resistance in *Staphylococcus aureus*[J]. PLoS One, 2014, 9(6): e101419.

[23] Boyle D S, Mcnerney R, Teng L H, et al. Rapid detection of *Mycobacterium tuberculosis* by recombinase polymerase amplification[J]. PLoS One, 2014, 9(8): e103091.

[24] Daher R K, Stewart G, Boissinot M, et al. Isothermal recombinase polymerase amplification assay applied to the detection of group B streptococci in vaginal/anal samples[J]. Clinical Chemistry, 2014, 60(4): 660-666.

[25] Euler M, Wang Y, Heidenreich D, et al. Development of a panel of recombinase polymerase ampli-

fication assays for detection of biothreat agents[J]. Journal of Clinical Microbiology, 2013, 51(4): 1110-1117.

[26] del Río J S, Yehia A N, Acero-Sánchez J L, et al. Electrochemical detection of *Francisella tularensis* genomic DNA using solid-phase recombinase polymerase amplification[J]. Biosensors & Bioelectronics, 2014, 54(8): 674-678.

[27] Kersting S, Rausch V, Bier F F, et al. Multiplex isothermal solid-phase recombinase polymerase amplification for the specific and fast DNA-based detection of three bacterial pathogens[J]. Microchimica Acta, 2014, 181(13-14): 1715-1723.

[28] Rohrman B A, Richards-Kortum R R. A paper and plastic device for performing recombinase polymerase amplification of HIV DNA[J]. Lab on A Chip, 2012, 12(17): 3082-3088.

[29] Nikisins S, Rieger T, Patel P, et al. International external quality assessment study for molecular detection of Lassa virus[J]. Plos Negl Trop Dis, 2015, 9(5): e3793.

[30] Euler M, Wang Y, Nentwich O, et al. Recombinase polymerase amplification assay for rapid detection of Rift Valley fever virus[J]. Journal of Clinical Virology the Official Publication of the Pan American Society for Clinical Virology, 2012, 54(4): 308-312.

[31] Amer H M, Abd E W A, Shalaby M A, et al. A new approach for diagnosis of bovine coronavirus using a reverse transcription recombinase polymerase amplification assay[J]. Journal of Virological Methods, 2013, 193(2): 337-340.

[32] Daher R K, Stewart G, Boissinot M, et al. Recombinase polymerase amplification for diagnostic applications[J]. Clinical chemistry, 2016, 62(7): 947-958.

[33] Fang R, Li X, Hu L, et al. Cross-priming amplification for rapid detection of *Mycobacterium tuberculosis* in sputum specimens[J]. Journal of Clinical Microbiology, 2009, 47(3): 845-847.

[34] 祁军, 张霞, 蒋刚强, 等. 交叉引物等温扩增技术检测志贺氏菌[J]. 食品研究与开发, 2013, (11): 67-70.

[35] 祁军, 詹曦菁, 李智慧, 等. 交叉引物等温扩增技术在肠出血性大肠杆菌 O157: H7 快速检测中的应用[J]. 口岸卫生控制, 2016, 21(1): 11-16.

[36] 冯涛. 动物源性成分交叉引物等温扩增快速检测方法的研究和建立[D]. 杭州: 中国计量大学硕士学士论文, 2016.

[37] Liu W, Dong D, Yang Z, et al. Polymerase Spiral Reaction (PSR): a novel isothermal nucleic acid amplification method[J]. Scientific Reports, 2015, 5(12723): 12723.

[38] Homola J, Yee S S, Gauglitz G. Surface plasmon resonance sensors: review[J]. Analytical & Bioanalytical Chemistry, 1999, 377(3): 528-539.

[39] Chuang T L, Wei S C, Lee S Y, et al. A polycarbonate based surface plasmon resonance sensing cartridge for high sensitivity HBV loop-mediated isothermal amplification[J]. Biosensors and Bioelectronics, 2012, 32(1): 89-95.

[40] Kwon A S, Park G C, Ryu S Y, et al. Higher biofilm formation in multidrug-resistant clinical isolates of *Staphylococcus aureus*[J]. Int J Antimicrob Agents, 2008, 32(1): 68-72.

第五章　微生物被膜与耐药性

5.1　概　　述

感染性疾病与传染性疾病是目前导致人类死亡的重要病因。在细菌感染过程中，与其致病力密切相关的主要包括各种毒力因子。细菌生物膜是一种包裹于胞外聚合物基质中不可逆地黏附于非生物或生物表面的微生物细胞菌落。生物膜状态下的细菌相对其浮游状态具有显著增强的耐药性，对人及动物细菌性感染具有重要研究价值。然而尽管动物细菌耐药性被广泛报道，却很少涉及细菌生物膜与其之间的相关性。近年来的研究已经发现，生物膜的形成是很多细菌产生致病性与耐药性的原因之一。

急性细菌感染往往是由感染浮游状态的细菌引起的，通过使用抗生素或接种疫苗，这些急性感染性疾病普遍能够得到控制。然而，长期以来，一些微生物通过生物膜感染的形式对植入体内的医疗器械以及组织黏膜造成损害，其表现为慢性感染或难治疗性感染，常规的抗感染治疗往往无效。所以应重视对其形成的机制进行深入细致的研究，为治疗和预防提供理论依据。现就细菌生物膜的形成、检测方法及其耐药性的机制研究进展做一综述。

5.2　微生物被膜引起耐药的主要机制

随着抗生素的广泛应用，细菌对抗生素产生的耐药现象日益加重，给临床抗感染治疗带来了极大的挑战。传统观点认为细菌耐药性主要由三方面机制介导，即药物吸收障碍和主动外排，药物作用靶位的改变，以及灭活酶、钝化酶的产生[1]。然而许多现象表明，体外药敏试验中感染菌对其敏感的药物用于临床治疗却难以奏效。

近年来细菌对抗生素的耐药现象日益严重，随着对生物膜研究的深入，发现细菌对抗生素的耐药性不仅与耐药菌株的大量产生有关，亦与致病菌在体内形成生物膜有关。细菌生物膜是细菌在生长过程中为适应生存环境而黏附于物体或活性组织表面，并包被于其自身产生的胞外多糖基质中形成的一种与浮游细菌生长方式完全不同的细菌微生物群落，是细菌的特殊存在形式。许多细菌形成生物膜后所表达的基因产物与浮游细菌不同，细菌的生理状态以及形态也不相同，这使它的适应能力比浮游细菌更强。生物膜是细菌适应环境而采取的一种生存策略，是抵抗机体防御和限制抗菌药物接近细菌的天然屏障。生物膜的形成一方面促进细菌逃避机体免疫系统的作用，阻碍细胞吞噬或减少吞噬作用与氧活性降低后的应激反应；另一方面可以阻止或延缓药物的渗透，生物膜内细菌的生理学特点影响了细菌对药物的敏感性。生物膜耐药机制复杂，被认为是多因素综合作用的结果，主要包括渗透障碍、营养及氧气限制、生物膜表型的表达、顽固耐药菌、细菌群体感应和普遍应激反应等方面[2]。

（1）渗透障碍。生物膜内细菌密度高，细菌之间的空间狭小，并有大量胞外基质包裹，这样的三维结构形成一道屏障，抗生素在其中的扩散速度减慢，无法以有效浓度渗透至深部细菌之中，从而使药物难以发挥其杀菌作用。Stewart 证实细菌生物膜的厚度与其耐药性存在线性关系[3]。此外，生物膜负电荷的胞外脂多糖可与大量的抗生素分子结合，使达到细菌处的药物浓度显著降低；同时许多抗生素水解酶可以固定在生物膜上，使进入膜内的抗生素被灭活。Anderl 等研究结果显示氨苄西林对生物膜的渗透性降低实际上是由于 β-内酰胺酶的作用，因为氨苄西林很容易通过由 β-内酰胺酶缺陷变异菌株形成的生物膜。但有越来越多的证据表明，渗透障碍并不能解释生物膜的所有现象。如 Anderl 等发现，尽管环丙沙星和氨苄西林可以渗透整个缺乏 β-内酰胺酶的肺炎杆菌生物膜，细菌仍然对这些药物不敏感[4]。

（2）营养及氧气限制。生物膜内的细菌由于营养供应不足，处于饥饿状态，同时还有大量代谢废物堆积，故生长速度慢，分裂不活跃。由于细菌的代谢率降低，抗生素通过作用于代谢环节去影响细菌活性的概率也降低。Evans 等观察到生物膜状态和浮游状态的铜绿假单胞菌对环丙沙星的敏感性均随着其生长速度的升高而升高，但是在精确控制生物膜菌株的生长速度时，处于相同生长速度的生物膜菌株和浮游菌株的耐药性仍然有较大差别，因此单独用生长速度来解释生物膜细菌耐药性并不能得到圆满的结论[5]。

供氧不足也被认为有助于生物膜耐药性的产生。Walters 等研究显示环丙沙星和妥布霉素仅在生物膜与空气的界面和氧气浓度高的区域发挥抑菌作用[6]。Yoon 等研究显示铜绿假单胞菌在厌氧条件下能形成健全的生物膜，并且其形成需要特定基因表达产物的参与，这提示了供氧不足能引起膜内细菌生理学和表型变化，从而导致耐药性增加[7]。

（3）生物膜表型的表达。生物膜细菌与浮游菌相比，出现了生物膜环境所特有的基因表达模式，即对生长表面的黏附触发了部分细菌亚群基因表达的变化，使其生物学行为也随之改变，这称为生物膜表型。生物膜特有的表型能够激活其耐药机制。目前从 mRNA 水平和蛋白水平寻找生物膜状态和浮游状态下基因表达的差别，是生物膜研究的一个热点。

（4）顽固耐药菌。顽固耐药菌也被认为与生物膜的高耐药性有关。Brooun 等研究证明一定浓度抗生素能杀死生物膜内大多数细菌，但即使增加药物浓度，仍有少部分细菌存活[8]。Spoering 和 Lewis 实验证明，处于静止阶段的浮游菌和生物膜内大部分细菌的耐药性相似，而一小部分顽固耐药菌是生物膜难以清除的主要原因[9]。Harrison 等也有类似的发现，生物膜细菌在暴露于阳离子杀菌剂的前 2～4 h 表现出两倍于浮游菌的耐药性，但两种状态的细菌 27 h 后在同一浓度下被杀灭，他们认为是由于少数顽固耐药菌的存在导致出现该现象[10]。但目前对其确切的耐药机制仍不清楚。Keren 等得出它们并没有可遗传的耐药性传给子代，生物膜破坏后即恢复对抗生素的敏感性[11]。

Lewis 提出程序性细胞死亡（programmed cell death，PCD）假说，认为顽固耐药菌可能正是因为存在 PCD 缺陷，所以在抗生素引起细胞损伤而触发 PCD 造成大部分细菌死亡时，顽固菌仍能存活，从而增加了生物膜的耐药性[12]。

（5）细菌群体感应。细菌群体感应（quorum sensing，QS）被认为在生物膜耐药性上起着作用。传感效应是同种或不同种细菌通过各种信号转导系统对它们当前所处环境、群体密度的感知、交流，使菌体间生理活动相互协调以趋利避害。铜绿假单胞菌的

QS 包括 *las* 系统和 *rhl* 系统, 两系统分别包括转录激活蛋白 LasR 和 RhlR 及催化各自信号识别分子合成的 LasI 和 RhlI。

Davies 等发现由 *lasI* 突变株形成的生物膜对 SDS 敏感性增加, 且形成的生物膜不稳定[13]。Shih 和 Huang 证明 *lasIrhlI* 突变株形成的生物膜具有比野生型生物膜更高的卡那霉素敏感性[14]。相反, Brooun 等的研究结果显示, 铜绿假单胞菌 *lasI* 突变株与野生株形成的生物膜对 SDS、氧氟沙星、妥布霉素的耐药性并没有差异, 作者将其与此前结果的不一致归结为所用的培养基不同[8]。Yarwood 等报道金黄色葡萄球菌野生株形成的生物膜对利福平、苯唑西林均耐药, 而 QS 突变株形成的生物膜对利福平敏感, 对苯唑西林耐药。而在浮游状态下, 该突变株和野生株对两种抗生素的敏感性无显著差异[15]。

(6) 普遍应激反应。也有人提出生物膜内细菌的耐药性与由生长速度启动的普遍应激反应 (general stress response) 有关, 应激反应导致细菌的生理学改变, 使其在各种环境下得到保护。σ 因子 RpoS 是一种普遍应激反应的调控因子, 能激活一系列基因的转录, 使细菌在营养匮乏条件下维持生活力。Xu 等报道铜绿假单胞菌生物膜内细菌的 σ 因子 RpoS 相对于静止阶段的浮游菌表达水平高, 提示生物膜内的环境, 如营养缺乏或有毒代谢产物的堆积, 激活了 σ 因子 RpoS 的表达, 使细菌发生生理变化以抵抗环境压力和抗生素作用[16]。Adams 和 McLean 发现 *rpoS* 表达阳性的大肠杆菌生物膜有非常高的密度和活菌数量, 而 *rpoS* 缺失的大肠杆菌不能形成正常的微生物被膜[17]。然而 Whiteley 等用 *rpoS* 突变株形成的生物膜却具有比野生株生物膜更强的对妥布霉素的耐药性, 故 *rpoS* 在生物膜的耐药性中所起的作用还需进一步研究[18]。

5.3 金黄色葡萄球菌

5.3.1 金黄色葡萄球菌的耐药性[19]

金黄色葡萄球菌 (*Staphylococcus aureus*) 是人类的一种重要病原菌, 隶属于葡萄球菌属 (*Staphylococcus*), 有 "嗜肉菌" 的别称, 是革兰氏阳性菌的代表, 可引起许多严重感染。

抗生素滥用成为重要的食品安全问题, 而其带来的最严重后果, 则是细菌耐药性的出现。早期认为, 细菌耐药性的出现, 与抗生素作用位点的点突变有关; 但随着抗生素滥用现象的普及, 点突变的低发生率已无法解释细菌耐药性的广泛出现, 因此, 耐药基因的水平传播和转移, 成为细菌耐药性产生的最主要原因; 而介导这种基因水平传播和转移的机制, 则是各种具有移动性的基因元件。

革兰氏阳性菌在临床病原菌中占有重要地位。根据莫纳林在中国的最新报告, 基本的革兰氏阳性病原体是葡萄球菌, 这是常见的医院病原体。关于医院病原体的治疗, 由于治疗方案的显著限制及抗生素耐药性导致的治疗效果降低, 抗生素耐药性被认为是首要问题。目前, 潜在的 "超级细菌" 的出现和发生是全球公共卫生的一个主要问题, 包括耐甲氧西林金黄色葡萄球菌 (MRSA)、耐万古霉素金黄色葡萄球菌 (VRSA)、耐万古霉素肠球菌 (VRE) 和耐青霉素肺炎链球菌 (PRSP)。因此, 对重要革兰氏阳性病原菌的耐药性进行纵向流行病学监测, 对全球预防和控制耐药性分布和扩散、指导抗菌治疗具有重要意义。

在 2001～2015 年，从暨南大学附属第一医院（FAHJU）共分离到 2410 株葡萄球菌（1737 株金黄色葡萄球菌和 673 株凝固酶阴性葡萄球菌），通过标准程序，即菌落形态学、革兰氏染色、API 商业试剂盒和 Vitek 自动化系统研究，对所有测试菌株进行细菌鉴定。在 2001～2010 年，采用纸片扩散法进行药敏试验。在 2011～2015 年，由 Vitek 和微稀释板进行抗菌药物敏感性测试，结果根据 2015 年版临床和实验室标准研究所（CLSI）药敏试验标准进行解释。所测试的抗菌药物包括青霉素、苯唑西林、氨苄西林、替考拉宁、万古霉素、庆大霉素、链霉素、红霉素、四环素、环丙沙星、左氧氟沙星、莫西沙星、呋喃妥因、克林霉素、甲氧苄啶-磺胺甲噁唑、利奈唑胺、米诺环素、磷霉素、氯霉素。

结果显示：从葡萄球菌的总体分布和组成比来看，内科分离菌株仍为首要来源，占34.8%。在采样点中，51.4%的葡萄球菌来自痰液。

在这项研究中，总共收集了 1737 株金黄色葡萄球菌和 673 株凝固酶阴性葡萄球菌。总的来说，葡萄球菌对青霉素（包括青霉素、氨苄西林、苯唑西林）、红霉素、四环素和环丙沙星的耐药率很高（44%～100%）。而利奈唑胺、替考拉宁、万古霉素对葡萄球菌仍具有较高且稳定的抗菌活性（耐药率<5%）。结果表明，金黄色葡萄球菌对苯唑西林的耐药性持续上升，从 1 期的 54.4%上升到 3 期的 71.9%。MRSA 在神经科、重症监护室（ICU）、痰标本中分离率较高，分别为 74.1%、71.3%和 70.1%。同时，凝固酶阴性葡萄球菌对苯唑西林的总耐药率为 76.2%，从 1 期的 66.8%上升到 3 期的 81.1%。金黄色葡萄球菌和凝固酶阴性葡萄球菌对甲氧苄啶-磺胺甲噁唑和氯霉素的耐药性显著降低。金黄色葡萄球菌对四环素、环丙沙星、左氧氟沙星和克林霉素的耐药性存在波动（第 1～3 期先升后降，为 34%～69.9%）。然而，凝固酶阴性葡萄球菌对上述 4 种抗菌药物的耐药率是稳定的。值得注意的是，耐万古霉素金黄色葡萄球菌（vancomycin resistant *S. aureus*，VRSA）（0.4%）、万古霉素中介敏感金黄色葡萄球菌（vancomycin intermediate *S. aureus*，VISA）（0.9%）、万古霉素耐药性（2.5%）和万古霉素中间体（6.5%）的凝固酶阴性葡萄球菌仅在 2011～2015 年被发现。

5.3.2　金黄色葡萄球菌微生物被膜与耐药性的相关性

细菌微生物被膜（bacterial microbial biofilm）是细菌相互黏附或黏于惰性或活性实体表面，在繁殖分化的过程中，同时分泌多糖基质（藻酸盐多糖）、纤维蛋白、脂质蛋白等，将其自身包绕其中而形成一种大量微生物群体聚集的膜状结构。任何细菌在成熟条件下都可以形成微生物被膜，而单个微生物被膜可由同种或不同种细菌形成。

葡萄球菌，尤其是金黄色葡萄球菌，是典型的具有微生物被膜形成能力的革兰氏阳性菌。感染部位的细菌一旦形成生物膜，使用正常药剂的百倍也不易治愈，即耐药性增强。

5.3.2.1　金黄色葡萄球菌微生物被膜形成能力与耐药性的相关性

金黄色葡萄球菌已成为临床上感染最为严重的菌株之一，MRSA 的出现更是给临床治疗带来了巨大的危害。目前的各项研究发现，生物膜的形成给临床治疗金黄色葡萄球菌的感染及院内感染的播散带来了极大的麻烦。生物膜是细菌在生长过程中为适应生存环境而吸附于惰性或者活性实体表面的一种与浮游菌相对应的生长方式。生物膜一旦形成便可保护细菌不受传统抗菌药物的作用，导致长期的抗生素治疗无效。生物膜还可以保护细菌很好地逃离体内的免疫反应，在恶劣的环境中持续存活下来。因此金黄色葡萄球菌的生物膜被认为是一个很重要的致病特征，对其生物膜进行研究就显得极为重要。由此可见，金黄色葡萄球菌生物膜的形成是一个由众多因素参与调控的复杂过程，但是很多分子机制还尚未清楚，有待进一步的研究。

5.3.2.2 金黄色葡萄球菌微生物被膜相关基因与耐药性的相关性

生物膜的形成涉及多种基因的表达和调控，金黄色葡萄球菌分泌的细胞间多糖黏附素（polysaccharide intercellular adhesin，PIA）是其生物膜形成过程中细菌聚集阶段必需的因子，而且是最重要的因子，PIA 与致病性的关系已被研究证实。PIA 合成主要是由 *ica* 操纵子编码的，具体包括 *icaR*（调节基因）及串联存在的 *icaA*、*icaD*、*icaB*、*icaC* 基因。

5.3.2.3 金黄色葡萄球菌微生物被膜相关基因与耐药基因组岛 SCC*mec* 的相关性

对 MRSA 和 MSSA 分别进行药敏试验，发现 MRSA 对常用抗菌药物的敏感率明显低于 MSSA，这可能与 MRSA 多重耐药机制以及抗菌药物的滥用有关。进一步分析耐药相关基因，除 *bla*$_{TEM}$ 未检出外，其余所筛查的耐药基因的阳性率范围为 58.1%～100%，说明单个菌株同时携带有多个耐药基因。

5.4　铜绿假单胞菌

5.4.1　铜绿假单胞菌的耐药性

铜绿假单胞菌是一种常见的条件致病菌，也是全球非常重要的医院感染病原菌，据统计，人类感染的非发酵菌中，60%为铜绿假单胞菌。近年来，铜绿假单胞菌感染的持续高发，耐药情况的日趋严峻，部分抗生素耐药率的逐年上升，以及多重耐药和泛耐药的日益常见，均给临床治疗带来巨大的挑战。有关铜绿假单胞菌耐药机制的研究成为众多学者关注的热点，同时，其耐药机制极其复杂，也成为当今研究的难点[20]。

从 2000 年到 2015 年，对中国南方铜绿假单胞菌的抗生素耐药性进行了 16 年的回顾性研究。从住院患者和门诊患者中共采集铜绿假单胞菌 1387 株。根据 2015 版 CLSI 药敏试验标准对结果进行解释。哌拉西林、哌拉西林-他唑巴坦、头孢他啶、氨基糖苷和碳青霉烯类药物对铜绿假单胞菌仍有活性，耐药率在 5.6%～29.7%。一般情况下，铜绿假单胞菌对氨苄西林、氨苄西林-舒巴坦、头孢曲松、甲氧苄啶-磺胺甲噁唑的耐药率提高到 90%以上，这些药物几乎失去了对铜绿假单胞菌的作用。值得注意的是，在碳青霉烯类中，痰液和血液标本比其他来源菌株对碳青霉烯类具有更高的耐药率，这表明在选择与呼吸道感染相关的抗生素时应更加谨慎。

几乎所有临床分离的铜绿假单胞菌均具有形成微生物被膜的能力。*tolA* 和 *ndvB* 基因存在于所有铜绿假单胞菌，是铜绿假单胞菌全基因组序列的组成部分。临床菌株形成微生物被膜后高水平耐药，对氨基糖苷类抗生素的耐药水平可提高几倍至上千倍。*ndvB* 基因表达上调普遍存在于微生物被膜菌，对微生物被膜菌耐药性发挥着重要作用，有望成为抗菌药物作用的新靶点；*tolA* 基因在被膜菌表达无变化，可能该基因的表达上调仅存在于个别铜绿假单胞菌菌株中，仍需要大样本检测证实。

5.4.2　铜绿假单胞菌微生物被膜与耐药性的相关性

铜绿假单胞菌在自然界以及人体皮肤、呼吸道、肠道黏膜中广泛存在，为条件致病菌，在人体抵抗力低下或发生定植菌位移时会引发感染，与人工装置有关的铜绿假单胞菌感染比其他感染源引起的感染更为严重，因为它们对很多常用抗菌药物具有多药耐药性，而且常常黏附在人体组织或人工装置表面形成细菌生物膜，造成持续的慢性感染，并引发机体的免疫应答，对局部组织造成损伤。

5.5　肺炎克雷伯菌

5.5.1　肺炎克雷伯菌的耐药性

现在，越来越多的关于革兰氏阴性病原体引起的感染的报告已经成为全球性的公共威胁。根据最新的中国细菌耐药监测网（CHINET）监测报告，最常见的革兰氏阴性病原体是肠杆菌科细菌，占所有分离株的45.3%。这些微生物以前被认为是共生细菌。其中最值得注意的是碳青霉烯酶，代表对碳青霉烯的强烈拮抗剂，其通常被认为是严重革兰氏阴性病原体感染的最后一道防线。值得注意的是，抗生素耐药性会因为有限的抗菌剂而困扰经验性治疗。因此，监测局部耐药模式是抗菌药物使用和临床治疗的方向，有助于耐药性的控制。在这方面，自2001年以来，中国南方开展了为期15年的纵向监测，以反映当地抗菌药物敏感性概况。本研究收集了大量南方地区2001～2015年住院患者和门诊患者肠杆菌科致病菌，包括肺炎克雷伯菌。

肺炎克雷伯菌（*Klebsiella pneumoniae*，KPN）是引起临床感染和院内感染的重要条件致病菌，其耐药机制主要与质粒介导的产超广谱 β-内酰胺酶（ESBL）有关。目前我们了解到了2001～2015年南方地区肠杆菌科病原菌的耐药情况。其中收集肺炎克雷伯菌1992株，采用纸片扩散法和最低抑菌浓度法进行药敏试验，根据临床和实验室标准研究所（CLSI）药敏试验标准对2001～2010年收集的菌株进行纸片扩散法。通过 Vitek 2 自动化系统（Vitek AMS；BioMerieux Vitek Systems Inc.，Hazelwood，MO）测定2011～2015年的最低抑制浓度（MIC）。所有结果均由 CLSI 肠杆菌科标准（2015年）进行解释。8类抗菌药：青霉素类（氨苄西林、哌拉西林）、β-内酰胺/β-内酰胺酶抑制剂组合（氨苄西林-亚内酰胺、哌拉西林-他唑巴坦）、头孢类药物（头孢唑啉、头孢噻肟、头孢他啶、头孢曲松、头孢吡肟）、单环 β-内酰胺类（氨曲南）、碳青霉烯类（亚胺培南、美罗培南）、氨基糖苷类（阿米卡星、庆大霉素）、叶酸途径抑制剂（甲氧苄啶-磺胺甲噁唑）、氟喹诺酮类（环丙沙星、左氧氟沙星）均被用于该研究中（Sigma-Aldrich，St. Louis，MO）。

利用 WHONET（5.6版）进行抗生素敏感性测试。研究于2001～2015年进行，分为五个时期，即第一至第五阶段（第一阶段：2001～2003年；第二阶段：2004～2006年；第三阶段：2007～2009年；第四阶段：2010～2012年；第五阶段：2013～2015年）。ICU和非 ICU 部门的耐药率之间的差异通过卡方检验或 Fisher 精确检验进行检验，如果合适的话，若 $P<0.05$，则具有统计学意义。

结果用 CLSI（2015 年）解释为：肺炎克雷伯菌分离来源以痰为主，为 53.26%。肺炎克雷伯菌显示出对氨苄西林的高抗性（范围为 80.8%～100%）。虽然肺炎克雷伯菌对亚胺培南和美罗培南耐药性轻度增加（亚胺培南耐药率从第一阶段的 1%增加至第五阶段的 11.2%、美罗培南的耐药率从第三阶段的 1%增加到第五阶段的 11.6%），但碳青霉烯类仍是抗肺炎克雷伯菌最有效的药物。值得注意的是，肺炎克雷伯菌对亚胺培南敏感耐药中介（即处于敏感和耐药之间）的趋势出现波动，近年来有初步迹象显示增加。在研究期间，阿米卡星是经测试唯一一种耐药性下降的抗菌药物，其耐药性从第一阶段的 26.6%下降至第五阶段的 9.1%左右。头孢唑林、头孢噻肟和头孢曲松的耐药率基本不变（范围为 39.2%至 59.0%）。然而，与其他头孢菌素相比，头孢他啶和头孢吡肟更活跃，耐药率分别为 20.8%，34.5%。

5.5.2　肺炎克雷伯菌微生物被膜与耐药性的相关性

肺炎克雷伯菌是最易形成生物膜的细菌之一。肺炎克雷伯菌感染的同时如伴有医用器械（如导尿管、气管插管、静脉置管等）的使用，将极易导致生物膜的形成，临床应高度重视肺炎克雷伯菌感染中医用器械的使用；同时在医用器械的使用中，对肺炎克雷伯菌感染进行治疗时应同时考虑对生物膜采取清除措施。

5.6　大肠杆菌与其他肠杆菌

5.6.1　大肠杆菌与其他肠杆菌的耐药性

近年来，随着抗生素及各种化学合成药物在我国畜牧业生产中的广泛应用，大量的抗生素、消毒剂等不断进入水、土壤、河流、沉积物等各种环境中，使得大肠杆菌与其他肠杆菌耐药性范围不断扩大且水平不断提高，给我国畜牧业的持续发展和人类健康带来潜在的危害。

目前我们了解到了 2001～2015 年南方地区肠杆菌科病原菌的耐药情况。在实验期间收集了 4276 份大肠杆菌。使用的测定方法、抗菌药物和阶段划分同 5.5.1。该研究对大肠杆菌 ATCC 25922、*K. pneumoniae* ATCC 700603 进行质量控制。结果显示在青霉素类、甲氧苄啶-磺胺甲噁唑和氟喹诺酮类药物中观察到高且稳定的耐药性（范围 50.95.3%），而亚胺培南、美罗培南和阿米卡星对大肠杆菌保持高活性，耐药率低于 10%。此外，亚胺培南中介型大肠杆菌在第 1 阶段至第 4 阶段呈下降趋势，但在第 4 阶段至第 5 阶段呈上升趋势。有趣的是，哌拉西林-亚内酰胺和氨苄西林-亚内酰胺都作为 β-内酰胺/β-内酰胺酶抑制剂组合类，但哌拉西林-亚内酰胺对大肠杆菌的活性（耐药率<10%）明显高于氨苄西林-亚内酰胺（耐药率>50%）。

在头孢菌素方面，在第 1 至第 3 阶段，头孢唑林、头孢噻肟、头孢他啶和头孢曲松的耐药性略有增加，但在第 4 至第 5 阶段下降。在第三代头孢菌素中，头孢他啶对大肠杆菌的耐药率为 11.9%至 26.3%，而头孢噻肟和头孢曲松的耐药率为 40.7%至 74.4%。

而 590 株肠杆菌对氨苄西林、哌拉西林、氨苄西林-亚内酰胺、头孢唑林、头孢噻肠、头孢他啶、头孢曲松的耐药率较高，为36.9%～100%。值得注意的是，经过测试的抗菌药物（除甲氧苄啶-磺胺甲噁唑外）在第2阶段耐药率普遍高于相邻阶段。数据显示，从第2阶段到第5阶段，哌拉西林、哌拉西林-他唑巴坦、阿米卡星、庆大霉素、甲氧苄啶-磺胺甲噁唑、环丙沙星和左氧氟沙星的耐药性持续下降。然而，与肺炎克雷伯菌一致，肠杆菌对碳青霉烯类抗生素的耐药性呈上升趋势（亚胺培南从第1阶段的3.2%，上升至第5阶段的14.5%、美罗培南从第3阶段的6.5%上升至第5阶段的13.2%）。

5.6.2　大肠杆菌微生物被膜与耐药性的相关性

微生物被膜的形成是大肠杆菌引起消化道反复难治性感染的重要因素。大肠杆菌形成微生物被膜后使感染易于慢性化、控制困难，具有高度耐药性的同时还能逃避免疫系统的攻击和抗菌药物的杀伤作用。微生物被膜的耐药机制主要包括营养限制、渗透障碍、表型结构学说等。现就大肠杆菌微生物被膜的形成、耐药机制及其防治策略等研究现状做一综述。

5.6.3　其他肠杆菌微生物被膜与耐药性的相关性

肠杆菌科是栖息在人和动物的肠道内的一大群形态、生物学性状相似的革兰氏阴性杆菌。在微生物感染的过程中，人体组织、细胞等受到损害，并出现一系列的临床症状，形成感染症或感染性疾病。感染性疾病包括血液感染、中枢神经系统感染、外科感染、呼吸道感染、消化道感染、尿路感染、性传播疾病等，这些感染性疾病均可由肠杆菌科细菌引起，肠杆菌科细菌形成的微生物被膜可以致使其耐药性增强。

5.7　肠　球　菌

5.7.1　肠球菌的耐药性

肠球菌是条件致病菌，免疫功能低下者易感染。近年来，由于免疫抑制剂的广泛应用、侵入性治疗增多，以及不合理地使用抗生素等原因，肠球菌成为引起医院感染的重要病原菌之一。肠球菌耐药机制比较复杂，不仅容易产生耐药性，而且对多种抗生素呈固有耐药，给临床治疗带来很大的麻烦[20]。

2001～2015年，对肠球菌的耐药性进行了纵向监测。从FAHJU共分离到1095株肠球菌（830株粪肠球菌和265株屎肠球菌）。通过标准程序，即菌落形态学、革兰氏染色、API商业试剂盒和Vitek 2自动化系统研究，对所有测试菌株进行细菌鉴定。在2001～2010年采用纸片扩散法进行药敏试验。在2011～2015年，采用Vitek和微稀释板进行抗菌药物敏感性测试，结果根据2015年版CLSI药敏试验标准进行解释。所测试的抗菌药物包括青霉素、苯唑西林、氨苄西林、替考拉宁、万古霉素、庆大霉素、链霉素、红霉素、四环素、环丙沙星、左氧氟沙星、莫西沙星、呋喃妥因、克林霉素、甲氧苄啶-磺胺甲噁唑、利奈唑胺、米诺环素、磷霉素、氯霉素。

结果显示：从肠球菌的总体分布和组成比来看，内科分离菌株仍为首要来源，为

25.7%。在采样点中，47.5%的肠球菌来自尿道。

在这项研究中，1095 株肠球菌（包括 830 株粪肠球菌和 265 株尿肠球菌）对链霉素、红霉素、四环素、克林霉素、环丙沙星、三甲氧苄啶-磺胺甲噁唑、米诺环素的耐药率为 35.7%～100%。在 15 年内发现利奈唑胺和替考拉宁耐药率较低（<10%）。有趣的是，粪肠球菌和屎肠球菌具有明显不同的抗菌光谱。粪肠球菌对青霉素、氨苄西林、呋喃妥因和莫西沙星的耐药性（<35%）明显低于屎肠球菌（>60%）。在研究期间，粪肠球菌对青霉素的耐药性从 34.9%下降到 12.8%，氨苄西林从 33.5%下降到 9.3%，左氧氟沙星的耐药性从 75%下降到 36.7%，而屎肠球菌对青霉素的耐药性则从 60.1%上升到 89.1%，氨苄西林从 75.0%上升到 89.1%，左氧氟沙星从 75.0%上升到 92.5%。粪肠球菌的万古霉素耐药率和中介率均有轻微下降。值得注意的是，耐万古霉素的粪肠球菌仅在 2013 年和 2014 年出现，近 7 年中介率未检出。

5.7.2 肠球菌微生物被膜与耐药性的相关性

肠球菌能形成微生物被膜，但微生物被膜形成能力与细菌耐药性之间无明显的相关关系。

5.8 链 球 菌

5.8.1 链球菌的耐药性

链球菌是化脓性球菌的另一类常见的细菌，广泛存在于自然界和人与动物粪便，以及健康人鼻咽部，大多数不致病。医学上重要的链球菌主要有化脓性链球菌、草绿色链球菌、肺炎链球菌、无乳链球菌等。引起人类的疾病主要有化脓性炎症、毒素性疾病和超敏反应性疾病等。链球菌是一种重要的人畜共患病病原菌，且对抗生素的耐药性日趋加强。由于特定基因的存在或改变，链球菌对抗生素的耐药机制主要表现为靶位改变、酶灭活、主动外排、通透性改变等[20]。

2001～2015 年，从暨南大学附属第一医院（FAHJU）共分离到 344 株链球菌，其中含 139 株无乳链球菌、76 株病毒链球菌、72 株肺炎链球菌、10 株化脓性链球菌，其他 47 株。通过标准程序，即菌落形态学、革兰氏染色、API 商业试剂盒和 Vitek 2 自动化系统，对所有测试菌株进行细菌鉴定。使用的测定方法和抗菌药物同 5.7.1。

结果显示：从链球菌的总体分布和组成比来看，内科分离菌株仍为首要来源，占 29.9%。在采样点中，30.1%的链球菌来自尿道。344 株链球菌对红霉素、四环素和克林霉素的耐药率较高（59.8%～91.6%），而对万古霉素、利奈唑胺和替考拉宁的耐药率较低（<5%）。对四环素的耐药率明显升高，从 63.3%上升到 91.6%，对左氧氟沙星和甲氧苄啶-磺胺甲噁唑的耐药率略有升高。

5.8.2 链球菌微生物被膜与耐药性的相关性

链球菌形成的微生物被膜增加了对宿主的抵抗力及耐药性。

5.9　鲍曼不动杆菌

5.9.1　鲍曼不动杆菌的耐药性

鲍曼不动杆菌是革兰氏阴性非发酵菌，分布广泛、抵抗力强、可长期存活，常存在于自然界、医院环境及人体皮肤，是条件致病菌，主要引起呼吸道感染，尤其是呼吸机相关性肺炎，也可引起伤口及皮肤感染等。该菌对湿热、紫外线及化学消毒剂有较强的抵抗力，常规消毒只能抑制其生长而不能将其杀灭，因此极易导致其耐药，且近几年该菌的耐药性不断地增强。

5.9.2　鲍曼不动杆菌微生物被膜与耐药性的相关性

鲍曼不动杆菌具有较强的生物膜形成能力；具有生物膜的菌株耐药性明显高于不具有生物膜的菌株，差异有统计学意义（$P<0.05$），不同强度生物膜菌株的耐药性比较差异无统计学意义（$P>0.05$）。鲍曼不动杆菌生物膜与其耐药性密切相关，但不同强度生物膜与其耐药性无明显相关性，值得对生物膜与其耐药性的关系进行更加深入的研究。

参 考 文 献

[1] 张永利, 万献尧. 细菌耐药性研究进展[J]. 中国医师杂志, 2004, 6(12): 1721-1722.

[2] 史巧, 王红宁, 刘立. 细菌生物膜与耐药性相关性研究进展[J]. 微生物学通报, 2008, 35(10): 1633-1637.

[3] Stewart P S. Theoretical aspects of antibiotic diffusion into microbial biofilms[J]. Antimicrobial Agents Chemotherapy, 1996, 40: 2517-2522.

[4] Anderl J N, Franklin M J, Stewart P S. Role of antibiotic penetration limitation in *Klebsiella pneumoniae* biofilm resistance to ampicillin and ciprofloxacin[J]. Antimicrobial Agents and Chemotherapy, 2000, 44: 1818-1824.

[5] Evans D J, Allison D G, Brown M R, et al. Susceptibility of *Pseudomonas aeruginosa* and *Escherichia coli* biofilms towards ciprofloxacin: effect of specific growth rate[J]. J Antimicrob Chemother, 1991, 27: 177-184.

[6] Walters M C, Roe F, Bugnicourt A, et al. Contributions of antibiotic penetration, oxygen limitation, and low metabolic activity to tolerance of *Pseudomonas aeruginosa* biofilms to ciprofloxacin and to bramycin[J]. Antimicrob Agents Chemother, 2003, 47: 317-323.

[7] Yoon S S, Hennigan R F, Hilliard G M, et al. *Pseudomonas aeruginosa* anaerobic respiration in biofilms relationships to cystic fibrosis pathogenesis[J]. Developmental Cell, 2002, 3(4): 593-603.

[8] Brooun A, Liu S, Lewis K. A dose-response study of antibiotic resistance in *Pseudomonas aeruginosa* biofilms[J]. Antimicrobial Agents and Chemotherapy, 2000, 44: 640-646.

[9] Spoering A L, Lewis K. Biofilms and planktonic cells of *Pseudomonas aeruginosa* have similar resistance to killing by antimicrobials[J]. J Bacteriol, 2001, 183: 6746-6751.

[10] Harrison J J, Turner R J, Ceri H. Persister cells, the biofilm matrix and tolerance to metal cations in biofilm and planktonic *Pseudomonas aeruginosa*[J]. Environ Microbiol, 2005, 7: 981-994.

[11] Keren I, Kaldalu N, Spoering A, et al. Persister cells and tolerance to antimicrobials[J]. FEMS Microbiology Letters, 2004, 230: 13-18.

[12] Lewis K. Riddle of biofilm resistance. Antimicrobial Agents and Chemotherapy, 2001, 45: 999-1007.

[13] Davies D G, Parsek M R, Pearson J P, et al. The involvement of cell-to-cell signals in the development of a bacterial biofilm[J]. Science, 1998, 280: 295-298.

[14] Shih P C, Huang C T. Effects of quorum-sensing deficiency on *Pseudomonas aeruginosa* biofilm formation and antibiotic resistance[J]. J Antimicrob Chemother, 2002, 49: 309-314.

[15] Yarwood J M, Barrels D J, Volper E M, et al. Quorum sensing in *Staphylococcus aureus* Biofilms[J]. J Bacteriol, 2004, 186: 1838.

[16] Xu K D, Franklin M J, Park C H, et al. Gene expression and protein levels of the stationary phase sigma factor, Rpo S, in continuously-fed *Pseudomonas aeruginosa* biofilms[J]. FEMS Microbiol Lett, 2001, 199: 67-71.

[17] Adams J L, McLean R J C. Impact of rpoS deletion on *Escherichia coli* biofilms[J]. Appl Environ Microbiol, 1999, 65(9): 4285-4287.

[18] Whiteley M, Bangera M G, Bumgarner R E, et al. Gene expression in *Pseudomonas aeruginosa* biofilms[J]. Nature, 2001, 413(6858): 860-864.

[19] Xu Z, Xie J, Brian M P. Longitudinal surveillance on antimicrobial susceptibility trends on important gram-positive pathogens in southern China, 2001 to 2015[J]. Microbial Pathogenesis, 2017, 103: 80-86.

[20] Xie J, Brian M P, Li B. Clinical features and antimicrobial resistance profiles of important Enterobacteriaceae pathogens in Guangzhou representative of southern China, 2001-2015[J]. Microbial Pathogenesis, 2017, 107: 206-211.

第六章 微生物被膜形成的影响条件

6.1 概　　述

　　经过前人长时间的探索，微生物被膜的形成过程逐渐被人们所发现。O'Toole 等[1]认为微生物被膜的形成是由 3 个阶段所组成的，包括早期黏附阶段、微生物被膜成熟阶段以及被膜脱落阶段。Chmielewski 和 Frank 对微生物被膜形成阶段又进一步进行了细分，认为被膜形成包括 5 个阶段：初始黏附期、不可逆黏附期、被膜发育期、成熟期，以及脱落期[2]。2014 年，Moormeier 等[3]利用 BioFlux1000 对微生物被膜的形成进行实时观测，提出金黄色葡萄球菌微生物被膜的形成可以分为 5 个阶段：黏附（attachment）、增长（multiplication）、逃离（exodus）、成熟（maturation）以及分散（dispersal）。

　　微生物被膜形成起始于浮游的金黄色葡萄球菌黏附到有机或是无机材料的表面。对于生物体表面来说，金黄色葡萄球菌时常会利用细胞壁锚蛋白（cell wall-anchored protein，CWA）特异性地黏附到宿主基质中。其中的部分 CWA 属于识别黏附基质分子的微生物表面成分（microbial surface component recognizing adhesive matrix molecule，MSCRAMM）[4]。许多识别黏附基质分子的微生物表面成分，如纤连蛋白、丝氨酸-天冬氨酸重复家族蛋白、聚集因子（clumping factor，ClfA & ClfB）、蛋白 A（protein A，Spa）、黏附蛋白可与宿主基质黏合并促进微生物被膜的形成[5]。Mazmanian 等的研究显示，定位酶 A（sortase A）对于以上所说的蛋白黏附在细胞壁至关重要，其可以催化这些蛋白与细胞壁中肽聚糖的肽桥相连[6]。虽然金黄色葡萄球菌能够结合到宿主的多种基质细胞并在微生物被膜感染期迅速地覆盖植入设备的表面，但是也有许多研究结果显示，CWA 对于微生物黏附在生物细胞表面的作用很小[5]。Kennedy 和 O'Gara 的研究表明，即使在没有 CWA 的情况下，金黄色葡萄球菌仍然可以通过静电作用及疏水作用完成黏附阶段并形成微生物被膜[7]。而对于无机材料表面，带负电荷的磷壁酸在黏附中起到重要作用[8]，而自溶素也有助于细胞黏附在疏水材料表面[9]。AtlA 一方面促进微生物被膜黏附，另一方面其具有一定的自溶酶活性，这也说明 AtlA 在微生物被膜形成过程中可能具有双向功能[10]。双苷肽肽链内切酶也与 AtlA 有类似的作用，受到 WalKR 的调控，在细胞分裂以及微生物被膜形成方面起到一定作用[11]。同时与 PIA 表达相关的 ica、与荚膜多糖表达相关的 cap 也在被膜的黏附阶段发挥作用[12, 13]。

　　当附着到实物表面之后，在一定营养条件下金黄色葡萄球菌就开始分裂增殖。但是在产生 EPS 前，新生的子代细胞很容易受到外界环境因素（如流体剪切力）作用而脱落下来。为了增加这种不成熟被膜的稳定性，金黄色葡萄球菌会产生多种细胞外蛋白，通过促进细胞与细胞间的结合来实现微生物被膜的积累。一些 CWA，如 FnBPs、ClfB 及 SdrC，在被膜的黏附以及增长阶段都起到重要的作用[14]。另外一些 CWA，如 Spa 及 Bap，也具有一定的潜在作用[14]。但是有研究表明，在动态模型以及静态模型中这些 CWA

的作用会存在差异[3]。PIA 在微生物被膜形成的早期是 EPS 的主要组成成分，但是这一结论也依不同的培养条件及不同的菌株而异[15, 16]。Dengler 等的研究显示，金黄色葡萄球菌形成的微生物被膜中细胞质蛋白也可以作为重要成分[17]。虽然细胞质蛋白的转运机制尚不清楚，但是 Foulston 认为有可能是在微生物被膜的增长阶段通过程序性自溶来实现细胞质蛋白的释放。而这一机制与 eDNA 的释放类似。一些胞外蛋白，如 PSM、Hlb 及 IsaB，也可以与 eDNA 结合以维持 EPS 的稳定性[17-19]。而受到 LytSR 调控的 LrgAB 及 CidABC 也与 eDNA 的形成有关[20]。CidABC 还受到 CidR 的调控，其作用是形成穿孔蛋白导致细胞自溶，而 LrgAB 则是与 CidABC 所形成的穿孔蛋白结合，抑制细胞自溶。由此可见，早期的微生物被膜是可以被蛋白酶所降解的，而在被膜的增长阶段能够与 eDNA 结合的细胞质蛋白是十分重要的，同时 eDNA 的生成也受到细胞的严格调控。

在被膜增长阶段后的 6 h 后，利用时差显微镜可以观测到微生物被膜有一个明显释放细胞的阶段[5]，其被命名为被膜的逃离阶段。这种微生物被膜的逃离阶段是一种早期的分散活动，与微菌落的形成相一致并且能够促进微生物被膜的重组。这一阶段主要是由核酸酶降解 eDNA 来实现的。通过金黄色葡萄球菌自身分泌的核酸酶来实现微生物被膜中 eDNA 的降解，这一过程也会使得微生物被膜的总量下降[3, 21]。Moormeier 等的研究表明，这种降解 eDNA 的核酸酶主要为 Nuc[3]。微生物被膜的逃离阶段受到严格的调控，在整个被膜群体中只有部分细胞能够表达并分泌 Nuc。Olson 等的研究表明 nuc 的表达受到了 sae 的调控[22]。有学者认为逃离阶段对微生物被膜形成三维结构起重要作用[3]。

微生物被膜成熟的一个关键方面是形成微菌落结构，增加表面积。这更有利于养分的交换及废物的代谢，并促进微生物被膜的生长[23]。有许多研究已经报道在微生物被膜的成熟期会出现更为复杂的三维结构，但是这些结构出现的具体机制还有待研究。Periasamy 等认为微生物被膜微菌落结构的形成是通过 PSM 来介导实现的[24]。利用显微镜技术对此阶段的微生物被膜进行观测，发现微菌落的形成起始于微生物被膜的底层细胞。Moormeier 等对于微菌落的形成机制进行了研究，发现通过 cidABC 及 lrgAB 的表达调节可以形成两种不同的微菌落类型，其生长率、基因表达以及理化性质均有不同[25]。由此可见，在微生物被膜内部的细胞存在着代谢活性的多样性，这能增加微生物被膜对于不利环境的抵御抗性。而其形成可能是由不同的微环境所引起的[5]。

6.2　微生物被膜形成的条件与影响因素

由食品加工环境中致病菌引起的食品污染是目前食品卫生和安全领域的重要问题之一。众多研究表明，金黄色葡萄球菌、单增李斯特菌、铜绿假单胞菌等均有能力在加工环境中黏附并形成一定量的微生物被膜[26, 27]。先前有研究曾对各种常见致病菌的微生物被膜形成情况进行调查，结果表明，与大肠杆菌、阪崎肠杆菌、鼠伤寒沙门氏菌、蜡样芽孢杆菌相比，金黄色葡萄球菌、铜绿假单胞菌、单增李斯特菌普遍可以形成更强的微生物被膜。微生物被膜可引起各类食品腐败和疾病传播，尤其是它可以长期借宿在食品环境中并具有抵抗干燥、紫外线、杀菌剂、消毒剂等特性[28, 29]，因此越来越变成食品工业中的主要问题。

外界环境因素包括 pH、温度、营养物质组分等都会在细菌从浮游态到微生物被膜的表型变化过程中发挥重要作用[30]。细菌黏附到接触表面是其采取的一种幸存机制，而细菌在各种实体表面的聚集繁殖已经被科学家们认为是其在不同环境中的一种自然生存策略[31]。有研究曾对来源于食品加工环境中的葡萄球菌进行行为鉴定分析，发现不同菌株在聚苯乙烯表面形成微生物被膜的能力存在一定差异，144 株葡萄球菌中分别有 7 株和 14 株形成较强和较弱的微生物被膜，且当微量氯化钠或葡萄糖存在的条件下可促进其微生物被膜的形成[32]；Møretrø 和 Langsrud 的研究表明[33]，食品加工操作环境中的常见因素如温度、糖类、盐类、pH 及营养物质等对单增李斯特菌的黏附和微生物被膜形成具有一定影响。细菌在实体表面的具体黏附过程受周围环境的物理化学性质（如温度、pH 等）、表面疏水性，以及微生物自身特性（如鞭毛形成、运动性能、疏水性等）影响。有研究发现，细菌细胞表面的疏水性能很可能会参与到细胞间的交流，固体表面的黏附，液-液、固-液、液-气界面的分隔，对有机溶剂或杀菌剂特殊处理的抑制等过程中，而不同外界因素会影响细胞的疏水性能[34, 35]。

微生物被膜的形成是为了抵御外界不利环境，并且是有利于菌体生长繁殖的生存模式，通过黏附于生物体表面或组织表面后分泌大量的胞外基质，形成有利于菌体代谢的微环境。被膜的多孔网状结构不仅使菌体与外界环境隔绝，同时铺满了许多通道，允许物质的交换和信息的传递。微生物被膜形成的调控主要分为两个方面，一是微生物对表面基质的感应，二是形成微生物被膜后的调控机制。而这两类调控具有菌种特异性，同时会受到非常多环境因素的影响，这些因素主要分为三类，即物理因素、化学因素和生物因素。

6.2.1　物理因素

作为物理因素之一，外界环境温度影响微生物的代谢速率和代谢产物，而代谢产物的变化会影响微生物自身特性，进而对微生物被膜的形成会有不同程度的影响。Cappello 和 Guglielmino 发现，分别在 15℃、30℃和 47℃下培养铜绿假单胞菌 ATCC27853，铜绿假单胞菌的表面疏水性随着培养温度的增高而提高，提高培养温度有利于增强表面黏附作用[36]。此外，研究表明，单增李斯特菌在较低温度下（4℃、12℃和 22℃）更倾向于在玻璃表面形成微生物被膜，而在 37℃下与聚苯乙烯表面相比，单增李斯特菌在玻璃和不锈钢表面形成的被膜量更多，同时也发现在 22℃下 68.2%的单增李斯特菌具有运动性能而在 12℃下则只有 9.1%的单增李斯特菌能够游动[37]。因此对于具有运动器官的微生物来说，温度的提高不仅能提高单增李斯特菌被膜的生成量，同时通过提高运动性能也增强了对不同表面的黏附能力。

笔者曾经在不同温度下（25℃、31℃、37℃、42℃、65℃）对携带 atl、ica、aap 和 agr 基因的金黄色葡萄球菌 4506 在静态形式下形成的微生物被膜代谢活性及总量进行研究。实验菌株分离于广州医科大学第一附属医院，被膜总量通过结晶紫（crystal violet，CV）染色法测定，而被膜代谢活性则使用 XTT 法进行分析，具体操作方法参考 2.2.2.1 和 2.3.2.1，结果如图 6-1 所示。

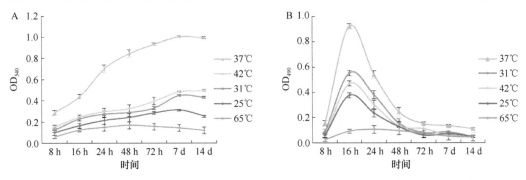

图 6-1 不同温度对金黄色葡萄球菌微生物被膜总量（A）和代谢活性（B）的影响

图 6-1 为不同温度下金黄色葡萄球菌微生物被膜在各阶段的被膜形成总量和代谢活性。由图 6-1 可知，25℃下微生物被膜的形成总量和代谢活性都较低，随着温度的升高，31 和 42℃下各时期形成微生物被膜的总量有所增加，代谢活性有所增强，而在37℃条件下微生物被膜在各阶段的形成总量和代谢活性均远高于其他温度条件。当温度继续升高至65℃时，各阶段微生物被膜的 OD_{540} 和 OD_{490} 降幅较大且均低于0.2。在72 h～7 d 阶段，31 和 42℃条件下微生物被膜总量仍有一定增加（图 6-1A），同时结合微生物被膜代谢活性变化规律（图 6-1B），在8～48 h 阶段，不同温度下微生物被膜代谢活性差别很大，而 72 h 后各温度条件下的 OD_{490} 均很低，由此可见温度对其成熟后期的影响小于前期，超高温会极大地抑制金黄色葡萄球菌微生物被膜的形成。推测是由于微生物被膜形成过程中发生理化反应所需的温度条件在一定范围内时，酶的活性在正常状态，才会保证菌体正常进行各项新陈代谢活动。

6.2.2 化学因素

6.2.2.1 营养组分

微生物的生长代谢需要从环境中摄取营养物质才能得以维持，这些营养物质主要分为 5 类，分别是碳源、氮源、生长因子、无机盐及水。而环境中营养组分的改变会影响微生物的生长模式，并且在各生长模式（游离态和被膜态）下胞外分泌物也存在差异。微生物被膜作为微生物的特殊生长模式，在其形成到成熟的过程中营养成分是重要影响因素之一。

在被膜形成的初期，对于具有运动性能的细菌在不同的营养条件驱使下会在不同界面（如气-液、固-液）上形成生物膜，研究表明，培养基中氨基酸会使沙门氏菌的基因 *csgB* 表达量下调，诱导其从固-液界面转向气-液界面形成生物浮膜（pellicle biofilm）[38]。

在被膜的增殖过程中，微生物会分泌大量的胞外基质（如多糖、纤维蛋白、脂质蛋白等）形成三维网状结构，而且不同类型的菌体（游离菌、表层菌和里层菌）在被膜内部的分布也不同，因此被膜三维结构稳定性[39]和被膜内菌体密度[40]都会受到营养组分的影响。在营养组分很低时，由于微生物形成的被膜无法进一步增殖，被膜内的菌体会迅速地进入活的但不可培养状态，而且所用的时间是游离态菌体的三分之一[41]。Henry-Stanley 等发现，对于金黄色葡萄球菌在 1×TSB 或 1/3×TSB 条件下培养的微生物被膜，5 μg/mL 的庆大霉素和 32 μg/mL 的链霉素具有抑制作用，但是这种抑制作用在 3×TSB 下却消失[42]。此外，不同微生物对养分的需求各不相同，铜绿假单胞菌在大多数情况下都能形成被膜，但是大肠杆菌 O157 只能在低营养条件下形成被膜，而其他 K12 菌株则需要在基本培养基中添加氨基酸才能形成被膜[43]。

笔者曾研究在不同营养组分下（TSB 浓度、葡萄糖浓度及 NaCl 浓度）对金黄色葡萄球菌 4506（同 6.2.1）微生物被膜在各阶段的被膜活性和总量的影响。总量的测定方法为结晶紫染色法（同 2.2.2.1），而被膜活性的测定方法为 XTT 法（同 2.3.2.1）。

1. 培养基 TSB 浓度对金黄色葡萄球菌微生物被膜形成情况的影响

图 6-2 为不同 TSB 浓度下金黄色葡萄球菌微生物被膜在形成各阶段的形成总量和代谢活性。由图 6-2 可知，随着 TSB 浓度的增加，微生物被膜总量和代谢活性均不断升高，从 50%浓度开始，升高幅度开始增大，10%～200%被膜总量和代谢活性相差约 5 倍。由此表明，在营养物质充足条件下，金黄色葡萄球菌倾向于形成大量的微生物被膜，这从侧面反映出食品加工环境中营养物质的残留及堆积会为食源性微生物提供良好的寄居场所，从而影响食品的安全性。纵观微生物被膜整个形成阶段，在 72 h 前各 TSB 浓度间 OD_{490} 的差距明显大于 72 h 之后的阶段，提示了 TSB 浓度对微生物被膜形成初期、中期的影响作用强于成熟后期的微生物被膜。而在 7～14 d 阶段，200%TSB 条件下，金黄色葡萄球菌微生物被膜的形成反而受到阻碍，其微生物被膜总量（OD_{540}）甚至低于 100%条件下（图 6-2A），结合微生物被膜活性的变化规律（图 6-2B），在 72 h 后各 TSB 浓度下 OD_{490} 均较低，表明微生物被膜活性较弱。推测菌体在黏附、大量繁殖、相互聚集阶段对营养物质的需求较大，进入成熟期后，菌体活性不断减弱，基本依赖自身代谢产物的分泌及外界环境间物质交换会促进其微生物被膜结构的进一步完善和加固，具体分子影响机制有待进一步探究。

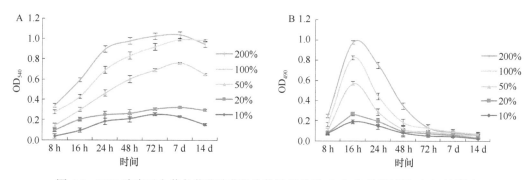

图 6-2 TSB 浓度对金黄色葡萄球菌微生物被膜总量（A）和代谢活性（B）的影响

2. 葡萄糖浓度对金黄色葡萄球菌微生物被膜形成情况的影响

图 6-3 为不同葡萄糖浓度下金黄色葡萄球菌微生物被膜在形成各阶段的形成总量和代谢活性。由图 6-3 可知，随着葡萄糖浓度的递增，微生物被膜总量和代谢活性并没有出现规律性变化，各浓度对其影响不一。首先，0.5%的葡萄糖会不同程度地增加各阶段微生物被膜的形成总量，但对被膜中菌体的代谢活性没有增强作用；1%、2%、3%的葡萄糖均会促进微生物被膜在各阶段形成总量的增多和代谢活性的提高，在 16～48 h 阶

段，3%的葡萄糖浓度下微生物被膜总量增幅最大，而在 3~14 d 阶段，2%的葡萄糖浓度下被膜总量增幅最大，两者对被膜活性的影响差别不大；在微生物被膜黏附初期即 8 h 时，5%和10%的葡萄糖浓度下被膜总量增幅最大，但 24 h 后两组浓度的被膜总量反而低于空白对照组，尤其是 10%的葡萄糖在大多数阶段会抑制微生物被膜代谢活性。由此表明，低浓度的葡萄糖会在一定程度上促进微生物被膜的形成，而过高浓度的单糖则会对微生物被膜的形成产生阻碍作用。推测微生物被膜形成过程中单糖是有关生理生化反应的前体小分子物质，一定浓度的单糖会促进多糖基质、糖蛋白等 EPS 物质的生成。

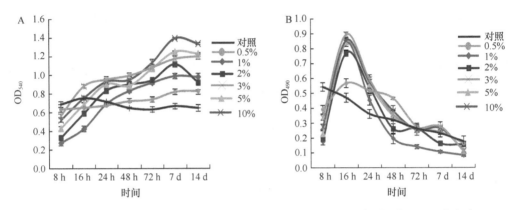

图 6-3　葡萄糖浓度对金黄色葡萄球菌微生物被膜总量（A）和代谢活性（B）的影响

3. NaCl 浓度对金黄色葡萄球菌微生物被膜形成情况的影响

图 6-4 为不同 NaCl 浓度下金黄色葡萄球菌微生物被膜在形成各阶段的形成总量和代谢活性。由图 6-4 可知，10%的 NaCl 会促进微生物被膜在各阶段的形成总量积累，同时在 24~72 h 阶段，10%的 NaCl 会增强微生物被膜代谢活性，而至 7~14 d 阶段则会减弱形成微生物被膜的代谢活性。NaCl 浓度升高至 15%、20%时，微生物被膜在各阶段的形成总量和代谢活性均低于空白对照组，尤其在 7 d 和 14 d 两个阶段，微生物被膜总量降幅较大，且 20%的 NaCl 对微生物被膜形成的抑制作用强于 15%的 NaCl。由此表明，低浓度的 NaCl 可能会促进微生物被膜的形成，而浓度继续升高则可能会抑制微生物被膜的形成。推测是由于微生物被膜的形成过程中新陈代谢活动需要一部分盐的参与，而过高的盐浓度则会破坏适宜的理化环境导致一些化学反应无法顺利进行。

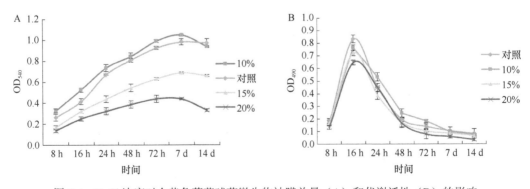

图 6-4　NaCl 浓度对金黄色葡萄球菌微生物被膜总量（A）和代谢活性（B）的影响

6.2.2.2　pH

在食品加工过程中，为了防止食源性致病菌和腐败菌的污染，会人为对食品的储藏温度、酸碱度（pH）及 NaCl 浓度进行调控。因此，制冷、增大酸性和采用高盐度都是公认的抑制游离态微生物的有效方法，然而有研究表明，在食品体系中酸碱度的变化会影响细菌鞭毛及细菌表面其他黏附成分的表达[44]。此外，由于食品是由蛋白质、糖、脂质及水等物质有机组合构成的，因此 pH 的变化不仅会直接影响微生物自身的稳态，同时也会通过引起食品结构的改变间接削弱或增强微生物某些功能的独特性。Dat 等发现乳制品中 pH 降低会导致牛奶蛋白絮凝，并包裹在不锈钢表面，从而减少细菌在表面上的黏附[45]。Iliadis 等模拟在营养成分低的食品环境下，当 NaCl 浓度较低时（<4%），沙门氏菌的被膜形成随着 pH 的增加而增加[46]。

笔者曾研究不同 pH 对金黄色葡萄球菌 4506（同 6.2.1）微生物被膜在各阶段的被膜活性和总量的影响。微生物被膜总量的测定方法为结晶紫染色法（同 2.2.2.1），而被膜活性的测定方法为 XTT 法（同 2.3.2.1）。

图 6-5 为不同 pH 下金黄色葡萄球菌微生物被膜在各阶段的形成总量和代谢活性。由图 6-5 可知，在 pH 为 9 条件下，OD_{540} 和 OD_{490} 均在 0.2 以下，微生物被膜的形成总量和代谢活性都处于较低水平，表明 pH 为 9 的强碱环境对微生物被膜代谢活性有显著影响。在 pH 为 6 或 8 条件下，OD_{540} 在整个形成过程中大致均低于 0.4。而在 pH 为 7 的中性条件下，随着时间延长，微生物被膜在各阶段的形成总量和代谢活性处于较高水平。结合各 pH 条件下的 OD_{540} 和 OD_{490} 变化规律，可看出 pH 对 48 h 前微生物被膜形成阶段的影响更大，而对成熟期和脱落期微生物被膜的影响较小，这可能与后期 EPS 增多对微生物被膜的保护作用有关。提示酸性或碱性环境均会抑制金黄色葡萄球菌微生物被膜的形成，且在不同时间点的抑制作用强弱不同，推测 pH 不同的酸碱环境会对菌体繁殖代谢过程中有关酶的活性及基因的表达调控产生某种影响，有待对其机制进行进一步探究。

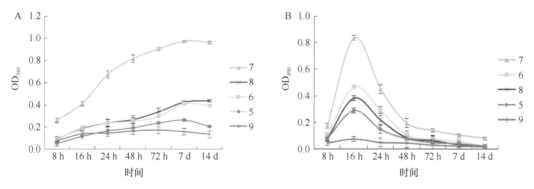

图 6-5　pH 对金黄色葡萄球菌微生物被膜总量（A）和代谢活性（B）的影响

6.2.3　生物因素

上述的物理因素和化学因素都是外界环境对微生物的影响，然而微生物能否形成被膜，以及被膜的形态结构和分布本质上都取决于微生物自身的基因库是否具有相应的基因位点及基因位点是否表达。而基因调控是影响微生物被膜形成的最主要的生物因素。以常见的食源性致病菌金黄色葡萄球菌为例，其被膜的形成受多个基因调控通路影响，这些通路由多个基因位点组成，如 PIA 依赖/独立路径、eDNA 调控路径、*agr/sarA/sigB* 调控路径等[47]。金黄色葡萄球菌微生物被膜形成的初始阶段是由 *atl* 基因调控的，其编码的自溶素蛋白 Atl 定位在细胞表面，通过非共价结合参与葡萄球菌向多聚材料的附着，所以其对生物膜的调控可以通过调控 Atl 的表达来实现。待金黄色葡萄球菌附着于惰性实体表面后，细菌间开始黏附聚集，该过程由 PIA 和聚集相关蛋白 AAP 调节参与。Gerke 等和 Mack 等发现，葡萄糖、葡萄糖胺、*N*-乙酰基葡萄糖胺等会影响 PIA 的表达[48, 49]。2002 年，Götz 最早对金黄色葡萄球菌微生物被膜形成的分子调控机制进行了系统性阐述[50]。其中，*Ica* 簇可通过编码 PIA 合成酶，在金黄色葡萄球菌微生物被膜形成中起关键作用。Rohde 等发现，AAP 蛋白的形成是由 *aap* 基因编码，其与微生物被膜形成后菌体的聚集有关[51]。微生物被膜成熟期的扩散和迁移是 *agr* 基因调控的，该基因负责葡萄球菌的群体感应系统，与微生物被膜的形成有着至关重要的关系[52]。研究发现，*agr* 基因对微生物被膜形成的调控是多方面的，主要是通过控制微生物被膜形成的附着、粘连、增殖、成熟和解离阶段进行调控[53]。Boles 和 Horswill 研究表明，浮游菌和微生物被膜内细菌之间的相互转换过程是由 *agr* 基因调控的，这样有助于微生物被膜的迁移和扩散过程[16]。

笔者曾研究过不同基因型的金黄色葡萄球菌与微生物被膜形成的相关性，首先利用 PCR 技术对实验室保存的 9 株金黄色葡萄球菌分别进行检测[54]，各菌株微生物被膜相关基因 *atl*、*ica*、*aap* 和 *agr* 携带情况如下（表 6-1）。

表 6-1 9 株金黄色葡萄球菌微生物被膜相关基因携带情况

菌株编号	微生物被膜相关基因位点					
	atl	*icaA*	*icaD*	*icaBC*	*aap*	*agr*
10008	+	−	+	+	+	+
123875	+	+	+	+	+	−
4506	+	+	+	+	+	+
120866	+	+	+	+	+	−
120184	+	+	+	+	+	+
11403	+	+	+	+	+	+
110437	+	+	+	−	+	−
1204151	+	+	+	+	−	+
10071	+	+	+	+	+	+

对于携带不同微生物被膜基因的金黄色葡萄球菌，笔者通过 CV 法（同 2.2.2.1）和 XTT 法（同 2.3.2.1）测定个菌株微生物被膜的总量及代谢活性，并且通过扫描电子显微镜进行微生物被膜表面形貌和结构的表征。

扫描显微镜具体操作方法如下：将新活化的金黄色葡萄球菌接种到含有 5 mL TSB 的液体培养基中，于 37℃、200 r/min 振荡培养，取对数期的菌体继续培养至不同时间获得不同成熟度的微生物被膜。设置无菌体的 TSB 液体培养基为对照组。吸取 1.5 mL 菌液于 2 mL 离心管中，3000 r/min 离心 5 min 后，弃上清。以 2.5%戊二醛溶液固定菌液 4 h。固定后的菌液经 3000 r/min 离心 5 min，弃去上清固定液，以超纯水清洗菌体，重复 3 次，最后用超纯水重悬。依次用 30%、50%、70%、80%、90% 的乙醇溶液脱水，每个梯度中静置 10 min。最后，用纯乙醇脱水 3 次，每次 30 min，再用叔丁醇置换乙醇 3 次，每次 30 min，吸取混匀的细菌-叔丁醇悬浮液滴在载玻片上，将载玻片裁剪为规格 1 cm×1 cm 的正方形。在镀金之前，需在光学显微镜下观察菌体浓度。将镀金后的载玻片置于扫描电子显微镜下，观察金黄色葡萄球菌的形态并进行拍照。

6.2.3.1　*atl* 黏附因子

通过 CV 法和 XTT 法对上述均携带 *atl* 基因的 9 株金黄色葡萄球菌及不携带 *atl* 基因的菌株 10051 形成微生物被膜的代谢活性和总量进行定量检测（图 6-6A），结果显示 9 株菌的微生物被膜总量（OD$_{540}$）波动范围为 0.1151~0.2937，被膜代谢活性（OD$_{490}$）范围为 0.0560~0.2465；而 10051 的微生物被膜总量（OD$_{540}$）和被膜代谢活性（OD$_{490}$）分别为 0.0231 和 0.0203，远低于上述菌株。通过扫描电子显微镜（scanning electron microscope，SEM）进一步观察培养 8 h 时金黄色葡萄球菌微生物被膜的表面形貌和结构（图 6-6B），图 a 为空白对照，图 b 为缺失 *atl* 基因的 10051，图 c、d 为携带 *atl* 基因的 4506 和 10008，对比发现 a 图中没有任何菌株的黏附，b 图中有少量菌体黏附在接触表面但黏附量很少，c 图和 d 图中显然有更多的菌体黏附在接触表面且出现菌体大量聚集，*atl* 黏附基因编码一种葡萄球菌表面相关蛋白，该蛋白并不直接作用于菌体的初始黏附，而是通过降解葡萄球菌细胞壁中的肽聚糖成分，在细胞表面通过非共价结合使得菌体向惰性物质表面附着。通过综合分析，判断出 *atl* 基因在微生物被膜初期黏附过程中发挥重要作用。

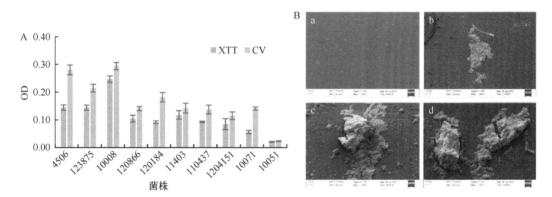

图 6-6　*atl* 基因对微生物被膜黏附初期的影响（A）及培养 8 h 时被膜扫描电镜图像（200×）（B）
横轴分别代表 4506、123875、10008、120866、120184、11403、110437、1204151、10071、10051（A）

6.2.3.2　*ica* 操纵子

ica 操纵子含有 *icaA*、*icaD* 与 *icaBC* 基因，负责调控 PIA 代谢产物的合成。其中 *icaA* 基因负责编码合成 *N*-乙酰氨基葡萄糖转移酶，*icaD* 基因负责编码合成提高 *N*-乙酰氨基葡萄糖转移酶活性的蛋白。选取携带完整 *ica* 基因（*icaA*、*icaD* 与 *icaBC* 均为阳性）的金黄色葡萄球菌 4506，不携带 *icaA* 基因的金黄色葡萄球菌 10008、120184 与 11403，不携带 *icaBC* 基因的 110437（其他基因携带情况相同），通过 CV 法对其形成的微生物

被膜总量进行测定（图 6-7A）。结果显示，在微生物被膜形成中期，即 16～72 h 阶段，4506 的微生物被膜总量整体上一直高于 10008、120184、11403 和 110437，表明携带完整 *ica* 基因簇的 4506 在该阶段形成更多的微生物被膜。其中在 16～24 h 阶段，4506 的微生物被膜总量（OD_{540}）从 0.4323 增至 0.6888，增加了 59.3%。而缺少 *ica* 某基因片段的其他 4 株金黄色葡萄球菌的被膜总量增幅均低于 20%；同时，120184 和 110437 两者之间的微生物被膜总量在各阶段也存在一定差异。*icaBC* 基因处于 *icaAD* 下游，编码合成负责多糖类复合物转运和壳聚糖脱乙酰化的相关蛋白，该蛋白可促使多糖类物质黏附到惰性物质表面。不携带 *icaBC* 基因的 110437 的每一阶段被膜总量相比不携带 *icaA* 基因的金黄色葡萄球菌 120184 都要低，可初步得知 *icaBC* 基因对被膜形成的调控能力比 *icaA* 基因要大。均缺少 *icaA* 基因的 10008 和 11403 在各阶段形成微生物被膜的情况也存在较大差异，表明微生物被膜的形成受多种基因调控，菌株间存在特异性差异。

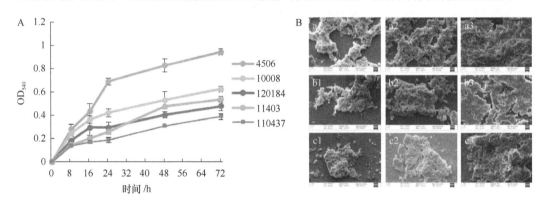

图 6-7　*ica* 对微生物被膜形成中期的影响（A）以及中期被膜的扫描电镜图像（2000×）（B）

通过 SEM 进一步观察培养 16 h、24 h、48 h 时微生物被膜的表面形貌和结构（图 6-7B），其中 a 为阳性对照菌株 4506，b 为缺少 *icaA* 基因的 120184，c 为缺少 *aap* 基因的 1204151；1、2、3 分别为对应的微生物被膜培养至 16 h、24 h、48 h。从 SEM 图可看出，当微生物被膜生长至 24 h、48 h 时，可观察到更多的附着菌体（图 6-7B 中的 a2 与 a3、b2 与 b3），且微生物被膜的三维立体结构更加致密。可初步判断出 *ica* 操纵子间基因的相互作用在微生物被膜形成中期发挥重要作用，共同调控细菌间的黏附，微生物被膜逐渐成熟。与此同时，微生物被膜的形成仍受其他基因的共同调控影响。

6.2.3.3　*aap* 聚集因子

选取携带完整 *aap* 基因的金黄色葡萄球菌 4506、10071 和不携带 *aap* 基因的金黄色葡萄球菌 1204151（其他基因携带情况相同），通过 CV 法对其形成的微生物被膜总量进行测定（图 6-8）。结果显示，在微生物被膜形成中期，即 16～72 h 阶段，4506 和 10071 的微生物被膜总量整体上一直高于 1204151，表明携带完整 *aap* 基因的 4506 和 10071 在中期有更多的微生物被膜形成。其中在 16～24 h 阶段，4506 和 10071 的 OD_{540} 分别从 0.4323 增至 0.6888、从 0.1356 增至 0.2305，增幅分别为 59.3% 和 70%。而 1204151 的 OD_{540} 增幅为 44.6%；在 24～72 h 阶段，4506 和 10071 的 OD_{540} 增幅同样也高于缺少 *aap* 基因的 1204151；同时，4506 和 10071 两者之间的微生物被膜总量在各阶段也存在一定差异。这表明 *aap* 基因在金黄色葡萄球菌微生物被膜形成中期阶段发挥一定作用。

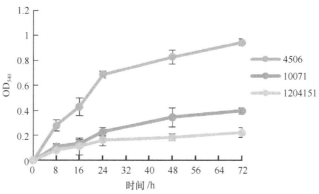

图 6-8   *aap* 对微生物被膜形成中期的影响

6.2.3.4   *agr* 分化因子

选取携带 *agr* 基因的金黄色葡萄球菌 4506 和不携带 *agr* 基因的金黄色葡萄球菌 123875 和 120866，通过 CV 法对形成微生物被膜总量进行检测（图 6-9A）。结果显示，微生物被膜成熟期及后期，即在 3～7 d 阶段，4506 的 OD_{540} 从 0.9439 增至 1.0019，增幅为 6.1%；而 123875 的 OD_{540} 从 0.8684 增至 1.1204、120866 的 OD_{540} 从 0.5755 增至 0.7847，增速分别为 29.0% 和 36.4%，明显高于 4506；表明 4506 在该阶段的被膜总量几乎没有增加，而 123875 和 120866 的被膜总量则仍出现一定量的增加。在 7～14 d 阶段，123875 和 120866 的 OD_{540} 只出现小幅度的增加，而 4506 的 OD_{540} 却从 1.0019 降至 0.9926；推测携带 *agr* 基因的金黄色葡萄球菌 4506 在微生物被膜成熟后期出现脱落分化的迹象，而缺少 *agr* 基因的 123875 和 120866 形成的微生物被膜则在接触表面变得更加牢固，厚度有可能增加。通过 SEM 进一步观察培养 3 d、7 d 时微生物被膜的形貌和结构（图 6-9B），图 6-9B 中 a 为不携带 *agr* 基因的菌株 123875，b 为携带 *agr* 基因的菌株 4506，1、2 分别为微生物被膜培养至 3 d、7 d 阶段。从中可看出，在微生物被膜逐渐成熟的过程中，a 图中可观察到细菌之间连接更加紧密，微生物被膜逐渐固化、加厚，而 b 图微生物被膜分化严重，部分被膜已脱离接触表面，且被膜的厚度变小，这也与上述 CV 法测定被膜总量的实验结果相一致。综上表明，*agr* 基因在微生物被膜成熟期及后期发挥着重要作用。

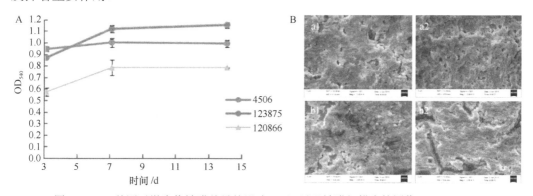

图 6-9   *agr* 基因对微生物被膜总量的影响（A）以及被膜扫描电镜图像（2000×）（B）

参 考 文 献

[1] O'Toole G, Kaplan H B, Kolter R. Biofilm formation as microbial development[J]. Annual Review of Microbiology, 2000, 54(1): 49-79.

[2] Chmielewski R A N, Frank J F. Biofilm formation and control in food processing facilities[J]. Comprehensive Reviews in Food Science and Food Safety, 2003, 2(1): 22-32.

[3] Moormeier D E, Bose J L, Horswill A R, et al. Temporal and stochastic control of *Staphylococcus aureus* biofilm development[J]. MBio, 2014, 5(5): e01341-14.

[4] Marraffubu L A, Dedent A C, Schneewind O. Sortases and the art of anchoring proteins to the envelopes of gram-positive bacteria[J]. Microbiology and Molecular Biology Reviews, 2006, 70(1): 192-221.

[5] Moormeier D E, Bayles K W. *Staphylococcus aureus* biofilm: a complex development organism[J]. Molecular Microbiology, 2017, 104(3): 365-376.

[6] Mazmanian S K, Liu G, Tonthat H, et al. *Staphylococcus aureus* sortase, an enzyme that anchors surface proteins to the cell wall[J]. Science, 1999, 285(5428): 760-763.

[7] Kennedy C A, O'Gara J P. Contribution of culture media and chemical properties of polystyrene tissue culture plates to biofilm development by *Staphylococcus aureus*[J]. Journal of Medical Microbiology, 2004, 53(Pt 11): 1171-1173.

[8] Gross M, Gramton S E, Gotz F, et al. Key role of teichoic acid net charge in *Staphylococcus aureus* colonization of artificial surfaces[J]. Infection and Immunity, 2001, 69(5): 3423-3426.

[9] Bose J L, Lehman M K K, Fey P D, et al. Contribution of the *Staphylococcus aureus* Atl AM and GL murein hydrolase activities in cell division, autolysis, and biofilm formation[J]. PLoS One, 2012, 7(7): e42244.

[10] Hirschhausen N, Schlesier T, Schmidt M A, et al. A novel staphylococcal internalization mechanism involves the major autolysin Atl and heat shock cognate protein Hsc70 as host cell receptor[J]. Cellular Microbiology, 2010, 12(12): 1746-1764.

[11] Dubrac S, Boneca I G, Poupel O, et al. New insights into the Walk/WalR (YycF/YycF) essential signal transduction pathway reveal a major role incontrolling cell wall metabolism and biofilm formation[J]. Jouranl of Bacteriology, 2007, 189(22): 8257-8269.

[12] Lee K J, Kim J A, Hwang W, et al. Role of capsular polysaccharide (CPS) in biofilm formation and regulation of CPS production by quorum-sensing in *Vibrio vulnificus*[J]. Molecular Microbiology, 2013, 90(4): 841-857.

[13] Cramton S E, Gerke C, Schnell N F, et al. The intercellular adhesion (*ica*) locus is present in *Staphylococcus aureus* and is required for biofilm formation[J]. Infection and Immunity, 1999, 67(10): 5427-5433.

[14] Speziale P, Pietrocola G, Foster T J, et al. Protein-based biofilm matrices in staphylococci[J]. Frontiers in Cellular and Infection Microbiology, 2014, 4: 171.

[15] Brooks J L, Jefferson K K. Phase variation of poly-*N*-acetylglucosamine expression in *Staphylococcus aureus*[J]. PLoS Pathogens, 2014, 10(7): e1004292.

[16] Boles B R, Horswill A R. Agr-mediated dispersal of *Staphylococcus aureus*[J]. PLoS Pathogens, 2008, 4(4): e1000052.

[17] Dengler V, Foulston L, DeFrancesco A S, et al. An electrostatic net model for the role of extracellular DNA in biofilm formation by *Staphylococcus aureus*[J]. Journal of Bacteriology, 2015, 197(24): 3779-3787.

[18] Schwartz K, Ganesan M, Payne D E, et al. Extracellular DNA facilitates the formation of functional amyloids in *Staphylococcus aureus* biofilms[J]. Molecular Microbiology, 2016, 99(1): 123-134.

[19] Huseby M J, Kruse A C, Digre J, et al. Beta toxin catalyzes formation of nucleoprotein matrix in staphylococcal biofilms[J]. Proceedings of the National Academy of Sciences of the United States of America, 2010, 107(32): 14407-14412.

[20] Patel K, Golemi-Kotra D. Signaling mechanism by the *Staphylococcus aureus* two-component system

LytSR: role of acetyl phosphate in by passing the cell membrane electrical potential sensor LytS[J]. F1000 Research, 2015, 4: 79.

[21] Beeenken K E, Spencer H, Griffin L M, et al. Impact of extracellular nuclease production on the biofilm phenotype of *Staphylococcus aureus* under *in vitro* and *in vivo* conditions[J]. Infection and Immunity, 2012, 80(5): 1634-1638.

[22] Olson M E, Nygaard T K, Ackermann L, et al. *Staphylococcus aureus* nuclease is an SaeRS-dependent virulence factor[J]. Infection and Immunity, 2013, 81(4): 1316-1324.

[23] Stewart P S, Franklin M J. Physiological heterogeneity in biofilms[J]. Nature Reviews Microbiology, 2008, 6(3): 119-210.

[24] Periasamy S, Joo H S, Duong A C, et al. How *Staphylococcus aureus* biofilms develop their characteristic structure[J]. Proceedings of the National Academy of Science of the United States, 2012, 109(4): 1281-1286.

[25] Moormeier D E, Endres J L, Mann E E, et al. Use of microfluidic technology to analyze gene expression during *Staphylococcus aureus* biofilm formation reveals distinct physiological niches[J]. Applied and Environment Microbiology, 2013, 79(11): 3413-3424.

[26] Evans L V. Biofilms: recent advances in their study and control[M]. Boca Raton: CRC Press, 2000.

[27] Poulsen L V. Microbial biofilm in food processing[J]. LWT-Food Science and Technology, 1999, 32(6): 321-326.

[28] Folsom J P, Frank J F. Chlorine resistance of *Listeria monocytogenes* biofilms and relationship to subtype, cell density, and planktonic cell chlorine resistance[J]. Journal of Food Protection, 2006, 69(6): 1292-1296.

[29] Borucki M K, Peppin J D, White D, et al. Variation in biofilm formation among strains of *Listeria monocytogenes*[J]. Applied and Environmental Microbiology, 2003, 69(12): 7336-7342.

[30] Herald P J, Zottola E A. Attachment of *Listeria monocytogenes* to stainless steel surfaces at various temperatures and pH values[J]. Journal of Food Science, 1988, 53(5): 1549-1562.

[31] Hunt S M, Werner E M, Huang B, et al. Hypothesis for the role of nutrient starvation in biofilm detachment[J]. Applied and Environmental Microbiology, 2004, 70(12): 7418-7425.

[32] Møretrø T, Hermansen L, Holck A L, et al. Biofilm formation and the presence of the intercellular adhesion locus ica among staphylococci from food and food processing environments[J]. Applied and Environmental Microbiology, 2003, 69(9): 5648-5655.

[33] Møretrø T, Langsrud S. *Listeria monocytogenes*: biofilm formation and persistence in food-processing environments[J]. Biofilms, 2004, 1(2): 107-121.

[34] Liu Y, Yang S F, Li Y, et al. The influence of cell and substratum surface hydrophobicities on microbial attachment[J]. Journal of Biotechnology, 2004, 110(3): 251-256.

[35] Vanhaecke E, Remon J, Moors M, et al. Kinetics of *Pseudomonas aeruginosa* adhesion to 304 and 316-L stainless steel: role of cell surface hydrophobicity[J]. Applied and Environmental Microbiology, 1990, 56(3): 788-795.

[36] Cappello S, Guglielmino S P P. Effects of growth temperature on the adhesion of *Pseudomonas aeruginosa*, ATCC 27853 to polystyrene[J]. Brazilian Journal of Microbiology, 2006, 37(3): 383-385.

[37] Bonaventura G D, Piccolomini R, Paludi D, et al. Influence of temperature on biofilm formation by *Listeria monocytogenes* on various food-contact surfaces: relationship with motility and cell surface hydrophobicity[J]. Journal of Applied Microbiology, 2010, 104(6): 1552-1561.

[38] Paytubi S, Cansado C, Madrid C, et al. Nutrient composition promotes switching between pellicle and bottom biofilm in *Salmonella*[J]. Frontiers in microbiology, 2017, 8: 2160.

[39] Cherifi T, Jacques M, Quessy S, et al. Impact of nutrient restriction on the structure of *Listeria monocytogenes* biofilm grown in a microfluidic system[J]. Frontiers in Microbiology, 2017, 8: 864.

[40] Castelijn G A A, van der Veen S, Zwietering M H, et al. Diversity in biofilm formation and production of curli fimbriae and cellulose of *Salmonella typhimurium* strains of different origin in high and low nutrient medium[J]. Biofouling, 2012, 28(1): 51-63.

[41] Magajna B A, Schraft H. Campylobacter jejuni biofilm cells become viable but non-culturable (VBNC) in low nutrient conditions at 4 C more quickly than their planktonic counterparts[J]. Food Control, 2015,

50: 45-50.

[42] Henry-Stanley M J, Hess D J, Wells C L. Aminoglycoside inhibition of *Staphylococcus aureus* biofilm formation is nutrient dependent[J]. Journal of Medical Microbiology, 2014, 63(6): 861-869.

[43] Davey M E, O'toole G A. Microbial biofilms: from ecology to molecular genetics[J]. Microbiology and Molecular Biology Reviews, 2000, 64(4): 847-867.

[44] Dat N M, Hamanaka D, Tanaka F, et al. Control of milk pH reduces biofilm formation of *Bacillus licheniformis* and *Lactobacillus paracasei* on stainless steel[J]. Food Control, 2012, 23(1): 215-220.

[45] Dat N M, Hamanaka D, Tanaka F, et al. Surface conditioning of stainless steel coupons with skim milk solutions at different pH values and its effect on bacterial adherence[J]. Food Control, 2010, 21(12): 1769-1773.

[46] Iliadis I, Daskalopoulou A, Simões M, et al. Integrated combined effects of temperature, pH and sodium chloride concentration on biofilm formation by *Salmonella enterica* ser. Enteritidis and Typhimurium under low nutrient food-related conditions[J]. Food Research International, 2018, 107: 10-18.

[47] Archer N K, Mazaitis M J, Costerton J W, et al. *Staphylococcus aureus* biofilms: properties, regulation, and roles in human disease[J]. Virulence, 2011, 2(5): 445-459.

[48] Gerke C, Kraft A, Süßmuth R, et al. Characterization of the *N*-acetylglucosaminyltransferase activity involved in the biosynthesis of the *Staphylococcus epidermidis* polysaccharide intercellular adhesin[J]. Journal of Biological Chemistry, 1998, 273(29): 18586-18593.

[49] Mack D, Nedelmann M, Krokotsch A, et al. Characterization of transposon mutants of biofilm-producing *Staphylococcus epidermidis* impaired in the accumulative phase of biofilm production: genetic identification of a hexosamine-containing polysaccharide intercellular adhesin[J]. Infection and Immunity, 1994, 62(8): 3244-3253.

[50] Götz F. *Staphylococcus* and biofilms[J]. Molecular Microbiology, 2002, 43(6): 1367-1378.

[51] Rohde H, Burdelski C, Bartscht K, et al. Induction of *Staphylococcus epidermidis* biofilm formation via proteolytic processing of the accumulation-associated protein by staphylococcal and host proteases[J]. Molecular Microbiology, 2005, 55(6): 1883-1895.

[52] Sung J M, Chantler P D, Lloyd D H. Accessory gene regulator locus of *Staphylococcus intermedius*[J]. Infection and Immunity, 2006, 74(5): 2947-2956.

[53] Otto M. Virulence factors of the coagulase-negative staphylococci[J]. Frontiers in Bioscience: A Journal and Virtual Library, 2004, 9: 841-863.

[54] 刘晓晨. 金黄色葡萄球菌生物被膜相关基因型及其分子进化规律的研究[D]. 广州: 华南理工大学硕士学位论文, 2015.

第七章 微生物被膜形成过程的调控机制

7.1 金黄色葡萄球菌微生物被膜形成过程的分子调控

7.1.1 抗生素胁迫条件对金黄色葡萄球菌微生物被膜总量的影响

以 12 株金黄色葡萄球菌为研究对象，借助 96 孔培养板模拟体外抗生素胁迫环境，在 1/128 最低抑菌浓度（minimum inhibitory concentration，MIC）、1/64MIC、1/32MIC、1/16MIC、1/8MIC、1/4MIC、1/2MIC、1MIC、2MIC 及 4MIC 10 个浓度范围内，5 个时间点（0 h、8 h、16 h、24 h 及 48 h）培养微生物被膜，采用结晶紫染色法探究不同浓度的抗生素在不同时间点对所选 12 株金黄色葡萄球菌微生物被膜总量的影响。总体来看，对于同一种抗生素同一株金黄色葡萄球菌来说，随着抗生素浓度的增加，其对于微生物被膜形成的抑制作用越来越明显。而随着培养时间的延长，在 MIC 值附近也开始有被膜总量的检出，这就意味着只要有足够的培养时间，在 MIC 值的抗生素环境下也能够形成微生物被膜。

抗生素对于微生物被膜总量的作用类型可以分为三类：①抗生素在 MIC 附近才能够表现出对微生物被膜的抑制；②抗生素在亚致死浓度下也可表现出抑制作用；③抗生素亚致死浓度条件下能够促进微生物被膜总量的形成。第 1 种类型以庆大霉素（gentamicin，GEN）为例，庆大霉素对 10071、10008 及 10379 在不同培养时间下均为浓度在 MIC 附近才表现出对微生物被膜总量的抑制，而在低于 MIC 的浓度这种抑制作用并不明显（图 7-1）。第 2 种类型以环丙沙星（ciprofloxacin，CIP）为例。CIP 在整个 1/128MIC～4MIC 不同浓度均表现出对于 10008 及 10071 微生物被膜的抑制，在不同的培养时间，随着浓度的上升，抑制作用愈加明显（图 7-2），当然这种作用也因菌株的不同而异。第 3 种类型抗生素亚致死浓度条件下能够促进微生物被膜总量的形成，如氨苄西林（ampicillin，AMP）在 1/2MIC 或 1/4MIC 浓度下能够促进除 120608 与 123786 之外其他菌株在 8 h 被膜总量的增长，而链霉素（streptomycin，STR）也表现出同样的作用（图 7-3）。而对于万古霉素（vancomycin, VAN），其对于微生物被膜的作用比较特殊，在浓度小于 MIC 时其将被膜总量限制在很低的范围内但并没有完全消除被膜，达到 MIC 时才可以完全抑制微生物被膜的形成。

抗生素对于金黄色葡萄球菌菌株微生物被膜总量形成的不同影响可能与抗生素的具体作用机制有关[1]。青霉素类与碳青霉烯类抗生素能抑制细胞壁肽聚糖的合成，氨基糖苷类、大环内酯类及四环素类则是通过与核糖体亚基结合从而抑制蛋白合成。而这几种抗生素对于微生物被膜的作用可能需要达到一定的浓度阈值，才能有效地抑制微生物被膜的形成。而对于磺胺类及喹诺酮类抗生素来说，其抑制机制分别为抑制叶酸代谢及抑制细菌 DNA 的合成。叶酸可参与碱基的合成与转化，在 DNA 合成过程中也必不可少。

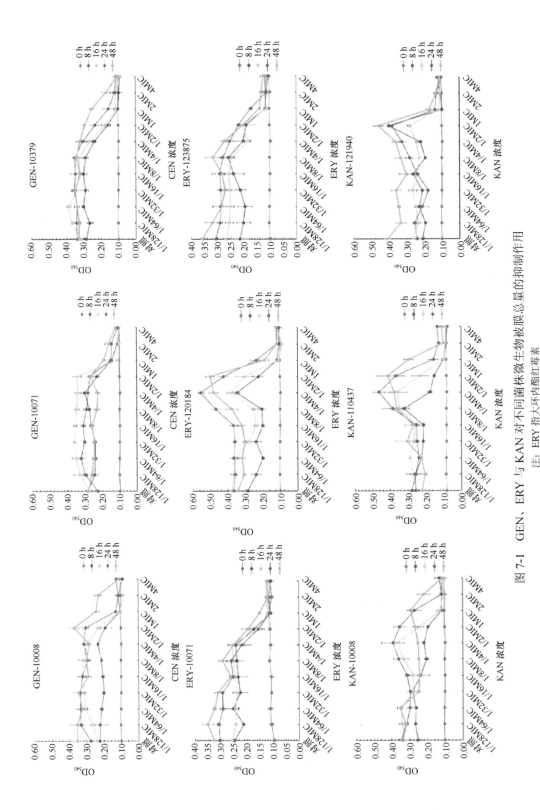

图 7-1　GEN、ERY 与 KAN 对不同菌株微生物被膜总量的抑制作用

注：ERY 指大环内酯红霉素

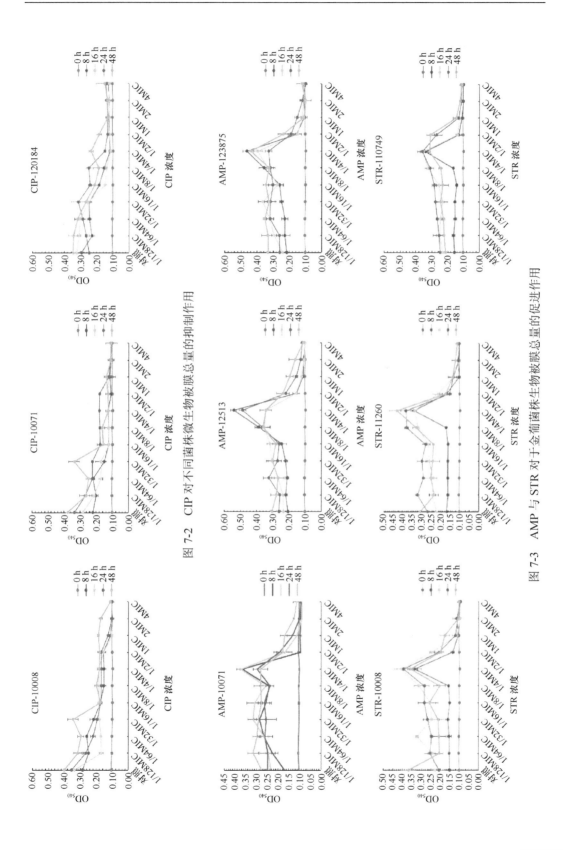

图 7-2 CIP 对不同菌株微生物被膜总量的抑制作用

图 7-3 AMP 与 STR 对于金葡菌株生物被膜总量的促进作用

可见能够抑制 DNA 合成的抗生素其作用更为直接，在亚致死浓度时就可以发挥对于细菌生长的抑制作用从而减少微生物被膜总量。

7.1.2 抗生素胁迫条件对金黄色葡萄球菌微生物被膜活性的影响

以 12 株金黄色葡萄球菌为研究对象，借助 96 孔培养板模拟体外抗生素胁迫环境。并使用 12 种抗生素在 1/128MIC、1/64MIC、1/32MIC、1/16MIC、1/8MIC、1/4MIC、1/2MIC、1MIC、2MIC 及 4MIC 共计 10 个不同浓度下，5 个时间点（0 h、8 h、16 h、24 h 及 48 h）培养微生物被膜，采用 XTT 法探究不同种类、不同浓度的抗生素对 12 株金黄色葡萄球菌 0~48 h 被膜活性的影响。

总体来看，抗生素对于微生物被膜活性的影响表现出同一培养时间下随着浓度的上升抑制作用越来越明显；同一抗生素同一浓度下，随着培养时间的延长，微生物被膜的活性总体呈现上升趋势。而抗生素对于微生物被膜的作用，并没有像被膜总量一样呈现明显的规律性。研究结果也显示某些抗生素在低浓度下能够促进某些菌株被膜活性的增加，如 AMP 能够促进 10071、110749 及 123875 在 8 h 的被膜活性，KAN（卡那霉素）能够促进 110437、120184 及 123875 的被膜活性（图 7-4）。

7.1.3 亚致死浓度抗生素促进微生物被膜形成的转录组研究

20 世纪以来，许多学者就开始研究抗生素对于微生物的作用，进一步明确不同种类抗生素抑菌的作用机制。随着研究的深入，有些学者发现亚致死浓度抗生素对微生物被膜的生长会起到一定特殊作用。Kaplan[2]的研究结果显示，亚致死浓度 β-内酰胺类抗生素能够促进金黄色葡萄球菌微生物被膜的形成，主要原因是促进了胞外 DNA（eDNA）的生成，这一点与 Mlynek 等的研究结果相一致[3]。Ara 和 Juhee 认为亚致死浓度抗生素促进被膜形成与 clfAB 及 fnbAB 有关[4]。由此可见，亚致死浓度抗生素对于微生物被膜的作用还是要具体问题具体分析，其作用规律也有待进一步的发现。

随着下一代测序（next generation sequencing，NGS）技术的兴起，RNA 测序（RNA-seq）也成为转录组研究的重要工具之一[5]，其具有高灵敏度、高通量及操作简单等优点，这使得 RNA-seq 有着更广泛的应用前景。

笔者前期研究发现抗生素在亚致死浓度下促进金黄色葡萄球菌微生物被膜形成，促进被膜生物量或被膜活性的提高。AMP 在 1/4MIC 浓度下能够同时促进 10071 在培养时间为 8 h 的微生物被膜总量与被膜活性；STR 则在 1/4MIC 表现出对 8 h 10071 的被膜总量有促进作用；1/16MIC 的 CIP 表现出对 10071 在 8 h 被膜活性的促进。而 AMP 在 1/4MIC 也对培养 8 h 110749 的微生物被膜总量与活性起促进作用；STR 在 1/4MIC 表现出对 8 h 110749 被膜总量的促进作用，四环素（tetracycline，TCY）则在 1/2MIC 表现出对 110749 被膜活性的促进作用。

为进一步分析亚致死抗生素对金黄色葡萄球菌微生物被膜促进作用的机制，笔者以金黄色葡萄球菌 10071 在 1/4MIC AMP、1/16MIC CIP、1/4MIC STR，以及金黄色葡萄球菌 110749 在 1/4MIC AMP、1/2MIC TCY 及 1/4MIC STR 作用下形成的微生物被膜为研究对象，运用 RNA-seq 研究其转录组变化。菌株均保存在笔者课题组实验室。

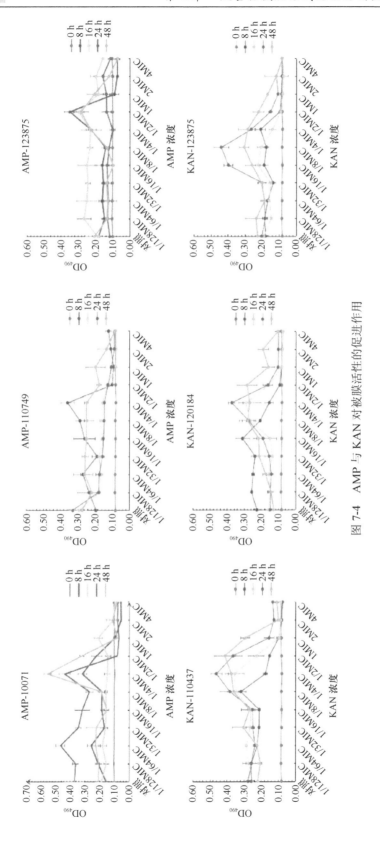

图 7-4　AMP 与 KAN 对破膜活性的促进作用

1. 实验方法

（1）培养时间的确定

借助 96 孔培养板模拟体外抗生素胁迫环境，在 1/128MIC、1/64MIC、1/32MIC、1/16MIC、1/8MIC、1/4MIC、1/2MIC、1MIC、2MIC 及 4MIC 10 个浓度范围内，培养时间 0~8 h，培养微生物被膜，每 1 h 对微生物被膜总量以及被膜活性进行定量检测，测量方法如 2.2.2.1 与 2.3.2.1，以确定样品的培养时间。

（2）抗生素亚致死浓度下微生物被膜样品的培养

在确定培养时间之后，以菌株 10071 与 110749 为实验对象，实验组别为 10071 在 1/4MIC 氨苄西林（ampicillin，AMP）、1/16MIC 环丙沙星（ciprofloxacin，CIP）、1/4MIC 链霉素（streptomycin，STR），110749 在 1/4MIC AMP、1/2MIC TCY 及 1/4MIC STR，并以不加抗生素的 TSB 培养下的微生物被膜作为空白对照组。

（3）RNA 的提取及质量检测

以菌株 10071 与 110749 为实验对象，实验组别为 10071 在 1/4MIC AMP、1/16MIC CIP、1/4MIC STR，110749 在 1/4MIC AMP、1/2MIC 四环素（tetracycline，TCY）及 1/4MIC STR，在实验方法（1）所确定的培养时间下培养微生物被膜。之后将被膜分离，使用 TRizol 对微生物被膜中的金黄色葡萄球菌的总 RNA 进行提取，并运用 Agilent 2200 TapeStation 对所提取总 RNA 的质量进行检测。本部分工作由广州基迪奥生物科技有限公司协助完成。

（4）RNA 测序

使用 Illumina HiSeq 2500 测序平台对提取并纯化后的金黄色葡萄球菌的总 RNA 进行测序，采用双端测序中的 Pair-end 策略，即在文库构建时在两端都加上测序引物结合的位点，每个 cDNA 分子得到两个经过测序的序列片段；构建好的文库用 Agilent 2100 Bioanalyzer 和 ABI StepOnePlus Real-Time PCR System 质检合格后开始测序，样品包括对照样品及抗生素胁迫样品，共计 8 个样品。

（5）生物信息学分析

由 Illumina HiSeq 2500 测序所得的数据为原始读长（raw reads），随后对 raw reads 进行质量控制（QC），为保证后续分析质量做准备。质控后对 raw reads 进行过滤得 clean reads，利用 SOAPaligner/SOAP2 将 clean reads 比对到参考序列。通过统计 clean reads 相对于参考序列的分布情况及覆盖度，对其进行第二次质量控制。达到第二次质量控制要求后，对其进行基因表达、新转录本预测及注释和 SNP 检测等一系列后续分析。若通过，则进行基因表达、新转录本预测及注释、SNP 检测等一系列后续分析，并从基因表达结果中，筛选出样品间差异表达的基因，基于差异表达基因，进行 GO 功能显著性富集分析和通路（pathway）显著性富集分析。

2. 实验结果与讨论

（1）制样时间的确定

笔者通过前期的实验，发现 10071 在 1/4MIC AMP、1/16MIC CIP、1/4MIC STR，110749 在 1/4MIC AMP、1/2MIC TCY 及 1/4MIC STR，其微生物被膜（被膜总量或是被

膜活性）有显著的上升，具有一定的研究价值，所以将10071及110749菌株作为研究对象。微生物被膜表型的改变发生在相关分子调控之后，在时间上有一定的滞后性。为此进一步细化时间点，观察微生物被膜的形成情况。

对1～8 h培养时间内的微生物被膜总量以及被膜活性情况进行检测，其结果如图7-5所示。微生物被膜在前4 h都没有显著的变化，直到5 h被膜（总量以及活性）

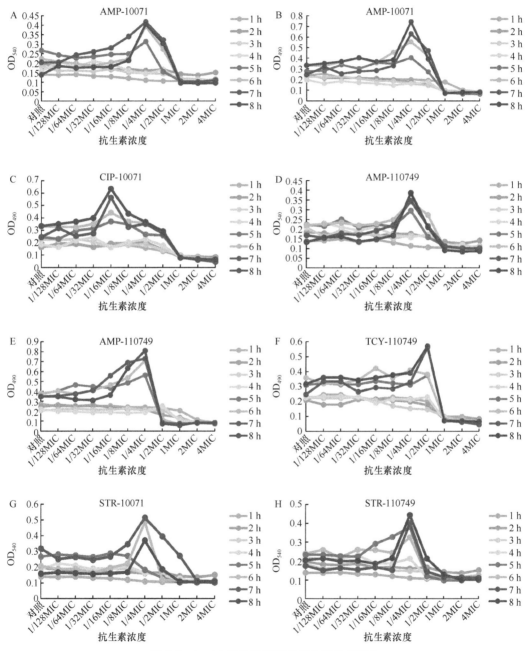

图7-5　1～8 h微生物被膜总量与活性的变化

A. AMP对10071菌株微生物被膜总量的影响；B. AMP对10071菌株被膜活性的影响；C. CIP对10071菌株被膜活性的影响；D. AMP对110749菌株微生物被膜总量的影响；E. AMP对110749菌株被膜活性的影响；F. TCY对110749菌株被膜活性的影响；G. STR对10071菌株被膜总量的影响；H. STR对110749菌株被膜总量的影响

才开始增长。也正是在 5 h 相应抗生素亚致死浓度对微生物被膜（被膜活性或是被膜总量）的促进作用开始出现。因此，确定 5 h 作为转录组样品的培养时间。

（2）RNA 质量分析

10071 在 1/4MIC AMP、1/16MIC CIP、1/4MIC STR，110749 在 1/4MIC AMP、1/2MIC TCY、1/4MIC STR，以及 10071 与 110749 的对照组（不添加抗生素）分别培养微生物被膜。之后分离被膜提取 RNA，并对 RNA 的质量进行检测。运用超微量分光光度计对样品的 OD$_{260}$/OD$_{280}$ 与 OD$_{260}$/OD$_{230}$ 进行检测。同时运用 Agilent 2200 TapeStation 对样品的 RNA 完整值及 23S/16S 值进行测定。RIN 为 RNA 完整值（RNA integrity number），大于 7 才能满足测序要求。而 23S/16S 为 rRNA 中 23S 与 16S 的比值，反映了原核 RNA 完整性，要求大于 1。

运用 Agilent 2200 TapeStation 检测样品 RNA 样品完整性，其结果表明样品 WT-1、AMP-1、CIP-1、STR-1、WT-2、AMP-2、TCY-2、STR-2 的 RNA 浓度（ng/μL）分别为 313、527、596、201、300、386、479、405，RIN 值分别为 8.7、7.4、7、7.4、7.4、9.6、9.2、9.6。其中序号 1 为菌株 10071，序号 2 为菌株 110749。综合检测结果，认为此次样品 RNA 符合测序要求，可以进行建库及测序。

（3）生物信息学分析

将送去的 8 个样品进行 RNA 测序之后，由广州基迪奥生物科技有限公司进行比对组装，之后进行相关质量检测以及表达差异分析。

结果表明，本次测序中 8 个样品的基因覆盖率在 80%～100%的基因所占比率均大于 84%。其中 WT-1 组中覆盖率在 80%～100%的基因数量占到基因总数的 85.50%，覆盖率在 0%～20%的基因数量占 0.81%；AMP-1 组中 80%～100%的基因数量占到基因总数的 84.53%，覆盖率在 0%～20%的基因数量占 0.54%；CIP-1 组中 80%～100%的基因数量占到基因总数的 84.75%，覆盖率在 0%～20%的基因数量占 0.70%；STR-1 组中 80%～100%的基因数量占到基因总数的 88.14%，覆盖率在 0%～20%的基因数量占 0.28%；WT-2 组中 80%～100%的基因数量占到基因总数的 87.99%，覆盖率在 0%～20%的基因数量占 0.37%；AMP-2 组中 80%～100%的基因数量占到基因总数的 85.98%，覆盖率在 0%～20%的基因数量占 0.37%；TCY-2 组中 80%～100%的基因数量占到基因总数的 87.04%，覆盖率在 0%～20%的基因数量占 0.73%；STR-2 组中 80%～100%的基因数量占到基因总数的 87.00%，覆盖率在 0%～20%的基因数量占 0.41%。

（4）基因表达差异分析

基因表达量的计算用每千个碱基的转录每百万映射读取的碎片（fragments per kilobase of transcript per million mapped reads，FPKM）法表示，其具体计算公式如式 7-1 所示：

$$FPKM = \frac{10^6 C}{NL/10^3} \tag{7-1}$$

式中，C 为比对到待测基因的测序片段数；N 为比对到参考基因的总测序片段数；L 为待测基因的碱基数。

将 8 个样本中的所有基因计算 FPKM 值之后，实验组和与之对应的对照组的实验数据相比，计算基因表达的差异倍数（fold change）。并以差异倍数大于 1.2 或是小于 0.83 的作为差异基因。通过与空白对照组的比较，经过 AMP 处理后的菌株 10071 有 899 个差异基因，其中表达上调的基因 516 个，表达下降的基因 383 个；经过 CIP 处理后的菌株 10071 有 1851 个差异基因，其中 740 个表达上调，1111 个表达下降；经过 STR 处理后的菌株 10071 有 1763 个差异基因，其中 766 个表达上升，997 个表达下降；经过 AMP 处理后的菌株 110749 有 1081 个差异基因，其中表达上调的基因 485 个，表达下降的基因 596 个；经过 TCY 处理后的菌株 110749 有 1472 个差异基因，其中 746 个表达上调，726 个表达下降；经过 STR 处理后的菌株 110749 有 1383 个差异基因，其中 655 个表达上升，728 个表达下降。

Gene Ontology（GO）是一个标准化基因功能分类体系，提供了一套动态更新的标准词汇来描述生物体中基因和基因产物的属性。其包括 3 个类别，分别描述基因的分子功能（molecular function）、细胞组分（cellular component）及生物过程（biological process）。GO 的基本单位为项（term），每个词条对应一个属性，GO 分析一方面给出差异基因表达的功能分类注释，另一方面给出表达差异基因的功能显著富集分析。

将 6 个抗生素胁迫组比对相应的空白对照组所得到的表达差异基因进行 GO 分析，其 GO term 的分类统计如图 7-6 所示。从其中可以看出，不同抗生素组别在 GO 二级 term 下的数目变化近似，说明了不同抗生素组别所得到的差异基因具有相似的 GO 注释。

对于菌株 10071 来说，AMP 处理后所得到的差异基因在生物过程中的代谢过程（metabolic process）、细胞过程（cellular process）及单有机体过程（single-organism process）这 3 个 GO term 中的数目最多。并在多有机体过程（multi-organism process）、氮循环代谢过程（nitrogen cycle metabolic process）、含硫氨基酸代谢过程（sulfur amino acid metabolic process）、尿素代谢过程（urea metabolic process）、细胞内成分组装（cellular component assembly）及 RNA 生物合成过程（RNA biosynthetic process）6 个 GO term 中出现了富集；而在细胞组分中的细胞（cell）、细胞部分（cell part）、膜（membrane）及膜部分（membrane part）这 4 个 GO term 中出现表达差异基因的数目最多；在分子功能中的结合（binding）、催化活性（catalytic activity）以及转运体活性（transporter activity）3 个 GO term 下出现的差异基因最多。并在转移酶活性（transferase activity）、转录因子活性（transcription factor activity）、氧化还原酶活性（oxidoreductase activity）以及水解酶活性（hydrolase activity）等 GO term 下出现富集。在 CIP 处理下所得到的差异基因在生物过程的代谢过程（metabolic process）、细胞内过程（cellular process）以及单有机体过程（single-organism process）这 3 个 GO term 中的数目最多。并在谷氨酰胺家族氨基酸代谢过程（glutamine family amino acid metabolic process）、核糖核苷酸生物合成过程（ribonucleotide biosynthetic process）、核糖磷酸生物合成过程（ribose phosphate biosynthetic process）及核糖核苷一磷酸生物合成过程（ribonucleoside monophosphate biosynthetic process）等 GO term 下出现了富集；在细胞组分下的细胞（cell）、细胞部分（cell part）及膜（membrane）这 3 个 GO term 下差异基因的数目最多。并在细胞内核糖核蛋白复合物（intracellular ribonucleoprotein complex）、核糖核蛋白复合体（ribonucleoprotein complex）及高分子复合物（macromolecular complex）这 3 个 GO term 下出现富集；而在分子功能中的结合（binding）、催化活性（catalytic activity）以及结构分子活性（structural molecule activity）中差异基因的数目最多。并在转移酶活性（transferase activity）、转录因子活性（transcription factor activity）以及水解酶活性（hydrolase activity）等 GO term 下出现了富集。在 STR 处理下所得到的差异基因在生物过程的细胞内过程（cellular process）、

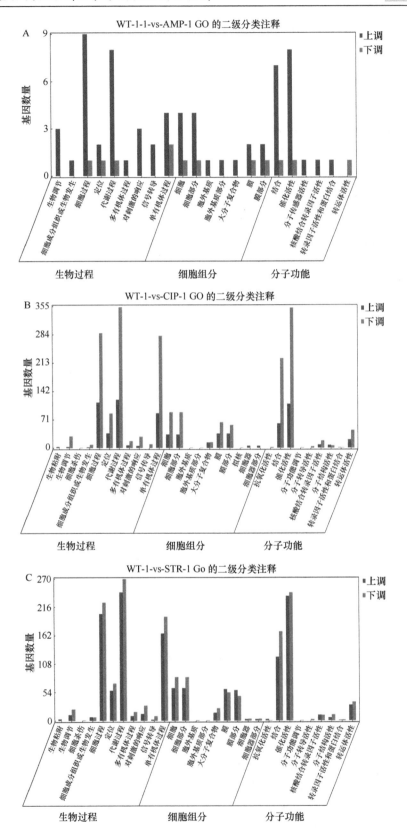

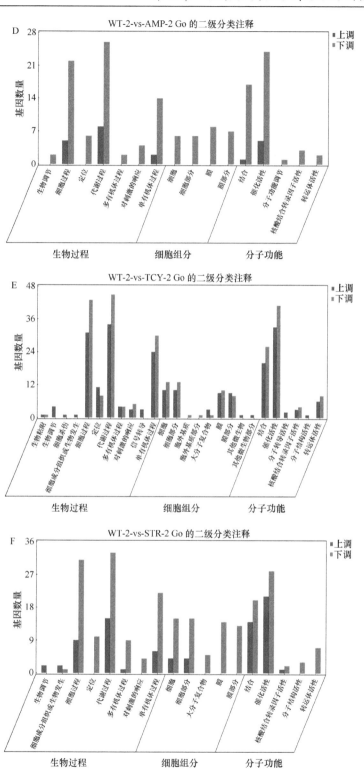

图 7-6 抗生素胁迫组表达差异基因的 GO 分析

A. AMP 处理下的 10071 与 10071 的空白对照组比较；B. CIP 处理下的 10071 与 10071 的空白对照组比较；C. STR 处理下的 10071 与 10071 的空白对照组比较；D. AMP 处理下的 110749 与 11074 的空白对照组比较；E. TCY 处理下的 110749 与 11074 的空白对照组比较；F. STR 处理下的 110749 与 11074 的空白对照组比较

代谢过程（metabolic process）以及单有机体过程（single-organism process）这 3 个 GO term 下的差异基因数目最多。并在基因表达（gene expression）下出现富集；而在细胞组分中的细胞（cell）、细胞部分（cell part）以及膜（membrane）这 3 个 GO term 下的差异基因的数目最多。并在细胞内核糖核蛋白复合物（intracellular ribonucleoprotein complex）、核糖核蛋白复合体（ribonucleoprotein complex）、细胞（cell）及细胞部分（cell part）等 GO term 下出现富集。而在分子功能下的结合（binding）、催化活性（catalytic activity）及结构分子活性（structural molecule activity）中差异基因的数目最多。并在 RNA 结合（RNA binding）、结构分子活性（structural molecule activity）、阳离子结合（catin binding）及离子结合（ion binding）4 个 GO term 下出现富集。

而对于金黄色葡萄球菌 110749，AMP 处理后所得到的差异基因在生物过程中的代谢过程（metabolic process）、细胞内过程（cellular process）及单有机体过程（single-organism process）这 3 个 GO term 中的数目最多。并在基因表达调控（regulation of gene expression）、大分子代谢过程调节（regulation of macromolecule metabolic process）及代谢过程调节（regulation of metabolic process）等 12 个 GO term 中出现了富集；而在细胞组分中的细胞（cell）、细胞部分（cell part）及膜（membrane）这 3 个 GO term 下的差异基因的数目最多。并在膜（membrane）、膜部分（membrane part）及膜固有成分（intrinsic component of membrane）3 个 GO term 下出现了富集；在分子功能中的结合（binding）、催化活性（catalytic activity）以及转运活性（transporter activity）这 3 个 GO term 下的差异基因的数目最多。并在转运活性（transporter activity）、离子跨膜转运活性（ion transmembrane transporter activity）以及底物特异性转运活性（substrate-specific transporter activity）等 11 个 GO term 中出现了富集。经过 TCY 处理所得到的表达差异基因在生物过程中的代谢过程（metabolic process）、细胞内过程（cellular process）以及单有机体过程（single-organism process）这 3 个 GO term 中的数目最多。并在嘌呤代谢过程（purine-containing compound metabolic process）、代谢过程调节（regulation of metabolic process）及嘌呤核苷酸代谢（purine nucleotide metabolic process）等 12 个 GO term 中出现了富集；而在细胞组分中的细胞（cell）、细胞部分（cell part）及膜（membrane）这 3 个 GO term 下的差异基因的数目最多；在分子功能中的结合（binding）、催化活性（catalytic activity）及转运活性（transporter activity）这 3 个 GO term 下的差异基因的数目最多。并在碳氧裂解酶活性（carbon-oxygen lyase activity）、水解酶活性（hydrolyase activity）及 DNA 结合（DNA binding）等 4 个 GO term 下出现了富集。经过 STR 处理后得到的表达差异基因在生物过程中的代谢过程（metabolic process）、细胞内过程（cellular process）及单有机体过程（single-organism process）这 3 个 GO term 中的数目最多。并且在生物调节（biological regulation）中出现了富集；而在细胞组分中的细胞（cell）、细胞部分（cell part）及膜（membrane）这 3 个 GO term 下的差异基因的数目最多。并在膜（membrane）、膜部分（membrane part）及细胞膜固有成分（intrinsic component of membrane）3 个 GO term 下出现了富集；在分子功能下的结合（binding）、催化活性（catalytic activity）及转运活性（transporter activity）这 3 个 GO term 下的差异基因的数目最多。并在 DNA 结合（DNA binding）中出现了富集。

由此可见，金黄色葡萄球菌在抗生素胁迫条件下所得到的差异基因，大部分在细胞组分中的膜（membrane）、膜组分（membrane part）及细胞膜固有成分（intrinsic component of membrane）3 个 GO term 下出现了富集。而这与 Tan 等关于乌苏酸（ursolic acid）影响 MRSA 微生物被膜形成的研究中所得到差异基因的 GO 分析结果是相类似的[6]。这说明涉及细胞膜系统的相关基因在金黄色葡萄球菌应对抗生素胁迫的过程中变化较为明显，细胞膜系统的改变对于金黄色葡萄球菌应对外界抗生素环境的作用十分重要；而在分子功能中的 DNA 结合（DNA binding）、转运活性（transporter activity）及催化活性（catalytic activity）中出现了富集，说明在金黄色葡萄球菌应对外界抗生素胁迫中，具有结合功能的基因起到了关键作用，此外编码酶类的基因也起到了重要作用；在生物过程中，不同抗生素胁迫组的大部分差异基因在氮循环代谢过程（nitrogen cycle metabolic process）、基因表达调控（regulation of gene expression）及嘌呤代谢过程（purine-containing compound metabolic process）出现了富集，说明金黄色葡萄球菌在外界抗生素胁迫条件下自身的基因表达及相应 DNA、RNA 合成出现了相应的变化，以应对外界环境胁迫。

将 6 个抗生素胁迫组比对相应的空白对照组所得到的表达差异基因进行 KEGG 分析。在 AMP-1 胁迫组中，发生上调的代谢通路中被富集的为苯丙氨酸、酪氨酸和色氨酸生物合成（phenylalanine，tyrosine and tryptophan biosynthesis）、ABC 转运蛋白（ABC transporter）及嘌呤代谢（purine metabolism）。发生下调的代谢通路中被富集的为半胱氨酸和蛋氨酸代谢（cysteine and methionine metabolism）、氨基酸生物合成（biosynthesis of amino acids）。在 AMP-2 胁迫组中发生上调的代谢通路中被富集的为 TCS、精氨酸生物合成（arginine biosynthesis）及氰基氨基酸代谢（cyanoamino acid metabolism）。发生下调的代谢通路中被富集的为氨基酸生物合成（biosynthesis of amino acids）、组氨酸代谢（histidine metabolism）及单环内酰胺生物合成（monobactam biosynthesis）等。

在 CIP-1 胁迫组中，发生上调的代谢通路中被富集的为 TCS、核苷酸切除修复（nucleotide excision repair）及缬氨酸、亮氨酸与异亮氨酸生物合成（valine, leucine and isoleucine biosynthesis）。发生下调的代谢通路中被富集的为核糖体（ribosome）、RNA 降解（RNA degradation）及谷胱甘肽代谢（glutathione metabolism）等。

在 TCY-2 胁迫组中发生上调的代谢通路中被富集的为氨基酸生物合成（biosynthesis of amino acids）、D-丙氨酸代谢（D-alanine metabolism）及精氨酸生物合成（arginine biosynthesis）。而发生下调的代谢通路中被富集的为抗坏血酸代谢（ascorbic acid metabolism）、嘌呤代谢（purine metabolism），以及泛醌和其他萜类醌生物合成（ubiquinone and other terpenoid-quinone biosynthesis）等。

在 STR-1 胁迫组中，发生上调的代谢通路中被富集的为氨基酸生物合成（biosynthesis of amino acids）、碳代谢（carbon metabolism），以及甘氨酸、丝氨酸与苏氨酸代谢（glycine, serine and threonine metabolism）等。发生下调的代谢通路中被富集的为核糖体（ribosome）、叶酸生物合成（folate biosynthesis）及硫中继系统（sulfur relay system）等。

在 STR-2 胁迫组中，发生上调的代谢通路中被富集的为 D-甘氨酸代谢（D-glycine metabolism）。发生下调的代谢通路中，被富集的为核糖体（ribosome）、抗坏血酸代谢（ascorbic acid metabolism）及丁酸代谢等（butanoate metabolism）。

通过表达差异基因代谢通路的比较，发现 TCS 在所有的抗生素胁迫组别中均有涉及，而前人的研究也证实 TCS 在微生物应对外界环境中起到重要调控作用[7, 8]。可见，TCS 通路在金黄色葡萄球菌应对亚致死浓度抗生素胁迫、形成微生物被膜的过程中也发生了变化。

（5）关键基因的筛选

为了分析亚致死浓度抗生素促进微生物被膜形成过程中的关键基因，利用 R 软件对 6 组样本的基因表达情况做维恩图（Venn diagram）分析，发现以 10071 菌株为例，AMP 处理以及 CIP 处理可以造成 269 个相同基因表达量显著上升；AMP 处理及 STR 处理可以造成 225 个相同基因表达量显著上升；而有 153 个基因在 AMP、CIP 及 STR 处理组中表达量都显著上升。因为 AMP 能促进微生物被膜总量及微生物被膜活性的上升，而 STR 只能单一地促进微生物被膜总量，CIP（或 TCY）能促进微生物被膜的活性提高，所以其他抗生素与 AMP 的交集基因更具有研究价值。在此，将 10071 菌株在 AMP 处理组与 CIP 处理组交集的显著变化基因记为 IAC-1，将 10071 菌株在 AMP 处理组与 STR 处理组交集的显著变化基因记为 IAS-1；将 110749 菌株在 AMP 处理组与 TCY 处理组交集的显著变化基因记为 IAT-2，将 110749 菌株在 AMP 处理组与 STR 处理组交集的显著变化基因记为 IAS-2。将 IAS-1、IAC-1、IAT-2 以及 IAS-2 再做维恩图，结果如图 7-6 所示。维恩图可以清晰地显示不同组别中的交集基因，为寻找在亚致死浓度抗生素胁迫环境下金黄色葡萄球菌调控的关键提供线索。

从图 7-7 的结果可以看出，在表达上调的基因中，IAS-1 与 IAS-2 的交集基因共有 32 个，IAC-1 与 IAT-2 的交集基因共有 56 个，其中相同基因 24 个；在表达下降的基因中，IAS-1 与 IAS-2 的交集基因共有 53 个，IAC-1 与 IAT-2 的交集基因共有 39 个，其中相同基因 27 个。

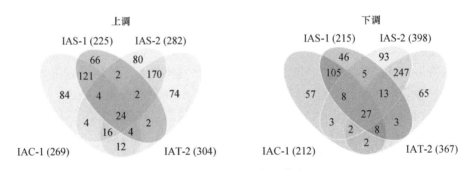

图 7-7　差异基因表达数量

从表 7-1 和表 7-2 可以看出，属于 TCS 的 *lytR*，与细胞分裂有关的 *divIB*，ABC 转运蛋白相关的 *yfmC*、*oppD* 与 *oppF*，碱性休克蛋白基因 *asp23* 等 24 个基因在所有抗生素胁迫组中表达量均呈现上升趋势。而与 PTS 系统相关的 *ulaA*，以及脂肪酶基因 *lipA* 等 27 个基因在所有抗生素胁迫组中表达量均有所下降（表 7-2）。而另一些基因虽然没有在所有抗生素胁迫组中发生一致的显著变化，但是却在特定的抗生素胁迫组中出现一致变化。*tagA* 在 AMP 胁迫组及 STR 胁迫组中表达量显著上升，而在 CIP 及 TCY 的胁迫组中没有显著变化。由此可见，*lytR*、*lipA* 及 *tagA* 与金黄色葡萄球菌应对亚致死浓度抗生素胁迫所形成的微生物被膜相关。

表 7-1 共同上调基因

基因名称	描述	ID
lytR	双组分响应调节器	SAOUHSC_00231
ssl8	超抗原样蛋白	SAOUHSC_00393
	假设蛋白质	SAOUHSC_00515
bceA	ABC 转运 ATP 结合蛋白	SAOUHSC_00667
	假设蛋白质	SAOUHSC_00882
	假设蛋白质	SAOUHSC_00969
sspA	谷氨酰内肽酶	SAOUHSC_00988
	假设蛋白质	SAOUHSC_01085
divlB	细胞分裂蛋白	SAOUHSC_01148
mutL	DNA 错配修复蛋白	SAOUHSC_01273
	假设蛋白质	SAOUHSC_01454
	假设蛋白质	SAOUHSC_01854
rsuA	16S rRNA 假尿苷（516）合酶	SAOUHSC_01870
	假设蛋白质	SAOUHSC_01974
atpF	F0F1 ATP 合酶亚基 B	SAOUHSC_02347
yfmC	ABC 转运体底物结合蛋白	SAOUHSC_02430
	假设蛋白质	SAOUHSC_02433
asp23	碱性休克蛋白 23	SAOUHSC_02441
ureA	脲酶亚基 γ	SAOUHSC_02558
	假设蛋白质	SAOUHSC_02690
	假设蛋白质	SAOUHSC_02695
oppF	肽 ABC 转运 ATP 结合蛋白	SAOUHSC_02763
oppD	肽 ABC 转运 ATP 结合蛋白	SAOUHSC_02764
hisZ	ATP 磷酸核糖转移酶调节亚基	SAOUHSC_03015

表 7-2 共同下调基因

基因名称	描述	ID
sbnA	2,3-二氨基丙酸生物合成蛋白	SAOUHSC_00075
	假设蛋白质	SAOUHSC_00235
ulaA	PTS 系统抗坏血酸特异性转运蛋白亚基 IIC	SAOUHSC_00310
	假设蛋白质	SAOUHSC_00311
	假设蛋白质	SAOUHSC_00357
	假设蛋白质	SAOUHSC_00535
	假设蛋白质	SAOUHSC_00763
	假设蛋白质	SAOUHSC_00824
	假设蛋白质	SAOUHSC_00825
	假设蛋白质	SAOUHSC_00876
	假设蛋白质	SAOUHSC_00962
purS	磷酸核糖甲酰基甘氨脒合酶	SAOUHSC_01011
	假设蛋白质	SAOUHSC_01131
	假设蛋白质	SAOUHSC_01297

基因名称	描述	ID
nikB	寡肽转运体通透酶	SAOUHSC_01380
	假设蛋白质	SAOUHSC_01600
	假设蛋白质	SAOUHSC_01643
rpmG	50S 核糖体蛋白 L33	SAOUHSC_01651
	假设蛋白质	SAOUHSC_01763
	假设蛋白质	SAOUHSC_02016
	尿酸水合酶	SAOUHSC_02607
	假设蛋白质	SAOUHSC_02722
	假设蛋白质	SAOUHSC_02865
	假设蛋白质	SAOUHSC_02908
	假设蛋白质	SAOUHSC_02931
	假设蛋白质	SAOUHSC_03000
lipA	脂肪酶	SAOUHSC_03006

lytSR 属于 TCS，其主要功能是调节金黄色葡萄球菌的程序性细胞死亡（programmed cell death，PCD）[9]，这一过程也涉及 *cidABC* 及 *lrgAB*。PCD 在许多情况下能够影响微生物被膜的结构并导致基因组 DNA 及细胞质内容物的释放[10-12]，而释放的 DNA 就是 eDNA。但是也有研究表明，无论是 *cid* 还是 *lrg* 的突变都会影响微生物被膜的形成，这意味着 *cid* 及 *lrg* 存在的平衡对微生物被膜的形成至关重要[13]。而相应脂肪酶相关基因 *lipA* 的减少也在一定程度上确保了微生物被膜的稳定性。TagAB 主要与磷壁酸（wall teichoic acid，WTA）的合成有关[14]，其可以显著增加微生物对于抗生素的耐药性。这也有利于金黄色葡萄球菌应对亚致死浓度的抗生素胁迫。

3. 小结

（1）本节确定，亚致死浓度抗生素环境促进金黄色葡萄球菌菌株 10071 及 110749 的微生物被膜形成的作用时间为 5 h。

（2）经过样品制备、RNA 提取纯化、RNA-seq 及相应的生物信息学分析之后，发现表达差异基因主要在细胞组分中的细胞膜（membrane）、细胞膜组分（membrane part）及细胞膜固有成分（intrinsic component of membrane）3 个 GO term 下出现了富集；在分子功能中的 DNA 结合（DNA binding）、转运活性（transporter activity）及催化活性（catalytic activity）中出现了富集；在生物过程中不同抗生素胁迫组的大部分差异基因在氮循环代谢过程（nitrogen cycle metabolic process）、基因表达调控（regulation of gene expression），以及嘌呤代谢过程（purine-containing compound metabolic process）出现了富集。而通过 KEGG 分析发现，表达差异基因会富集到 TCS。而 TCS 对于微生物应对外界不良环境具有重要作用。

（3）通过维恩图分析，发现了在所有抗生素胁迫组中均能表达上升的 24 个基因及表达下降的 27 个基因。而通过深入探讨，*tagA*、*lytR* 及 *lip* 相应的基因功能与金黄色葡萄球菌应对亚致死抗生素胁迫形成微生物被膜有关。

7.1.4　被膜基因及 TCS 基因表达量的变化

目前为止，关于微生物被膜的形成及其内在的调控机制人们已经做过诸多研究。Yeswanth 等[15]对微生物被膜形成过程中 *spa* 及 *fnbA* 的表达进行了定量，实验结果表明，在被膜形成的早期 *spa* 及 *fnbA* 的表达量持续上升，但是在 24～48 h 其表达量有略微的下降，说明 *spa* 与 *fnbA* 在被膜早期起到一定的作用。Cincarova 等[16]通过两种表面活性剂处理微生物被膜，发现了 *clfAB* 及 *fnbAB* 在促进金黄色葡萄球菌黏附在聚氨酯膜表面中起到关键作用。Tan 等[6]对金黄色葡萄球菌微生物被膜进行了转录组分析，得出了 MSSA 与 MRSA 微生物被膜形成机制存在不同，且 *agr* 缺陷型金黄色葡萄球菌所形成的微生物被膜其抗性更强的结论，这也表明 *agr* 在微生物被膜形成过程中起到了重要的调节作用。TCS 的相关基因主要起到了类似神经系统的作用，可以感知和应对不同的环境变化[17]。Sun 等[17]对 *airSR* 在金黄色葡萄球菌应对万古霉素中的作用进行了研究，揭示了 AirR 可以结合到相关的细胞壁合成基因的启动子上，并以此来促进细胞壁的合成。

本节通过总结前人的研究成果，对筛选出的微生物被膜基因及转录组分析所筛选出的 TCS 通路相关基因，在 4～48 h 亚致死浓度抗生素胁迫条件下微生物被膜形成过程中的表达情况进行定量，以此来探讨在应对亚致死浓度抗生素胁迫微生物被膜的形成过程中起到作用的关键基因。所用菌株为金黄色葡萄球菌 10071 及 110749（同 7.1.2）。

1. 实验方法

（1）被膜的培养

本部分培养方法与 7.1.3 中实验方法（2）一致，培养时间为 4 h、8 h、16 h、24 h 及 48 h。

（2）RNA 的提取

被膜培养完成之后，将被膜分离并置于 1.5 mL 离心管中，4℃下 8000 r/min 离心 2 min，富集菌体。按照 TRAzol（R1022，东盛）的操作说明进行操作。其过程如下：①加入 1 mL 的 TRAzol，并充分混匀。之后加入 500 μL 的玻璃珠（0.1 mm），并用研磨珠均质机处理 30 s，之后冰浴 1 min。②重复步骤①4 次。③在 4℃，12 000 r/min 的条件下离心 10 min。④将上清液转移入新的 1.5 mL 离心管中。加入 0.2 mL 的氯仿。用手充分摇晃离心管 15 s，之后冰浴 3 min。⑤在 4℃，12 000 r/min 的条件下离心 15 min。⑥将上层水相转移到新的 1.5 mL 离心管中，并加入 250 μL 的异丙醇。摇匀后冰浴 10 min。⑦在 4℃，12 000 r/min 的条件下离心 10 min。小心弃上清液之后加入 500 μL 70%的乙醇，充分打匀。⑧在 4℃，7500 r/min 条件下离心 5 min。小心丢弃上清液，并晾干 7 min。⑨加入 30 μL 无 RNA 酶水（RNA-free water），之后-80℃保存备用。然后进行 qPCR 引物的设计，其基因的具体信息如表 7-3 和表 7-4 所示。引物设计由广州艾基生物技术有限公司承担。所有引物均在-20℃下保存，其起始浓度为 100 pmol/μL，工作液浓度为 10 pmol/μL，使用时用 ddH$_2$O 稀释。

（3）RT-qPCR

以保存的 RNA 为模板，按照逆转录试剂盒（R1011，广州东盛）的操作说明进行操作，其具体步骤如下：①逆转录。在 200 μL 的无核酸酶的 PCR 管中加入随机引物（random

表 7-3　被膜基因的 qPCR 引物序列

基因	ID	引物	序列
capE	SAOUHSC_00118	F	ACATTGGTGATGTGCGTGATAG
		R	TTCACTGCCTCAACTGGAAAGA
capB	SAOUHSC_00115	F	TCATTGGTCGAACGACTATGTC
		R	AATTAACTCAGATGGATTGGAGG
capC	SAOUHSC_00116	F	GTACCGATTATTGCACATCCAG
		R	GGAAATACCCGCTAATGACG
tagA	SAOUHSC_00640	F	GTTGCTGATGGGACAGGAGT
		R	TGCATATTGTGCCGCTTCTA
tagB	SAOUHSC_00643	F	CAAGGCAATGGTTCAGCA
		R	CTCGGAAGCCCAAAATACA
lrgA	SAOUHSC_00232	F	ATGCCTGCATCAGTAATCGG
		R	TGCTTGGCTAATGACACCTAAA
lrgB	SAOUHSC_00233	F	TTATCAATGTTACCTCAAGCAGCAA
		R	TCCTCGGGCAATAGGGTTAGT
capA	SAOUHSC_03000	F	CAGCTGTTGAATACTGACCATCA
		R	TGTCTTGTAGTAAGTGCGGCAT
icaR	SAOUHSC_03001	F	TTGCGAAAAGGATGCTTTCAA
		R	ACGCCTGAGGAATTTTCTGGA
icaA	SAOUHSC_03002	F	AAACTTGGTGCGGTTACAGG
		R	TCT GGGCTTGACCATGTTG
fnbB	SAOUHSC_02802	F	GTAAACCAATACCACCTGCTAAAGA
		R	GCTAAATAATCCGCCGAACAAC
fnbA	SAOUHSC_02803	F	CAAGACAATAGCGGAGATCAAAGAC
		R	TGGCTGTGCCACTTCAACTT
sbi	SAOUHSC_02706	F	CCCAGACCGACGTGTTGCA
		R	CTTGTTGGCTTCTATCAGGGTT
lytM	SAOUHSC_00248	F	CATTCGTAGATGCTCAAGGA
		R	CTCGCTGTGTAGTCATTGT
sspB	SAOUHSC_00987	F	TTATACCCTGAAGTAAGTGAGCAA
		R	TGATGGTACGCCTTCTTGATA
sspA	SAOUHSC_00988	F	TTTACCTACAACTACACCGGAAGC
		R	CACAACAAACGCAGTCAAGCA
cidC	SAOUHSC_02849	F	GGGATAAATGGATGGAACAAGA
		R	GCACCTGGAAGACCGCAAC
cidB	SAOUHSC_02850	F	CGCAGTAGGTATCGAAGTGTCA
		R	ATTTCTAGTGCTTTAGCTGTGCC
cidA	SAOUHSC_02851	F	GTACCGCTAACTTGGGTAGAAGA
		R	GCGTAATTTCGGAAGCAACA
cidR	SAOUHSC_02852	F	TTGGCTTTGTTCCGAATACTGT
		R	CGTAGCAGCTTCACATCTCCAT

基因	ID	引物	序列
sdrC	SAOUHSC_00544	F	AATCTAGGTGACTATGTATGGGAAGA
		R	GTGTATAACCGGCTGGTGTTG
sdrD	SAOUHSC_00545	F	AACCAAAGTGGCGGAGCT
		R	TTGGAATCAAGTATGACCCATC
clfA	SAOUHSC_00812	F	ACGCAATCTGATAGCGCAAGT
		R	CTCGTTTCGCCATTATTAGTGTTT
clfB	SAOUHSC_02963	F	TGGTGGAAGTGCTGATGGTG
		R	TTCTGGATCTGGCGTTGGTT
atlA	SAOUHSC_00994	F	GGTTGGACAATAGCAGGGTCT
		R	AACGCTTGTAGGTTCAGCAGTC
aur	SAOUHSC_02971	F	TCGCACATTCACAAGTTTATCG
		R	GAGCGCCTGACTGGTCCTT
lipA	SAOUHSC_03006	F	TCAACTGCGCGGTCATAGTT
		R	AAGTTGCCAAACAAGGGCAG

表 7-4 TCS 相关基因的 qPCR 引物序列

基因名	基因 ID	引物	基因序列
walK	SAOUHSC_00021	F	CGACGACGAAGCAGTCTAACC
		R	CCTTACCACCGCCATAATCTTT
walR	SAOUHSC_00020	F	TACGAAATGCCAATAATAATGCT
		R	AGTGTCTTGTGCTGGTTGTGAG
lytS	SAOUHSC_00230	F	GGCACGAGAGTTACTATTAGA
		R	GCACGCACTTGACTTAAC
lytR	SAOUHSC_00231	F	AATGGGATCGAATTAGGAGCT
		R	TCGCACGCACTTTATTGACT
graR	SAOUHSC_00665	F	CTTGGCAAGATGCTGTCGTT
		R	CAAATGCTTCATCATCCCATAA
graS	SAOUHSC_00666	F	CGTCAACGGCTAACAGAAATG
		R	CGACGTGACTTGCAGGTGAAT
saeS	SAOUHSC_00714	F	TATAATGCCAATACCTTCATCGC
		R	ATCGAACGCCACTTGAGC
saeR	SAOUHSC_00715	F	TGCTTCTTTACCGCTAGTTGTC
		R	CCCACTTACTGATCGTGGATG
arlS	SAOUHSC_01419	F	ACCATCTCGTCGAATCTCAATC
		R	GCGCTGGCATTTGGAGTG
arlR	SAOUHSC_01420	F	TATCCTTTTGTGGCTGACGA
		R	TGGGCTTGATTACGGTGC
srrB	SAOUHSC_01585	F	CTGGTGCAATGCCTGTACCT
		R	ATGGATCGCATGGACCAAGT
srrA	SAOUHSC_01586	F	GCCACCTGGATACCATCCATT
		R	GCAAGTAATGGCCAAGAGGC

基因名	基因 ID	引物	基因序列
airR	SAOUHSC_01980	F	TCAGGGTGCTCATGCTCTTT
		R	ATTGTGCGACAAGGATTGCG
airS	SAOUHSC_01981	F	TTGACGATATTCGACGCTTTC
		R	AGGGCAGTAATTTCACGACAGG
vraR	SAOUHSC_02098	F	TTTTACGAACTGCATCGGCG
		R	TGGATGGTGTAGAAGCGACG
vraS	SAOUHSC_02099	F	AGCGAGTACCGAACCAACAA
		R	GCATGCTAGCTGCATTTCTGT
agrC	SAOUHSC_02264	F	GACCCTATCATTCGCGTTGC
		R	ACCTAAACCACGACCTTCACC
agrA	SAOUHSC_02265	F	CCTCGCAACTGATAATCCTTATG
		R	ACGAATTTCACTGCCTAATTTGA
kdpD	SAOUHSC_02314	F	GTATGCCCACCTAAGCGAACT
		R	GCTCCCACTAATTGCCACAG
kdpE	SAOUHSC_02315	F	CTTTAGATAACGGTGCGAATGA
		R	GTTTCTTGATGTGACTTAGCGATT
hssR	SAOUHSC_02643	F	GCCATTTACAAACAGAGCACATT
		R	GAAAGCCGTCCATACCATCC
hssS	SAOUHSC_02644	F	TGCTGCTGATGAAAAGTCGT
		R	TGCAAAGCGATGTCAATGGC
nsaS	SAOUHSC_02955	F	TACTTTGGCGCTGGCCATTA
		R	TGCACTTAAGTATGCGAGAGGT
nsaR	SAOUHSC_02956	F	GCGCGTCATGTTAACAGCTA
		R	AGATGAAGCAAAAGTCGTGTATCA

primer）1 μL，无核糖核酸酶二蒸水（RNase free ddH$_2$O）11.4 μL，以及 RNA 模板 1 μL。进行变性退火反应，在 70℃下 5 min，之后短暂离心，冰浴 5 min。之后加入 4 μL 的 5× 第一链缓冲液（first strand buffer），1 μL 的 dNTPs，1 μL 的 M-MLV，以及 0.6 μL 的核糖核酸酶抑制剂（RNase inhibitor）。之后按照以下程序进行逆转录反应：25℃温浴 10 min，37℃温浴 60 min。将 PCR 管置于冰上，加入 40 μL 的 RNase free ddH$_2$O，混匀，置于−20℃ 保存备用，以此作为 cDNA 模板。②qPCR。qPCR 相关步骤按照 qPCR 试剂盒（A6001，Promega）的相关说明进行，所用材料为 0.1 mL 无核糖核酸酶的 8 联管。具体步骤如下。20 μL qPCR 反应体系的配制：10 μL 的 2×Master mix，7.2 μL 的 RNase free ddH$_2$O，0.4 μL 的上游引物，0.4 μL 的下游引物，以及 2 μL 的 cDNA 模板，之后短暂离心。qPCR 扩增程序：95℃预变性 2 min，95℃变性 15 s，60℃退火 30 s，72℃延伸 30 s，循环次数为 40 次。为保证实验准确性，每个样品设置 3 次技术重复。基因的表达差异采用相对定量的计算方法，以 *pyk* 基因为内参基因。抗生素胁迫组的基因表达量倍数用 $2^{-\Delta\Delta Ct}$ 来表示，计算公式如式 7-2 所示。

$$\Delta Ct = Ct_{\text{目标基因}} - Ct_{\text{内参基因}}; \quad \Delta\Delta Ct = \Delta Ct_{\text{对照组}} - \Delta Ct_{\text{处理组}} \tag{7-2}$$

2. 实验结果

（1）*lytR*、*tagA* 及 *lipA* 的验证

将培养 5 h 的被膜样本，提取 RNA 后用于 *lytR*、*tagA* 及 *lipA* 的检测，以验证 RNA-seq 结果的可靠性，其结果见图 7-8。

从图 7-8 可以看出，RT-qPCR 的实验结果及 RNA-seq 所得到的实验结果对于这 3 个基因表达量的测定都是一致的，*lytR* 在本实验的 6 个抗生素组别中表达量都是上升的，*lipA* 在抗生素组别中表达量都是下降的。而 *tagA* 在 AMP-1、AMP-2、STR-1 及 STR-2 组中都是表达上升的，在 CIP-1 及 TCY-2 中表达量是下降的。这也证实了 7.1.3 中关于 *lytR*、*tagA* 及 *lipA* 在亚致死浓度抗生素促进金黄色葡萄球菌微生物被膜过程中起到重要作用的结论，同时也说明 RNA-seq 所得到的表达量结果与 RT-qPCR 所得到的结果具有一定的一致性。

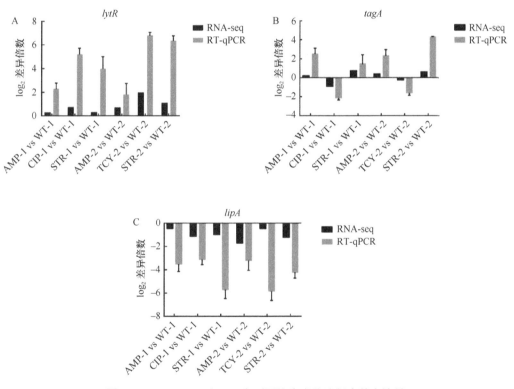

图 7-8　*lytR*、*tagA* 及 *lipA* 在不同抗生素胁迫组中的表达量

（2）TCS 相关基因定量结果

对 6 个抗生素胁迫组（AMP-1、AMP-2、CIP-1、TCY-2、STR-1 及 STR-2），以及 2 个空白对照组（WT-1 及 WT-2）5 个时间点（4 h、8 h、16 h、24 h 及 48 h）的 TCS 基因进行相对定量（以 *pyk* 作为内参基因[10]）。

对于 *lytR* 基因，其在 10071 及 110749 菌株的表达量变化并不相同。在空白对照组中，在 10071 菌株中 *lytR* 的表达量先下降后上升，而在 110749 菌株则表现为先上升后平缓。但是在抗生素胁迫条件下，*lytR* 在两株金黄色葡萄球菌中的表达量近似，都是先

下降后平缓。而且在 4～48 h，除在 AMP 处理下的 10071 菌株外，*lytR* 的表达量在其他抗生素胁迫组中的表达量均高于空白对照组。*lytSR* 可以感知细胞膜电位的变化，Yeswanth 等的研究表明，其在金黄色葡萄球菌应对阳离子抗菌肽的过程中起到了重要作用[15]。而 Sharma-Kuinkel 等的研究表明，*lytSR* 通过影响 *lrgAB* 来调控金黄色葡萄球菌微生物被膜的生成[18]。由 *lytR* 的表达量趋势图可以看出，在最初的几小时内 *lytR* 的表达量相对较高，能够在一定程度上抑制 PCD，促使细胞增多。而在之后的时间里 *lytR* 的表达量有所下降，对 PCD 的抑制程度减弱，eDNA 生成增多，有利于成熟被膜的形成。且在整个 4～48 h，*lytR* 在胁迫组中的表达量都高于对照组，说明其在应对亚致死浓度抗生素胁迫中也起到关键作用。

对于 *arlR* 基因，在空白对照组中 *arlR* 的表达量先上升后下降，而在抗生素胁迫组中 *arlR* 的表达量变化并不相同。菌株 10071 的抗生素胁迫组中，*arlR* 的表达量是随时间的延长逐渐下降的。在 110749 菌株，在 STR 胁迫下，*arlR* 的表达量随时间的延长也逐渐下降，而在 TCY 及 AMP 处理下，*arlR* 的表达量随时间的延长先上升后下降。而在两株金黄色葡萄球菌的抗生素胁迫组中，*arlR* 的表达量均高于空白对照组。

而对于 *arlSR* 的功能，Wu 等的研究结果也显示，*arlSR* 的突变会引起表皮葡萄球菌微生物被膜形成能力的减弱，*arlRS* 可能对 *ica* 及 *aap* 具有一定的调节作用[7]。Walker 等认为 *arlSR* 与金黄色葡萄球菌的聚集有关[8]。而在本部分实验中 *arlR* 的表达量在 4～8 h 表达量较高的原因很可能与 *arlSR* 促进金黄色葡萄球菌聚集相关，有利于微生物被膜的形成，所以才出现了亚致死浓度抗生素促进微生物被膜现象的出现。

对于 *hssR* 基因，在空白对照组中 *hssR* 的表达量随时间的延长逐渐上升。而在抗生素胁迫组中，*hssR* 的表达量变化不尽相同。对于 10071 菌株来说，在抗生素胁迫组中 *hssR* 的表达量随时间的延长逐渐上升。而在 110749 菌株的抗生素胁迫组中 *hssR* 的表达量变化是随时间的延长先下降后上升。在整个受试时间阶段内，*hssR* 在抗生素胁迫组中的表达量是高于空白对照组的。HssRS 可以帮助金黄色葡萄球菌获取环境中的铁元素，以满足自身生长繁殖的需要。本次实验中并没有涉及血红蛋白等体内实验，但是 *hssR* 在胁迫组中的表达量还是与对照组存在显著不同，究其原因可能是 *hssR* 在金黄色葡萄球菌应对抗生素或是氧化等不良环境中起到作用[19]，其具体功能还有待于继续探索。

（3）被膜相关基因定量结果

对 6 个抗生素胁迫组（AMP-1、AMP-2、CIP-1、TCY-2、STR-1 及 STR-2），以及 2 个空白对照组（WT-1 及 WT-2）5 个时间点（4 h、8 h、16 h、24 h 及 48 h）的 TCS 基因进行相对定量，绘制表达曲线。

对于 *tagA* 基因，在 10071 及 110749 菌株的表达量变化近似。在无抗生素胁迫条件下，*tagA* 的表达量随时间缓慢上升最后趋于平缓；而在抗生素胁迫的条件下，除 TCY 处理下的 110749 之外其他组别的 *tagA* 表达量均在 4～8 h 内出现上升，之后表达量趋于平缓。而 4～8 h 也囊括了第一章研究中亚致死浓度抗生素促进被膜生长的时间。*tagA* 涉及金黄色葡萄球菌磷壁酸的合成，对于抵抗抗生素胁迫等不良环境起到重要的作用[20]。Holland 等认为磷壁酸也是微生物被膜的重要组成成分，且能够促进金黄色葡萄球菌向无机表面黏附[21]。可见在本部分实验中，亚致死浓度的抗生素胁迫也引起了 *tagA* 表达的上升，有利于金黄色葡萄球菌提高抗性及被膜的形成。

对于 cidA 基因，在菌株 10071 中的空白对照组中，cidA 的表达量先下降后趋于平缓；而在菌株 110749 的空白对照组中，cidA 的表达量随时间的延长先下降后上升。而在抗生素胁迫组中，cidA 的表达量随时间的延长先上升后下降。无论是在 10071 或是 110749 中，cidA 在 4～8 h 内的表达量都是低于空白对照组的，也说明 cidA 表达量的降低可能更有利于微生物被膜的形成。

cidABC 与 lrgAB 的作用相反，cidABC 主要是形成穿孔蛋白，引起 PCD，而 lrgAB 起到与穿孔蛋白结合从而抑制 PCD[22]的作用。cidA 在胁迫组中表达量下降的结果与 lytR 的表达量上升是一致的。说明亚致死浓度抗生素胁迫条件下，在促进微生物被膜形成的过程中，并不是通过 cidABC 所形成的穿孔蛋白促进 eDNA 产生从而促进被膜增加的。

对于 clfB 基因，其在 10071 菌株的空白对照组中的表达量随时间的延长先上升后趋于平缓，而在 110749 菌株的空白对照组中先下降后上升。而在相应的抗生素胁迫组中 clfB 的表达趋势近似，均为先上升后下降并趋于平缓。而对于菌株 10071，clfB 在抗生素胁迫组中 4～16 h 的表达量都是低于空白对照组的；在菌株 110749 中，clfB 在抗生素胁迫组中的表达量在整个 4～48 h 都是高于空白对照组的。可见 clfB 在亚致死浓度抗生素促进金黄色葡萄球菌微生物被膜生成这一过程中也起到了一定作用。ClfB 是一种纤维蛋白原结合蛋白，为 MSCRAMM 之一[23, 24]，其有利于微生物被膜的黏附与形成[8]。结合本部分实验胁迫组中 clfB 的表达量在 4～16 h 高于空白对照组的结果，可以看出 clfB 在亚致死浓度抗生素促进微生物被膜中可能起到黏附作用并促进被膜增加。

对于 atlA 基因，在 10071 及 110749 菌株的空白对照组中的表达量随时间的延长先上升后趋于平缓。在 10071 的抗生素胁迫组中，atlA 的表达量先上升后下降；在 110749 的抗生素胁迫组中，atlA 的表达量是随时间的延长逐渐下降的。而在 4～16 h，atlA 在抗生素胁迫组中的表达量都是高于空白对照组的。AtlA 具有一定的水解酶活性，其在细胞分裂及微生物被膜黏附阶段起到重要作用[25]。有些研究认为，其促进微生物向各种物质表面黏附，促进微生物被膜的起始，也有学者认为其在 eDNA 生成及被膜形成方面有重要作用[26, 27]。而在本部分的研究中，atlA 的作用更倾向于促进 eDNA 的生成，构成微生物被膜的重要组分。可见 atlA 在亚致死浓度抗生素促进金黄色葡萄球菌微生物被膜形成过程中起到了一定的作用。

3. 小结

（1）运用 RT-qPCR，以 pyk 为内参基因，对生长时间为 5 h 的微生物被膜中的 lytR、tagA 及 lipA 进行定量。通过与相应的空白对照组进行比较，发现 3 个基因的表达趋势与 RNA-seq 所得到的表达差异结果相一致。

（2）对于属于 TCS 的 24 个基因的 RT-qPCR 分析结果显示，大部分 TCS 所属基因在金黄色葡萄球菌菌株 10071 及 110749 中的表达量变化并不一致，但是其中 lytR、arlR 及 hssR 的变化具有一致性。其在整个 4～48 h 的实验时间内，抗生素胁迫组中 3 种基因的表达量是高于空白对照组的，这也表明 lytR、arlR 及 hssR 在金黄色葡萄球菌应对抗生素胁迫的微生物被膜形成过程中起到了重要的调节作用。

（3）通过 RT-qPCR 对所挑选的 26 个被膜基因在不同抗生素胁迫下不同时间点进行定量检测，发现 tagA 及 atlA 在亚致死浓度抗生素促进金黄色葡萄球菌微生物被膜形成过程中起到了促进作用。TagA 有利于磷壁酸的生成，AtlA 促进 eDNA 的生成。*clfB* 在 4～16 h 内胁迫组中的表达量也是高于空白对照组。说明 ClfB 这种聚集因子的生成与亚致死浓度抗生素促进金黄色葡萄球菌微生物被膜形成存在着一定的联系。而 4～8 h 中 *cidA* 在抗生素胁迫组中的表达量低于空白对照组。说明在此阶段 CidABC 生成受到抑制，有利于微生物数量的增加，这在一定程度上也有利于被膜的增加。由此可见，亚致死浓度抗生素促进微生物被膜形成过程中 *tagA*、*atlA*、*clfB* 及 *cidA* 起到了关键作用。

7.2 阪崎肠杆菌微生物被膜形成过程的分子调控

7.2.1 概述

阪崎肠杆菌（*Enterobacter sakazakii*）是一种寄生在人和动物肠道内，周生鞭毛、能运动、无芽孢的革兰氏阴性肠杆菌，属肠杆菌科。阪崎肠杆菌因产黄色素，自发现时起一直被称为"黄色阴沟肠杆菌"，直到 1980 年，Farmer 等学者通过 DNA 杂交发现阪崎肠杆菌之间 DNA 一致性可达 83%～89%，才改以日本细菌学家 Riichi Sakazakii 名字命名为"阪崎肠杆菌"。阪崎肠杆菌属兼性厌氧菌，对营养程度要求不高，最适宜生长温度为 25～36℃，且表现出较强的耐酸性、较高的耐高渗透压性（7% *w/v* NaCl 条件下依然可以生长，10% *w/v* NaCl 才对其有抑制作用）及抗干燥特性，可在水分活度为 0.3～0.69 的婴幼儿米粉中存活，低温可提高其耐干燥能力，使其存活至少 2 年（相关研究表明，这与其胞内含大量海藻糖酶有关）[28, 29]。阪崎肠杆菌对多类抗生素具有抗性，包括大环内酯类、克林霉素、利福平、四环素、氯霉素、喹诺酮类等。

作为一种重要的食源性条件致病菌，阪崎肠杆菌可导致菌血症、坏死性小肠结肠炎及新生儿脑膜炎，据报道，该菌曾从许多食物中分离出来，包括乳制品（如牛奶）、干肉、水果粉、蔬菜和大米等。从婴儿配方奶粉中分离出的阪崎肠杆菌常与流行病学感染相关，其中出生体重低（<2500 g）的婴儿和早产儿（<37 周）最容易感染该菌，据报道这两种患者的阪崎肠杆菌感染的死亡率高达 50%～80%[30, 31]。1961～2005 年，73 例阪崎肠杆菌感染婴儿事件中，19 例死亡[32]。此外，阪崎肠杆菌还易感染免疫力低下的成年人尤其是老人。2002 年，国际食品微生物标准化委员会（ICMSF）将阪崎肠杆菌列为"严重危害特定人群，危害生命，或引起慢性实质性后遗症或长期影响的"一种条件致病菌[33]。

7.2.2 阪崎肠杆菌微生物转录组学研究

分子生物学技术自 20 世纪 90 年代发展至今已有近 30 年的历史，其快速发展，尤其是 DNA 测序技术的发展，极大地提高了人们对微生物的认识。由于全基因组序列无法提供微生物基因表达的信息，因此进一步对其转录组学进行研究显得尤为重要。除对环境微生物、肠道微生物等多种来源微生物的研究外，随食源性微生物引起食品安全事件的频频报道，许多学者开始越来越关注食源性微生物的转录组学研究[34]，旨在深入了解食源性微生物在食品及加工环境胁迫条件下（包括低温和高温、高流体静压、酸性或碱性条件和有机酸[35-38]等）的全基因组表达谱。Bassi 等对植物性食物模型中苏云金芽孢杆菌进行转录组学研究，发现编码毒素的基因 *nheC*、*cytK* 及 *hblC* 在富营养的食物模型中均有表达[39]。Suo 等对单增李斯特菌在乳酸钠环境下的转录组进行研究，发现其毒素表达相关基因在乳酸钠存在条件下表达上调，具有增强该菌的致毒性的能力[40]。因此，本章节旨在通过对不同食品体系中常见食源性微生物的不同增殖阶段进行转录组学分析，进而对其特殊增殖状态、致腐败、毒素及其次生代谢物产生的分子机制进行探究。

作为一种新兴的高通量测序技术，RNA-seq 因其高灵敏度、高特异性、检测范围广且无须特异性探针等优势而成为转录组学研究的重要工具[41]。本章节主要通过 RNA-seq 技术对不同培养时间下阪崎肠杆菌 BAA 894 及 s-3 形成的具有重要致病能力的被膜状态的转录组进行测序，进而分别对其进行趋势分析，以获得其基因表达模式的聚类分析结果，同时选取两者被膜形成总量及活性存在较大差异的时间点进行基因表达差异分析，综合趋势分析及基因表达差异分析结果，以获得该菌株被膜形成过程中的关键调控基因及其毒素表达相关基因，为后续筛选检测鉴定阪崎肠杆菌的靶点基因做准备。结合本实验室前期实验基础及 GenBank 数据库来源金黄色葡萄球菌及耐酸乳杆菌转录组学数据，以获得其转录组学信息。

1. 实验方法

（1）阪崎肠杆菌的培养及被膜形成特性

形成微生物被膜作为阪崎肠杆菌常见的特殊增殖方式，具有极其重要的研究意义。本研究将阪崎肠杆菌 BAA 894 和 s-3 分别置于含 LB 培养基 96 孔板中，37℃条件下分别培养 8 h、16 h、24 h、2 d、3 d、7 d、14 d，分离其形成的微生物被膜，并对微生物被膜总量（CV 法）及活性（XTT 法）进行测定。CV 法与 XTT 法的具体操作同 2.2.2.1 和 2.3.2.1。

（2）SEM 测定微生物被膜形貌

将阪崎肠杆菌 BAA 894 和 s-3 分别接种在 6 孔板中培养 16 h、24 h、48 h，收集其形成的微生物被膜并置于载玻片（1 mm×1 mm）。SEM 样品处理过程参考 2.2.4.2。

（3）阪崎肠杆菌 RNA 提取及质量控制

根据上述实验得到的微生物被膜的规律，选取 24 h 的微生物被膜进行转录组学测序研究。以被膜状态的阪崎肠杆菌 BAA 894 和 s-3 为研究对象，RNA 提取及质量控制参考 7.1.3 中实验方法（3）。

（4）阪崎肠杆菌文库制备及测序

同 7.1.3 中实验方法（4）。每个样品转录组测序后将得到 2 个原始数据，本章节中共得到两株阪崎肠杆菌的 4 个原始数据。

（5）阪崎肠杆菌转录组数据分析

同 7.1.3 中实验方法（5）。

2. 结果与讨论

（1）阪崎肠杆菌被膜形成特性及转录组样本选择

微生物被膜作为阪崎肠杆菌的一种特殊增殖状态，具有较强的抵抗酸性、碱性、高渗及抗生素胁迫等不利生存环境的能力，在食品生产及消费过程中难以清除，且处于被膜增殖状态的微生物依旧可以产生毒素，危害人体健康。因此，本研究主要针对阪崎肠杆菌 BAA 894 和 s-3 形成被膜的特性及相关分子机制进行研究。BAA 894 和 s-3 形成被膜的总量及活性主要测定结果如图 7-9 所示。

由图 7-9 可知，阪崎肠杆菌 s-3 和 BAA 894 的微生物被膜总量在附着阶段（8～16 h）持续增加，且在培养 24 h 时，s-3 形成的微生物被膜总量达到 BAA 894 的 5 倍。在被膜成熟期（1～7 d），两菌株微生物被膜总量均先减少后增加。在成熟后期（7～14 d），两菌株微生物被膜总量均减少，且在 14 d 时 s-3 的被膜总量略低于 BAA 894。同时，s-3 和 BAA 894 的微生物被膜活性在附着阶段（8～24 h）分别呈现下降和上升趋势，且在 24 h 时，BAA 894 形成微生物被膜的活性可达 s-3 被膜活性的 5 倍。在被膜成熟期（1～7 d）及成熟后期（7～14 d），s-3 的被膜活性呈现先上升后下降的趋势，而 BAA 894 的被膜活性持续下降，s-3 被膜活性略低于 BAA 894 的。

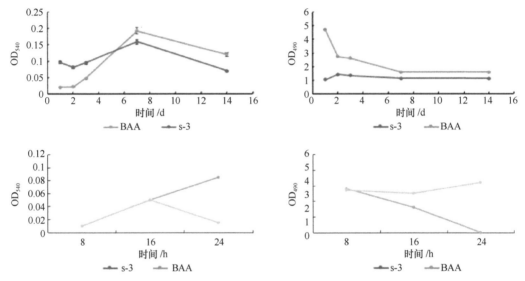

图 7-9   不同时间阪崎肠杆菌 BAA 894 和 s-3 形成的微生物被膜总量及活性

基于阪崎肠杆菌生物膜形成过程中微生物被膜总量及活性的变化趋势，可以得出在培养 24 h 时，s-3 形成的微生物被膜总量远远大于 BAA 894 的被膜总量，但其活性远远低于 BAA 894 形成微生物被膜的活性，为进一步探究阪崎肠杆菌以微生物被膜形式增殖的相关分子机制，本研究选取培养 24 h 的微生物被膜作为研究对象。

（2）阪崎肠杆菌 RNA 质量分析

将按照 7.1.3 中实验方法（2）培养 24 h 的阪崎肠杆菌 BAA 894 和 s-3 的微生物被膜分别进行分离，后提取总 RNA，经一系列纯化富集处理后，对 RNA 质量进行检测。利用 NanoDrop 2000 分光光度计及 Agilent 2100 RNA 6000 Nano Kit 对 RNA 的纯度及浓度进行初步定量与精确定量，最终样本 s-3 和 BAA 894 的浓度分别为 557 ng/μL 和 379 ng/μL，RIN 值分别为 9.7、9.4。综合检测结果可知，样品 RNA 的质量均符合测序要求，可进行后续建库及测序。

（3）食源性微生物转录组测序结果

阪崎肠杆菌 BAA 894（WT）和 s-3 分别培养 8 h、16 h、24 h、10 d 所形成微生物

被膜的 RNA 样本经测序后，经过一系列测序质量评估、比对统计及基因统计后，对其表达差异进行分析。

为进一步分析影响阪崎肠杆菌被膜形成及该过程中与毒力相关的关键基因，分别对相同时间点 BAA 894 和 s-3 形成的微生物被膜进行基因表达差异分析。

本研究中我们利用 FDR 与 log₂FC 来筛选差异基因，筛选条件为 FDR＜0.05 且 |log₂FC|＞1。其中 $\log_2FC$ 指样品 1 与样品 2 的 FPKM 差异倍数的对数值，以 2 为底；P_value 为检验统计量的 P 值；FDR 即经过 FDR 校正后的 P 值。其显著差异表达基因统计结果如图 7-10 所示。

在图 7-10 中的散点图和火山图中，横纵坐标分别表示阪崎肠杆菌 BAA 894（WT）和 s-3 两个样品的表达量，其中红色（s-3 相对于 BAA 894 表达量上调）和绿色（表达量下调）的点表示基因的表达量有显著差异（判断标准为 FDR＜0.05，且差异倍数为两倍以上），黑色的点为无差异表达。

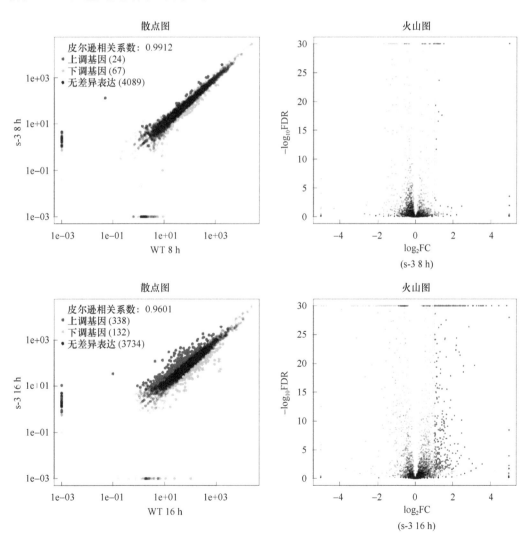

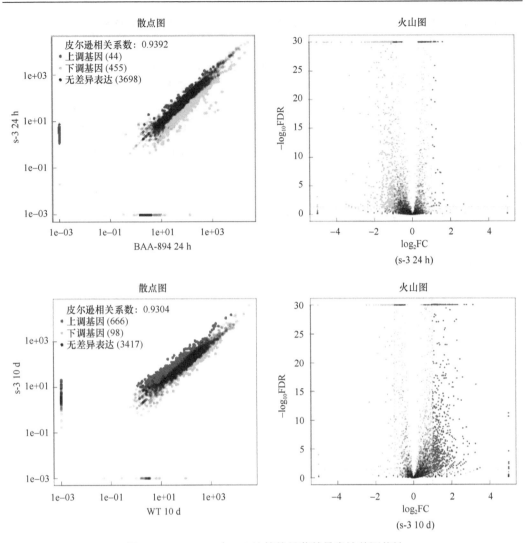

图 7-10　BAA 894 与 s-3 比较的显著差异表达基因统计

在图 7-10 中的火山图中，横坐标表示阪崎肠杆菌 s-3 相对于 BAA 894 的差异倍数对数值，纵坐标表示两个样品的 FDR 的负 $\log_{10}$ 值，红色（s-3 相对于 BAA 894 表达量上调）和绿色（表达量下调）的点表示基因的表达量有差异（判断标准为 FDR＜0.05，且差异倍数为两倍以上），黑色的点为无差异表达。

通过与培养相同时间的被膜状态的 BAA 894 进行比较，培养 8 h 时，s-3 形成的被膜中共有 91 个显著差异表达基因，其中表达上调的基因有 24 个，表达下调的基因有 67 个；培养 16 h 时，s-3 形成的被膜中共有 470 个显著差异表达基因，其中表达上调的基因有338 个，表达下调的基因有 132 个；培养 24 h 时，s-3 形成的被膜中共有 499 个显著差异表达基因，其中表达上调的基因有 44 个，表达下调的基因有 455 个；培养 10 d 时，s-3 形成的被膜中共有 764 个显著差异表达基因，其中表达上调的基因有 666 个，表达下调的基因有 98 个。

结合 BAA 894 和 s-3 被膜形成总量及活性曲线可知，培养 24 h 时，s-3 形成的微生物被膜总量远远大于 BAA 894 的被膜总量，但其活性远远低于 BAA 894 形成的微生物被膜，为进一步探究阪崎肠杆菌重要致病状态即微生物被膜状态形成的关键基因，选取培养 24 h 的微生物被膜作为研究对象。

　　获得差异基因后，对差异基因做 GO 功能分析和 KEGG Pathway 分析。作为一个标准化的基因功能分类体系，GO（Gene Ontology）提供了一套动态更新的标准词汇表来全面描述生物体中基因和基因产物的属性，其基本单位是项（term），每一个 term 代表一个属性，主要包括基因的分子功能（molecular function）、细胞组分（cellular component）、参与的生物过程（biological process），可提供差异表达基因的 GO 功能分类注释及其 GO 功能显著性富集分析。

　　将两株被膜状态的阪崎肠杆菌的差异表达基因进行 GO 功能富集分析，结果如图 7-11 所示。由图可知，相较于 BAA 894，s-3 的多数 GO 二级 term 呈现显著下调，即所对应差异基因表达显著下调。其中，显著差异基因在生物过程中的单有机体过程（single-organism process）、细胞内过程（cellular process）及代谢过程（metabolic process）这 3 个 GO term 中的数目最多，而在生物调节（biological regulation）和本地化（localization）中的数目次之，且在细胞成分组织或生物发生（cellular component organization or biogenesis）、运动（locomotion）、多生物过程（multi-organism process）及对刺激的反应（response to stimulus）这 4 个 GO term 中也出现富集。由此可知，涉及阪崎肠杆菌的细胞代谢及调节的相关基因表达，以及相应的酶及调节蛋白的合成在 s-3 中均出现了相应的变化，这使其形成的被膜总量及活性不同于 BAA 894。s-3 相较于 BAA 894 的显著差异基因在细胞组分中的细胞（cell）、细胞部分（cell part）及细胞膜（membrane）这 3 个 GO term 中的数目最多，在膜区域（membrane part）及高分子复合物（macromolecular complex）中也出现富集，表明与 BAA 894 相比，细胞膜系统相关基因在 s-3 的微生物被膜形成过程中表达差异较为明显，细胞膜系统的差异对于阪崎肠杆菌微生物被膜的形成具有十分重要的作用。相比于 BAA 894，s-3 在分子功能中的黏附（binding）和催化活性（catalytic activity）这 2 个 GO term 中富集得到的显著差异基因最多，差异基因在

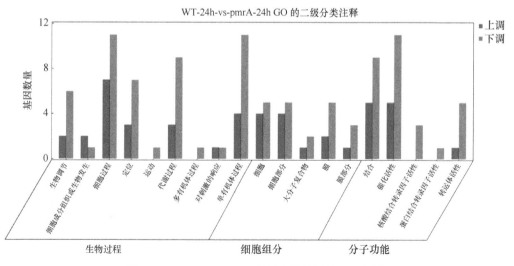

图 7-11　BAA 894 vs. s-3 差异表达基因的 GO 分析

核酸结合转录因子活性（nucleic acid binding transcription factor activity）、蛋白结合转录因子活性（protein-binding transcription factor activity）及转运体活性（transporter activity）这 3 个 GO term 中也出现富集。由此可知，与阪崎肠杆菌 BAA 894 相比，s-3 中涉及结合功能及酶类合成的相关基因在被膜形成过程中起到重要作用。

通过与 BAA 894 相比，阪崎肠杆菌 s-3 在被膜形成过程的 KEGG 代谢通路中的鞭毛装配（flagellar assembly）、双组分系统（two-component system）、细菌趋化性（bacterial chemotaxis）、铁载体组非核糖体肽的生物合成（biosynthesis of siderophore group nonribosomal peptides）、ABC 转运蛋白（ABC transporter）、氮代谢（nitrogen metabolism）、硫代谢（sulfur metabolism）通路发生了富集。其中，鞭毛装配是阪崎肠杆菌形成鞭毛。由此可知，阪崎肠杆菌被膜形成过程中涉及鞭毛形成及双组分调节系统的相关基因对被膜形成的总量及活性具有相当重要的作用，也为我们进一步探究筛选相关关键基因提供了线索。

3. 小结

（1）本章节通过对阪崎肠杆菌 BAA 894 及 s-3 的微生物被膜形成特征进行研究，确定这两株阪崎肠杆菌在形成微生物被膜过程中被膜总量及活性各自的变化趋势。

（2）通过分别对两株阪崎肠杆菌在一系列时间条件下形成的微生物被膜样本的基因表达模式进行聚类分析，发现 BAA 894 所形成的被膜中，存在 9 个显著变化的趋势模型，其中变化极为显著的趋势模型为 profile20（5.2e-56，249 个基因）和 profile23（4.7e-69，293 个基因）；s-3 所形成的被膜中，存在 6 个显著变化的趋势模型，其中变化极为显著的趋势模型为 profile25（0，722 个基因）和 profile20（2.8e-186，316 个基因）。

（3）发现培养 24 h 时，与 BAA 894 形成的被膜相比，s-3 形成的被膜中显著差异表达基因共 499 个，其中表达上调的基因有 44 个，表达下调的基因有 455 个。且在生物过程中的单有机体过程（single-organism process）、细胞内过程（cellular process）及代谢过程（metabolic process）这 3 个 GO term 中的数目最多；在细胞组分中的细胞（cell）、细胞部分（cell part）及细胞膜（membrane）这 3 个 GO term 中的数目最多；在分子功能中的黏附（binding）和催化活性（catalytic activity）这 2 个 GO term 中富集得到的显著差异基因最多。同时，KEGG 通路分析发现，差异表达基因在涉及鞭毛形成及双组分调节系统（TCS）通路中发生显著富集。

7.3　荧光假单胞菌微生物被膜形成过程的分子调控

7.3.1　概述

假单胞菌属（*Pseudomonas*）隶属于假单胞菌科，是一种专性好氧的革兰氏阴性菌。假单胞菌有数根鞭毛，无菌毛，广泛存在于水生环境和食品中，是牛奶、肉制品、水产品等富含蛋白和脂类食品中的重要嗜冷腐败菌[42]，包括荧光假单胞菌、恶臭假单胞菌、莓实假单胞菌等。研究表明，荧光假单胞菌分泌的蛋白酶和酯酶等代谢产物难以用瞬时高温灭活，导致冷藏食品的风味等理化性质变化[43]。在食品环境中假单胞菌还常在生产设备表面形成生物膜，微生物被膜成为假单胞菌的寄居所，被膜菌对食品加工过程中各种环境压力（低温、酸、盐、消毒剂）的抵抗力都有所提高。Liu 等[44]报道肉源隆德假单胞菌在 30℃、10℃、4℃温度下均能形成生物膜，菌株自黏附在接触表面 4～6 h 内便开始形成生物膜，在 4℃和 10℃条件下能够形成更多的生物膜。Zarei 等[43]发现奶制品中分离的 67 株荧光假单胞菌菌株在 7℃培养 24 h 产生生物膜，且培养至 48 h，高产菌株和中产菌株产膜率显著增加。同时，假单胞菌形成的混合生物膜可以为其他致病菌提供庇护。Wang 等[45]报道荧光假单胞菌在鱼汁基质中形成的混合微生物被膜中提高了金黄色葡萄球菌对香芹酚的耐受性。群体感应是细菌种间和种内信息交流方式，是参与微生物被膜调控的重要机制之一。致腐假单胞菌被膜菌是食品贮藏、流通和加工中生物危害的潜在污染源，本研究分析水产鱼类荧光假单胞菌致腐分离株的微生物被膜形成特征，从群体感应 LuxI/LuxR（AI-1）角度探究荧光假单胞菌微生物被膜形成的调控机制。

7.3.2 荧光假单胞菌的微生物被膜形成

7.3.2.1 鱼源分离株的微生物被膜形成[46]

分析鱼源荧光假单胞菌分离株在 28℃下静置培养的被膜生长，如图 7-12 所示。5 株荧光假单胞菌都能在试管壁的气-液界面较快地形成菌膜，随着培养时间延长，膜量逐渐增多，24 h 膜形成明显，48 h 逐步增厚，72 h 后膜开始破裂。荧光假单胞菌在 96 孔板上也能形成被膜，其中培养 3 h 时 5 株菌的微生物被膜量基本保持一致（$P>0.05$）。随着细菌生长，荧光假单胞菌的微生物被膜量也开始显著增加，培养至 12 h，PF01、PF06、PF07 和 PF10 的被膜量达到最高，分别为 1.71、1.72、2.24 和 1.61（OD_{590}），而 PFuk4 在 18 h 达到最高，为 2.50。在荧光假单胞菌分离株中 PF07 和 PFuk4 的微生物被膜形成能力较强，且 PF07 被膜形成周期较短。研究表明[47]，荧光假单胞菌具有较强的微生物被膜形成能力，且不同来源的荧光假单胞菌被膜形成能力差别较大。

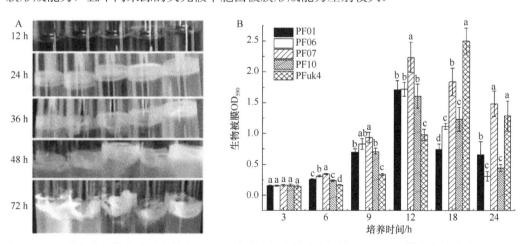

图 7-12 5 种荧光假单胞菌分离株在 28℃下静置培养的被膜生长情况（A）和微生物被膜总量（B）

7.3.2.2 分离株 EPS 含量和黏附能力

胞外聚合物（EPS）由胞外多糖、蛋白质和胞外 DNA 等多种成分组成，是形成假单胞菌微生物被膜的重要基质[48]。如图 7-13A 所示，5 株荧光假单胞菌随着培养时间延长，EPS 含量逐步增加，其中 PF07 形成 EPS 较快，在 18 h 达到最高，为 0.61（OD_{490}），而 PF01、PF06、PF10 和 PFuk4 4 株在 24 h 达到最高，分别为 0.46，0.56，0.52 和 0.48。Taguett 等[49]曾报道荧光假单胞菌 TF7 胞外多糖中含有果糖、葡萄糖和甘露糖，比例为 4：1：0.6。结合结晶紫染色和 EPS 含量分析发现，分离株 PF07 微生物被膜形成能力很强，形成周期较短，胞外多糖含量较高。

如图 7-13B 所示，假单胞菌能黏附于不锈钢片上，且 PF07 初期黏附能力最强，黏附量可达到 6.87 lg CFU/cm^2，PF01、PF06 和 PF10 的黏附量无显著差异，在 6.42～6.53 lg CFU/cm^2，PFuk4 的黏附量最低。细菌在表面的初期黏附是一个复杂的过程，受各种物理化学特性的影响，其中细胞表面疏水性被认为是最重要的物理化学参数，材料表面粗糙度、物理化学稳定性和耐腐蚀性等也影响细菌黏附[50]。还观察到假单胞菌都能较快地黏附到玻璃片表面，其中 PF07 细菌聚集形成团块，且黏附菌量较多。显微镜观察（图 7-13C）与细菌计数结果较一致，表明荧光假单胞菌 PF07 在不锈钢片和玻璃片表面黏附能力都很强。Midelet 和 Carpentier[51]也发现荧光假单胞菌能快速黏附到接触面上，隆德假单胞菌在培养 4～6 h 后开始黏附于接触表面并形成被膜[44]。

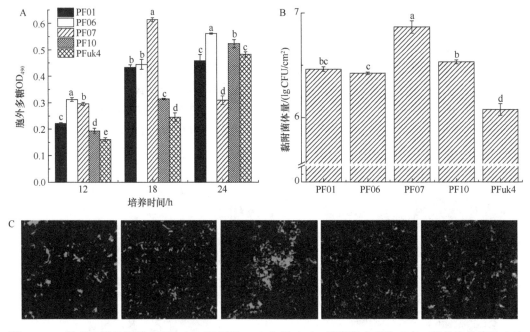

图 7-13　5 种荧光假单胞菌分离株在 28℃下的 EPS 含量（A）、黏附能力变化（B）、菌体生长情况（C）
C 中从左至右分别为 PF01、PF06、PF07、PF10 和 PFuk4

7.3.2.3　荧光假单胞菌分离株的泳动性和 AHL 活性

细菌的泳动性与微生物被膜形成能力密切相关，其有助于细菌在介质表面的运动。如图 7-14 所示，5 株荧光假单胞菌都有泳动能力，PF07 泳动性最强，扩散直径达到 39.5 mm，而其他 4 株菌的扩散直径为 25.3～32.2 mm。Liu[44]等也发现隆德假单胞菌有很强的泳动性和群集性，荧光假单胞菌 SBW25 拥有右旋鞭毛，比靠左旋鞭毛驱动的大肠杆菌有更强的泳动性[52]。

用生物报告菌紫色杆菌 CV026 检测荧光假单胞菌 AHL 活性, 如图 7-14 所示。PF07 能诱导报告菌产生紫色色素, 且 PFuk4 周围也有较浅的紫色, 而 PF01、PF06 和 PF10 不变色。利用 LC-MS/MS 定量检测两种假单胞菌的 AHL 含量, 显示 PF07 产生含量较高的 C_4-HSL, 及含量较低的 C_6-HSL、HOC_4-HSL 和 C_{12}-HSL。PFuk4 也分泌较多的 C_4-HSL, 还有 C_6-HSL、O-C_{10}-HSL 等含量较低分子。其中 PF07 中 C_4-HSL 含量显著高于 PFuk4。Mukherjee 等[53]发现 AHL 可以调控铜绿假单胞菌的黏附、游动和细菌微生物被膜的形成。

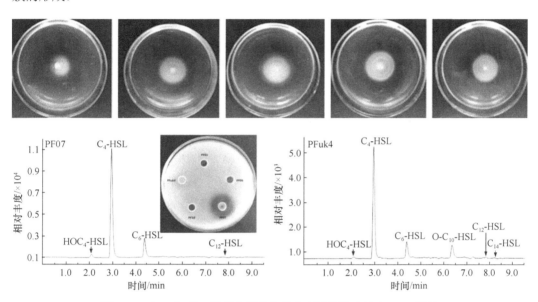

图 7-14　在 28℃下 5 种荧光假单胞菌分离株的泳动性和 AHL 活性

7.3.3　荧光假单胞菌群体感应 LuxI/LuxR 对微生物被膜形成的影响

7.3.3.1　PF07 LuxI/LuxR 缺失株的构建

革兰氏阴性菌 AHL 介导的群体感应系统由调控蛋白 LuxR、自体诱导物合成酶 LuxI 蛋白和信号分子 *N*-酰基高丝氨酸内酯类化合物三部分组成。为探究假单胞菌中高含量 AHL 对微生物被膜形成的调控, 研究分析荧光假单胞菌 PF07 中 *luxR* 和 *luxI* 基因分布, 并通过同源重组技术构建两个基因缺失株Δ*luxR* 和Δ*luxI*, 如图 7-15A 所示。测序分析发现 PF07 含有 2 个与群体感应相关的蛋白 GM004424（acyl-homoserine-lactone synthase）和 GM004425（LuxR family transcriptional regulator）, 分别将其命名为 LuxI 和 LuxR, 两者仅相距 28bp。利用 PCR 验证缺失株是否构建成功, 图 7-15B 显示 PF07 野生株扩增出约 2100 bp *luxI* 和约 1900 bp 的 *luxR* 产物, 而缺失株Δ*luxI* 仅扩增出约 1600 bp *luxI* 产物, 缺失株Δ*luxR* 扩增出约 1200 bp 的 *luxR* 片段, 与预期中的产物长度相符, 结合 PCR 扩增测序也验证了Δ*luxR* 和Δ*luxI* 敲除成功。

7.3.3.2　野生株和 LuxI/LuxR 缺失株的 AHL 活性

用报告菌法和 LC-MS/MS 检测 PF07、Δ*luxI* 和 Δ*luxR* 中的 AHL 活性。如图 7-16 所

示，在 30℃培养 24 h 后 PF07 能够诱导紫色杆菌 CV026 产生较浓的紫色素，表明该分离株有较高的 C₄-HSL 活性。与 WT 菌株相比，ΔluxR 诱导 CV026 产生较浅的紫色素，而 ΔluxI 则无颜色反应。利用 LC-MS/MS 检测三株菌中的 AHL 信号分子的种类和浓度，发现 PF07、ΔluxI 和 ΔluxR 中主要的 C₄-HSL 信号分子浓度分别为 276.88 ng/mL、106.48 ng/mL 和 0.31 ng/mL。结果表明 PF07 中 LuxI 是 C₄-HSL 的主要合成蛋白，LuxR 则可能是其同源的群体感应受体蛋白。

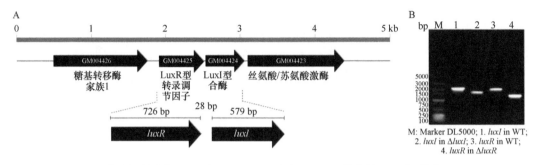

M: Marker DL5000; 1. *luxI* in WT;
2. *luxI* in Δ*luxI*; 3. *luxR* in WT;
4. *luxR* in Δ*luxR*

图 7-15　荧光假单胞菌 PF07 中 LuxI/LuxR 分布（A）和缺失株 PCR 扩增验证（B）

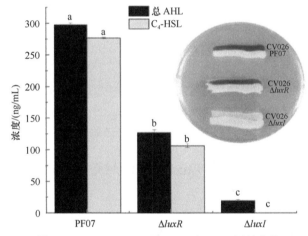

图 7-16　PF07、Δ*luxR* 和 Δ*luxI* 中 AHL 活性变化

7.3.3.3　野生株和 LuxI/LuxR 缺失株的生长及微生物被膜形成

荧光假单胞菌 PF07 野生株和突变株在 30℃和 4℃下的生长曲线如图 7-17[42] 所示。PF07、Δ*luxR*、Δ*luxI* 和 C₄-HSL 添加组在两个培养温度下生长无显著性差异，在 30℃培养 9 h 进入对数生长期，18 h 后到达稳定期，在 4℃培养 48 h 后进入对数生长期，144 h 后进入稳定期。荧光假单胞菌 PF07 野生株和突变株 Δ*luxR*、Δ*luxI* 及 C₄-HSL 添加组微生物被膜的形成如图 7-17 所示。PF07 在 30℃下形成被膜的速度较快，在初始 6 h PF07 分别与 Δ*luxR*、Δ*luxI* 相比有显著性差异（$P<0.05$），随着培养时间延长被膜量迅速增加，在 12 h 分别达 1.51、1.29 和 1.25（OD₅₉₀），且野生株与突变株间有显著差异（$P<0.05$）。4℃下的被膜量要显著高于 30℃（$P<0.05$），4℃下野生株被膜量最高时约为 30℃的 2.33 倍。4℃时，细菌被膜形成较缓慢，PF07 和 Δ*luxR*、Δ*luxI* 在 5 d 时被膜量达到最大，分别为 3.38、2.62 和 2.45（OD₅₉₀），6 d 时有所下降，且野生株被膜量显著高于两株突变

株（$P<0.05$）。C$_4$-HSL 添加能促进突变株被膜的形成，30℃时可增加 12.82%，4℃时可增加 41.67%，而两株突变株之间无显著性差异（$P>0.05$）。该结果表明荧光假单胞菌 *luxR* 及 *luxI* 基因缺失会减少被膜的形成量。

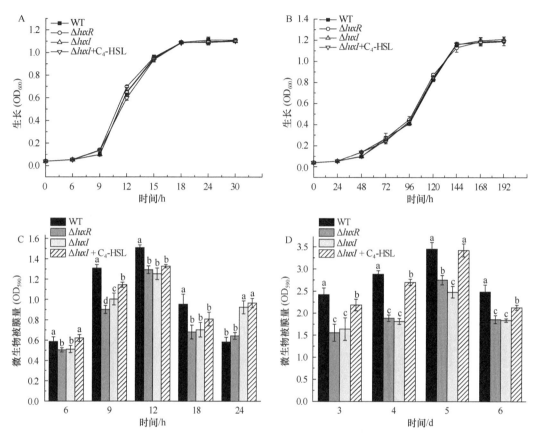

图 7-17　PF07、Δ*luxR*、Δ*luxI* 和 C$_4$-HSL 添加组在 30℃与 4℃下生长和微生物被膜形成
A. 30℃生长；B. 4℃生长；C. 30℃微生物被膜；D. 4℃微生物被膜

7.3.3.4　野生株和 LuxI/LuxR 缺失株黏附性及胞外分泌物

　　荧光假单胞菌野生株 PF07 和突变株Δ*luxR*、Δ*luxI* 及 C$_4$-HSL 添加组在不锈钢片上的黏附能力，如图 7-18[42]A 和 B 所示。野生株和突变株在 4℃和 30℃下的黏附量有显著性差异。30℃时，野生株及Δ*luxR*、Δ*luxI* 突变株在 18 h 达到最高黏附量，分别为 6.56 lg CFU/cm^2、5.67 lg CFU/cm^2 和 5.88 lg CFU/cm^2，24 h 时黏附量有所下降。4℃时，野生株和突变株的黏附量在 5 d 时达到最大，分别为 6.49 lg CFU/cm^2、5.58 lg CFU/cm^2 和 5.64 lg CFU/cm^2，且 PF07 黏附能力显著高于Δ*luxR* 和Δ*luxI*（$P<0.05$）。在两个温度下突变株黏附能力显著低于野生株（$P<0.05$），而突变株间无显著性差异（$P>0.05$），且在Δ*luxI* 中添加 C$_4$-HSL 能提高其黏附量，在 30℃与 4℃下最高值时分别能恢复 17.39%和 16.12%，表明 *luxR* 和 *luxI* 缺失减弱荧光假单胞菌的黏附。

　　如图 7-18C 和 D 所示，30℃下细菌 PF07 在 12 h 时胞外多糖含量达到最高，为 38.96 μg/mL，之后略有下降。突变株Δ*luxR* 和Δ*luxI* 胞外多糖含量显著低于野生株 PF07（$P<0.05$），且在 9 h 时差异最大，而两株突变株之间无显著性差异（$P>0.05$）。随着 4℃

培养时间延长，细菌胞外多糖含量逐渐增加，5 d 达到最高，PF07、ΔluxR 及 ΔluxI 在 5 d 时胞外多糖含量分别为 75.61 µg/mL、60.09 µg/mL 和 56.41 µg/mL，野生株的胞外多糖含量显著高于两株突变株（$P < 0.05$）。添加 C_4-HSL 组在被膜形成初、中期胞外多糖含量显著高于突变株，在 30℃ 与 4℃ 下最高值时分别增加 31.25% 和 25.64%。可见，荧光假单胞菌 luxR 及 luxI 基因缺失会降低细菌胞外多糖的分泌。胞外多糖是生物膜的重要组成部分，填充细菌之间的空间，为生物膜形成提供结构支撑[54]，提示荧光假单胞菌 LuxI/LuxR 群体感应系统参与微生物被膜多糖分泌的调控。

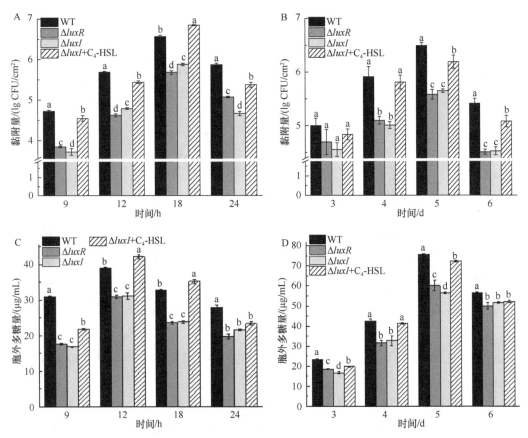

图 7-18　PF07、ΔluxR、ΔluxI 及 C_4-HSL 添加组在 30℃（A）及 4℃（B）下的黏附量，以及在 30℃（C）及 4℃（D）下的胞外多糖量

通过激光扫描共聚焦显微镜（CLSM）和扫描电子显微镜（SEM）观察了 PF07 野生株、ΔluxR、ΔluxI 及 C_4-HSL 添加组在 30℃ 培养 24 h 和 4℃ 培养 120 h 的生物膜空间结构。如图 7-19 所示，PF07 被膜中细菌聚集，形成相当厚且紧凑的生物膜，而两个突变株形成薄的生物膜，都较薄且结构较为稀疏。野生株、ΔluxR 和 ΔluxI 在 30℃ 培养 24 h 形成的生物膜的厚度分别为 31.0 µm、14.0 µm 和 18.0 µm，在 4℃ 分别为 50.0 µm、25.0 µm 和 22.0 µm。SEM 还观察到 PF07 野生株产生较多的 EPS 基质，促进形成有空间结构的被膜，而 ΔluxR 和 ΔluxI 的生物膜 EPS 的分泌明显减少。此外，外源添加 C_4-HSL 使 ΔluxI 在 30℃ 和 4℃ 生物膜厚度分别增加至 25.0 µm 和 35.0 µm。可见，荧光假单胞菌 PF07 在低温下可以产生较多的被膜量，提示群体感应 LuxI/LuxR 参与调控 PF07 被膜及

胞外分泌物形成。

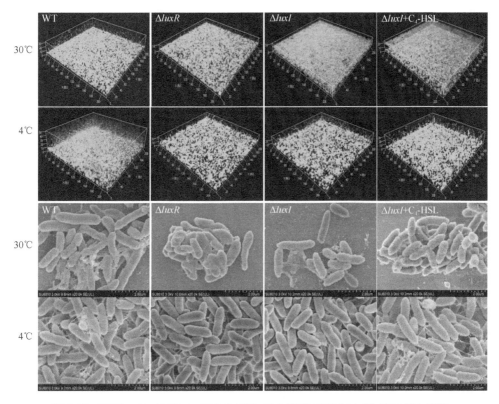

图 7-19 PF07、Δ*luxR* 和Δ*luxI* 和 C₄-HSL 添加组在 30℃ 24 h 和 4℃ 120 h 下的
CLSM（上两排）和 SEM 图（下两排）

7.3.3.5 野生株和 LuxI/LuxR 缺失株的泳动能力比较

如图 7-20 所示，荧光假单胞菌野生株 PF07 和突变株Δ*luxR*、Δ*luxI* 及 C₄-HSL 添加组在培养 24 h 后的泳动扩散直径分别达到 26 mm、33 mm、30 mm 和 20mm，野生株 PF07 的直径要显著低于突变株Δ*luxR* 及Δ*luxI*。4 组菌在培养 36 h 的泳动能力差异最明显，分别为 46 mm、59 mm、55 mm 和 40 mm，而在Δ*luxI* 中添加 40 μmol/L 的 C₄-HSL 后泳动性明显被抑制（$P<0.05$），其至低于野生株。结果表明，*luxR* 及 *luxI* 基因的敲除都使荧光假单胞菌的泳动能力增强。荧光假单胞菌 F113[55]和杀鲑气单胞菌 AE03[56]中也发现 LuxI/LuxR 对鞭毛运动的负调控。细菌泳动是由鞭毛介导的一种迁移运动，泳动性直接影响细菌生物膜形成过程中与初始表面接触的能力[57]。

7.3.4 转录组学分析 LuxI/LuxR 对荧光假单胞菌微生物被膜的调控

7.3.4.1 转录组学分析差异表达基因

研究利用转录组学 RNA-seq 技术分析野生株 PF07、缺失株Δ*luxI* 和Δ*luxR* 及Δ*luxI* 中添加 C₄-HSL 细菌间转录组基因的差异表达变化，从分子水平寻找重要的差异表达基因及参与的代谢调控途径。使用 Illumina HiSeq 2500 测序平台对 4 株菌的 8 个转录样本进行测序，各样品 clean data 均达到 1 GB 以上，且 Q20 均大于 97.56%，Q30 均大于 93.02%。各组样品间的皮尔逊相关系数 r 在 0.985 75～0.988 75。

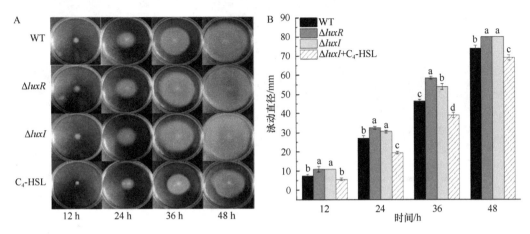

图 7-20　PF07、$\Delta luxR$、$\Delta luxI$ 及 C_4-HSL 添加组泳动能力比较

如图 7-21 所示，结果发现 $\Delta luxR$、$\Delta luxI$ 及添加 40 μmol/L C_4-HSL 的 $\Delta luxI$ 与野生株 PF07 分别有 130、61 和 274 个差异基因。其中，$\Delta luxR$ 菌株的差异基因中有 78 个上调，52 个下调，$\Delta luxI$ 分别有 15 个和 46 个基因表达量上调和下调，而在 C_4-HSL 添加组则分别有 116 个和 158 个基因上调和下调。差异基因维恩图也显示 $\Delta luxR$ 和 $\Delta luxI$ 共同的差异基因只有 23 个，而大部分差异基因则分别由 $luxI$ 或 $luxR$ 独立来调控。从数量上看，$luxR$ 缺失株中的差异基因比 $luxI$ 缺失株中多 69 个，提示群体感应的转录因子 LuxR 不但参与依赖于 LuxI 的调控，还参与不依赖于 LuxI 的调控，具有更广泛的调节菌体生理功能作用。而 C_4-HSL 添加组的差异基因比 $\Delta luxR$、$\Delta luxI$ 分别多 144 和 213 个，表明外源添加 C_4-HSL 对荧光假单胞菌基因表达和生理功能产生较广泛的影响。

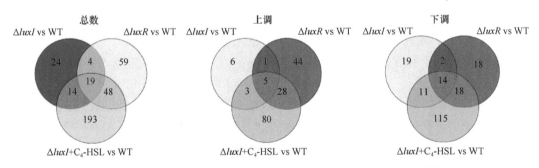

图 7-21　PF07 野生株与 $\Delta luxR$、$\Delta luxI$、$\Delta luxI$+C_4-HSL 差异表达基因的维恩图

GO 分为分子功能（molecular function）、生物过程（biological process）和细胞组分（cellular component）三个部分。由差异基因 GO 富集柱状图（图 7-22）可知，$\Delta luxR$ 中差异基因主要分布在生物过程和分子功能，而 $\Delta luxI$ 和 C_4-HSL 添加组差异基因 GO 主要分布在生物过程、细胞组分和分子功能。结果表明，$luxR$ 敲除对荧光假单胞菌的分子功能发挥作用，而对细胞组分的影响较小。$luxI$ 敲除后生物过程、分子功能和细菌细胞组分三个部分的差异基因个数分布均匀；而 C_4-HSL 添加组差异基因主要为参与分子功能的差异基因。

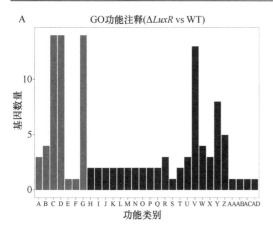
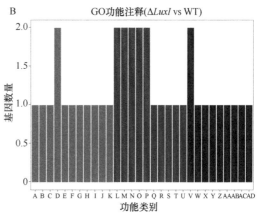
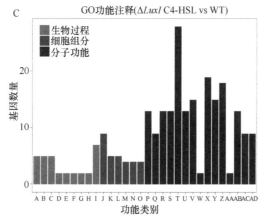

图 7-22　PF07 中 Δ*luxR*（A）、Δ*luxI*（B）和 C₄-HSL（C）组差异基因的 GO 富集分析图

A. 功能类别：[A]G 蛋白偶联受体信号通路，[B]病毒生命周期，[C]羧酸代谢过程，[D]含氧酸代谢过程，[E]*N*-末端蛋白质氨基酸甲基化，[F]*N*-末端蛋白质氨基酸修饰，[G]有机酸代谢过程，[H]异柠檬酸裂解酶活力，[I]mRNA（鸟氨酸-7-）-甲基转移酶活性，[J]mRNA（核苷-2′-O-）-甲基转移酶活性，[K]信使核糖核酸甲基转移酶活性，[L]转移酶活性，转移酰基，转移时转化为烷基的酰基，[M]氧酸裂解酶活力，[N]CoA 转移酶活性，[O]3-氧代酰基-[酰基载体蛋白]合酶活性，[P]转移酶活性，转移含硫基团，[Q]脂肪酸合酶活性，[R]*N*-甲基转移酶活性，[S]氧化还原酶活性，作用于配对的供体，结合或还原分子氧，还原的蝶啶作为一个供体，结合一个氧原子，[T]G 蛋白 β/γ-亚基复合体结合，[U]邻甲基转移酶活性，[V]作用于酸酐的水解酶活性，[W]CoA 脱氢酶活性，[X]RNA 聚合酶活性，[Y]裂解酶活性，[Z]核苷酸转移酶活性，[AA]内向整流钾通道活性，[AB]延胡索酰乙酰乙酸水解酶活性，[AC]作用于酸性碳-碳键的水解酶活性，[AD]酮类物质中作用于酸性碳-碳键的水解酶活性

B. 功能类别：[A]*N*-末端蛋白质氨基酸甲基化，[B]*N*-末端蛋白质氨基酸修饰，[C]戊糖磷酸支路，非氧化性支路，[D]钠离子转运，[E]蛋白质甲基化，[F]蛋白质烷基化，[G]节律行为，[H]昼夜节律，[I]昼夜睡眠/觉醒周期过程，[J]昼夜睡眠/觉醒周期，[K]昼夜行为，[L]宿主，[M]宿主细胞，[N]其他生物体，[O]其他生物体细胞，[P]其他生物体部分，[Q]蛋白酶体复合物，[R]蛋白酶体核心复合体，[S]两细胞紧密连接，[T]顶端连接复合体，[U]封闭连接，[V]氧化还原酶活性，作用于 NAD（P）H，苯二酚或类似化合物作为受体，[W]氧化还原酶活性，作用于配对的供体，结合或还原分子氧，还原的蝶啶作为一个供体，结合一个氧原子，[X]4-羟基苏氨酸-4-磷酸脱氢酶活性，[Y]苏氨酸型内肽酶活性，[Z]苏氨酸型肽酶活性，[AA]核糖-5-磷酸异构酶活性，[AB]多肽受体活性，[AC]G 蛋白偶联多肽受体活性，[AD]食欲素受体活性

C. 功能类别：[A]纤毛或鞭毛依赖的细胞运动性，[B]细菌型鞭毛依赖的细胞运动性，[C]古生型或细菌型鞭毛依赖的细胞运动性，[D]嘌呤核苷酸碱基代谢过程，[E]嘌呤核苷酸碱基生物合成过程，[F]核苷酸碱基代谢过程，[G]核苷酸碱基生物合成过程，[H]谷氨酰胺家族氨基酸分解代谢过程，[I]细胞呼吸，[J]催化络合物，[K]跨膜转运蛋白复合体，[L]转运复合体，[M]ATP 结合盒式转运蛋白复合体，[N]ATP 酶依赖性跨膜转运复合体，[O]NBP35-Cfd1 ATP 酶复合体，[P]磷酸转移传感器激酶活性，[Q]血红素结合，[R]蛋白组氨酸激酶活性，[S]以含氮基团为受体的磷酸转移酶活性，[T]转移酶活性，转移含磷基团，[U]受体信号蛋白活性，[V]信号受体活性，[W]磷酸核糖胺-甘氨酸连接酶活性，[X]激酶活性，[Y]连接酶活性，[Z]磷酸转移酶活性，醇基为受体，[AA]单羧酸跨膜转运蛋白活性，[AB]蛋白激酶活性，[AC]四吡咯结合，[AD]黄素腺嘌呤二核苷酸结合

为确定差异表达基因参与的主要代谢通路和信号通路，在有关通路分析的 KEGG 数据库中对差异基因进行富集，筛选条件为 $P<0.05$，在 $\Delta luxR$、$\Delta luxI$ 和 C$_4$-HSL 添加组中共筛选到 36 个显著富集的通路，如图 7-23 所示。敲除株 $\Delta luxR$ 差异基因的 KEGG 通路主要有代谢通路（metabolic pathways，15 个），次级代谢产物生物合成（biosynthesis secondary metabolites，7 个），不同环境下的微生物代谢（microbial metabolism in diverse

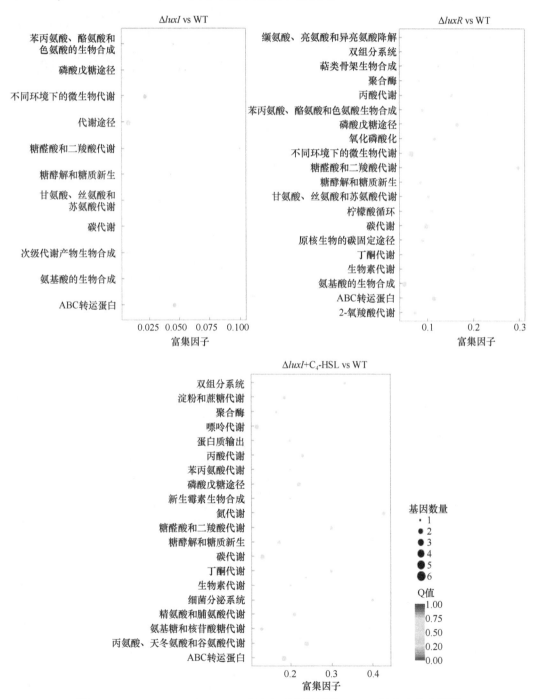

图 7-23　$\Delta luxR$、$\Delta luxI$ 和 C$_4$-HSL 添加组差异基因的 KEGG 通路富集分析图

environments，6 个），碳代谢（carbon metabolism，6 个）。ΔluxI 差异基因的 KEGG Pathway 主要富集在代谢通路（metabolic pathways，3 个），不同环境下的微生物代谢（microbial metabolism in diverse environments，2 个），ABC 转运蛋白（ABC transporter，2 个），碳代谢（carbon metabolism，1 个）。C_4-HSL 添加组差异基因显著富集通路包括代谢通路（metabolic pathways，31 个），次级代谢产物生物合成（biosynthesis secondary metabolites，12 个），不同环境下的微生物代谢（microbial metabolism in diverse environments，9 个）。

将ΔluxR、ΔluxI 和 C_4-HSL 添加组的显著差异基因进行归类整理，分成 5 部分（表 7-5）。结果显示，LuxI/LuxR 共同调控的差异基因主要包括参与新陈代谢和能量产生（metabolism and energy production，12 个），细胞壁相关蛋白和胞外多糖（cell wall related proteins and exopolysaccharides，3 个），转运系统（transport system，4 个），替代 σ 因子、调控因子和双组分系统组氨酸激酶（alternative sigma factors，regulators and two-component system histidine kinases，2 个）和应激反应（stress response，2 个）的基因。LuxR 缺失影响的显著差异基因大多数属于代谢和能量产生相关基因，有 46 个，其次是转运系统相关基因，有 20 个，细胞壁相关蛋白和胞外多糖及替代 σ 因子和双组分系统组氨酸激酶分别有 8 个。此外，有 3 个耐药系统类，1 个相关的嗜铁素受体蛋白。LuxI 缺失影响的显著差异基因主要包括代谢和能量产生相关基因 12 个，替代 σ 因子和双组分系统组氨酸激酶相关基因 5 个，细胞壁相关蛋白基因 4 个，转运系统相关基因 2 个，以及嗜铁素受体蛋白基因 1 个。C_4-HSL 添加组显著差异基因主要参与代谢和能量产生，有 67 个，转运系统相关基因有 13 个，替代 σ 因子和双组分系统组氨酸激酶相关基因有 12 个，细胞壁相关蛋白和胞外多糖相关基因有 10 个，耐药系统相关基因有 8 个，此外还有 11 个与鞭毛形成及鞭毛介导的运动性相关的基因。结果表明，LuxR 比 LuxI 具有更广泛的调节菌体生理功能的作用，且外源添加的 C_4-HSL 与内源产生信号分子之间的调节机制存在一定差异。

表 7-5　LuxI/LuxR 共同影响的显著差异基因

功能类别	基因位点	$\log_2$ 比率			描述
		ΔluxR	ΔluxI	ΔluxI+C_4-HSL	
新陈代谢和能量产生	HZ99_RS02925	−1.785 2	−1.574 1	−1.508 1	丝氨酸 3-脱氢酶
	HZ99_RS08370	−0.751 37	−0.675 38	−1.455 6	硫酸化酶
	HZ99_RS09675	2.178 1	1.218 4	0.564 29	乙酸-CoA 连接酶
	HZ99_RS13355	0.783 9	0.439 08	0.578 69	醛脱氢酶
	HZ99_RS17720	−0.788 24	−0.632 13	−0.774 86	细胞色素 c 氧化酶亚基 I
	HZ99_RS01150	−6.430 8	6.650 4	−4.357 8	α/β 水解酶
	HZ99_RS19665	−0.725 12	−0.666 36	−0.835 17	聚（3-羟基链烷酸酯）解聚酶
	HZ99_RS21320	−0.497 67	−0.591 6	−1.052 1	折叠金属水解酶（MBL）
	HZ99_RS21325	−0.880 34	−0.632 1	−1.192 7	TIGR01244 家族磷酸酶
	HZ99_RS25215	0.524 18	0.417 69	0.417 31	苯丙氨酸 4-单加氧酶
	HZ99_RS27085	−0.916 17	−0.837 2	−0.924 72	2,4-二烯酰辅酶 A 还原酶
	HZ99_RS00280	−0.886 49	−1.113 9	−0.564 6	鸟氨酸单加氧酶
细胞壁相关蛋白和胞外多糖	HZ99_RS01145	−5.084 3	−6.138 3	−5.084 3	糖基转移酶
	HZ99_RS10915	−0.547 64	−0.656 93		尾蛋白
	HZ99_RS00110	−0.336 28	−0.457 74	0.732 49	多糖生物合成蛋白

续表

功能类别	基因位点	log₂ 比率			描述
		$\Delta luxR$	$\Delta luxI$	$\Delta luxI$+C₄-HSL	
转运系统	HZ99_RS16760	2.376 6	0.919 24	0.760 98	磷酸盐 ABC 转运蛋白渗透酶
	HZ99_RS16750	1.520 3	0.929 24	0.454 05	磷酸盐 ABC 转运蛋白ATP 结合蛋白
	HZ99_RS16755	2.359 5	0.825 73	0.566 33	磷酸盐 ABC 转运蛋白 PstA
	HZ99_RS10965	−0.690 28	−1.012 6		脓菌素 R2 受体
替代 σ 因子、调节因子和双组分系统组氨酸激酶	HZ99_RS09065	0.683 04	0.786 98	−0.362 64	组氨酸激酶
	HZ99_RS23780	−0.382 25	−0.463 35	−0.486 55	RNA 聚合酶 σ 因子 RpoS
压力反应	HZ99_RS21335	−0.742 9	−0.697 13		OsmC 家族过氧化物酶
	HZ99_RS19685	−0.327 07	−0.305 9		ATP 依赖性蛋白酶亚基 HslV

如表 7-6 所示，分析发现 LuxI/LuxR 共同显著影响与微生物被膜相关的差异基因。两个突变株和 C₄-HSL 组能上调与环二鸟苷酸（c-di-GMP）合成有关的磷酸转运系统（Pst system）的 3 个基因，该系统参与微生物被膜形成。$\Delta luxR$ 和 $\Delta luxI$ 导致与胞外多糖跨膜运输相关的 1 个基因下调，并且 $\Delta luxR$ 上调 2 个与 c-di-GMP 合成有关的基因 *PhoB/U*。此外，外源添加 C₄-HSL 组 5 个胞外多糖相关的基因上调。

表 7-6 $\Delta luxR$、$\Delta luxI$ 和 C₄-HSL 添加组中微生物被膜相关差异基因

功能类别	基因位点	log₂ 比率			描述
		$\Delta luxR$	$\Delta luxI$	$\Delta luxI$+C₄-HSL	
胞外多糖	HZ99_RS00110	−0.336 28	−0.457 74	0.732 49	多糖生物合成蛋白
	HZ99_RS00100	—	—	0.476 49	糖基转移酶家族 1
	HZ99_RS00105	—	—	0.491 85	LPS 生物合成蛋白
	HZ99_RS00115	—	—	0.544 55	糖基转移酶家族 2 蛋白
	HZ99_RS00120	—	—	0.605 54	1-磷酸甘露糖鸟苷酸转移酶/6-磷酸甘露糖异构酶
	HZ99_RS03525	—	—	0.406 39	UDP-葡萄糖/GDP-甘露糖脱氢酶家族蛋白
Pst 系统	HZ99_RS16760	2.376 6	0.919 24	0.760 98	磷酸盐 ABC 转运蛋白渗透酶
	HZ99_RS16750	1.520 3	0.929 24	0.454 05	磷酸盐 ABC 转运 ATP 结合蛋白
	HZ99_RS16755	2.359 5	0.825 73	0.566 33	磷酸盐 ABC 转运蛋白 PstA
磷酸盐调节子	HZ99_RS16745	0.794 19	—	—	磷酸盐转运系统调节蛋白 PhoU
	HZ99_RS16720	0.580 57	—	—	磷酸调节子转录调节蛋白 PhoB

luxI/luxR 敲除降低荧光假单胞菌（*Pseudomonas fluorscens*）胞外蛋白酶和嗜铁素的产生，与致腐性相关的差异表达基因如表 7-7 所示。$\Delta luxR$ 和 $\Delta luxI$ 均能下调与蛋白酶活性、参与硫代谢、脂代谢、胺类物质代谢及嗜铁素合成相关的 5 类基因。荧光假单胞菌分泌高活性的胞外蛋白酶（AprX），而鸟氨酸单加氧酶参与该菌嗜铁素的生物合成，是重要的腐败因子。另外，$\Delta luxR$ 中 HZ99_RS10600（TonB 依赖性受体）和 $\Delta luxI$ 中 HZ99_RS00065（TonB 依赖性铁载体）也下调。$\Delta luxR$ 还有 2 个与脂肪酸合成相关的基因下调。此外，在 $\Delta luxR$、$\Delta luxI$ 和 C₄-HSL 添加组的差异基因中出现一些与氨基酸代谢、碳代谢等相关的基因，影响假单胞菌腐败行为。

表 7-7 ΔluxR、ΔluxI 和 C₄-HSL 添加组中致腐性相关差异基因

功能类别	基因位点	log₂ 比率			描述
		ΔluxR	ΔluxI	ΔluxI+C₄-HSL	
蛋白酶的产生	HZ99_RS02925	−1.785 2	−1.574 1	−1.508 1	丝氨酸 3-脱氢酶
嗜铁素的产生	HZ99_RS00280	−0.886 49	−1.113 9	−0.564 6	鸟氨酸单加氧酶
	HZ99_RS10600	−0.762 01	—	—	TonB 依赖性受体
	HZ99_RS00065	—	−2.118 1	—	TonB 依赖性铁载体
脂质代谢	HZ99_RS07925	−0.554 16	—	—	乙酰辅酶 A C-酰基转移酶 FadA
	HZ99_RS07930	−0.355 34	—	—	脂肪酸氧化复合亚基 α FadB
	HZ99_RS19665	−0.725 12	−0.666 36	−0.835 17	聚（3-羟基链烷酸酯）解聚酶
绿脓菌素产生	HZ99_RS10965	−0.690 28	−1.012 6	—	绿脓菌素 R2 穿孔素
腐败气味的产生	HZ99_RS08370	−0.751 37	−0.675 38	−1.455 6	硫酸化酶
	HZ99_RS01150	−6.430 8	−6.650 4	−4.357 8	α/β 水解酶
	HZ99_RS13355	0.783 9	0.439 08	0.578 69	醛脱氢酶
	HZ99_RS09675	2.178 1	1.218 4	0.564 29	乙酸-CoA 连接酶
	HZ99_RS25215	0.524 18	0.417 69	0.417 31	苯丙氨酸 4-单加氧酶

7.3.4.2 野生株和 luxI/luxR 缺失株微生物被膜相关基因的表达量变化

以 16S rRNA 为内参基因，测定 PF07 野生株、ΔluxR、ΔluxI 和 C₄-HSL 添加组培养 12 h 和 24 h 后，海藻酸盐（alg）、黏附素（lapA）、鞭毛合成蛋白（flgA）、RNA 聚合酶 δ 因子（rpoS）及碱性蛋白酶（aprX）相关基因表达水平，结果如图 7-24 所示。以 PF07 为对照组，ΔluxR 和 ΔluxI 除 flgA 外其他 4 个基因均下调，而 flgA 上调。ΔluxI 添加 40 μmol/L C₄-HSL 能部分恢复缺失株中 5 个基因的表达，4 株菌中 5 种基因的表达在 24 h 和 12 h 呈现相似趋势，仅在 24 h 变化趋缓。该结果表明，荧光定量 PCR 与转录组学的测序结果相似[58]。

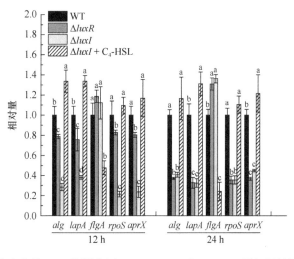

图 7-24 荧光定量 PCR 检测验证ΔluxR、ΔluxI 和 C₄-HSL 添加组转录组学测序

7.3.5　小结

荧光假单胞菌表现强的微生物被膜形成能力，且能较快地黏附于不锈钢片和玻璃片表面，该菌泳动性强，分泌高活性的蛋白酶及嗜铁素。PF07 较强的微生物被膜形成能力和致腐性，与高活性的 AHL 存在内在关联。荧光假单胞菌 PF07 含有一对 I 型群体感应高丝氨酸内酯合成酶 LuxI 和受体蛋白 LuxR。通过基因敲除技术及转录组学技术，比较研究野生株、$luxI/luxR$ 突变株和添加 C_4-HSL $luxI$ 突变株的多种生理表型及基因表达的差异变化，揭示 $luxI/luxR$ 能上调多糖相关基因、下调 Pst 系统及 PhoB/U 双组分系统相关基因来促进微生物被膜的形成，影响胞外蛋白、嗜铁素、脂质代谢等致腐基因参与调控。研究证实了群体感应 LuxI/LuxR 对荧光假单胞菌被膜形成和致腐能力的正向调节作用。

7.4　希瓦氏菌微生物被膜形成过程的分子调控

7.4.1　概述

希瓦氏菌属（$Shewanella$）为 γ-变形杆菌，隶属于弧菌科（Vibrionaceae），为革兰氏阴性菌、兼性厌氧菌。1931 年希瓦氏菌首次被分离时被认为是假单胞菌属，于 1985 年得到正式命名。希瓦氏菌环境适应性强，能够在复杂多变的环境条件下生长繁殖。希瓦氏菌是一类能耦合金属氧化物、电极的还原与细胞自身代谢生长的重要环境微生物。某些希瓦氏菌也是低温贮藏海产品中最常见的微生物之一[59]，其中腐败希瓦氏菌（$S. putrefaciens$）和波罗的海希瓦氏菌（$S. baltica$）为冷藏凡纳滨对虾、大黄鱼等的特定腐败菌[60, 61]。研究发现，希瓦氏菌能将含氮物质降解为三甲胺、硫化物和有机酸，产生令人不快的异味，从而导致海产品腐败[62]。同时希瓦氏菌也是各种水生生物的条件致病菌和人类潜在的病原体[63]。人类一旦感染，会出现肺炎、心内膜炎、软组织感染等多种疾病[64, 65]。研究表明，希瓦氏菌属在多种环境中能形成微生物被膜，在海洋微生物被膜和绿藻中分离到该菌。铁氧化物表面微菌落的形成提示希瓦氏菌属能在矿物表面附着并紧密结合。在生物电化学系统中，希瓦氏菌细胞在电极表面形成生物膜，促进电子从细胞转移到电极。海产品中致腐相关的希瓦氏菌也能形成微生物被膜，可以黏附到不锈钢片、玻璃片等多种无生命介质表面。

7.4.2　希瓦氏菌的微生物被膜形成特点

在食品储存和加工过程中，微生物会遇到一系列的胁迫，如热、冷、盐、酸和防腐剂[60]，微生物的耐受能力对生存至关重要[66]。研究分析大黄鱼波罗的海希瓦氏菌分离株 SB02 和 SB19 在营养缺陷、NaCl、酸性环境条件（添加乙酸）和葡萄糖应激条件下微生物被膜变化。如图 7-25 所示，随着 NaCl 浓度的增加，两株希瓦氏菌微生物被膜的形成逐渐减弱。当 NaCl 浓度达到或者高于 2%，菌体微生物被膜的形成能力较弱。当葡萄糖以 1%、2%、3%浓度添加后，希瓦氏菌微生物被膜形成量逐步增加，SB02 和 SB19 在 4%葡萄糖下分别增加 1.3 倍和 0.47 倍。希瓦氏菌微生物被膜的形成在营养缺失时明显减弱，其中在 1/5 LB 肉汤中希瓦氏菌被膜减少率为 64.20%，在 1/10 LB 与 1/5 LB 被膜形成相似。随着乙酸浓度增加，希瓦氏菌微生物被膜的形成量呈现下降趋势。当乙酸浓度为 0.75 mg/mL 时，两株希瓦氏菌微生物被膜显著减少，而 1.0 mg/mL 时被膜菌形成微弱。酸性环境条件下希瓦氏菌被膜形成能力下降，可能与菌体鞭毛运动能力减弱有关[67]。

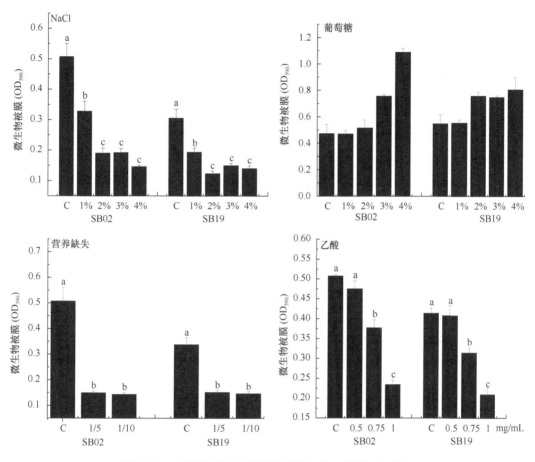

图 7-25　4 种培养条件对希瓦氏菌微生物被膜形成的影响

　　培养温度影响波罗的海希瓦氏菌微生物被膜形成能力和周期，如图 7-26 所示。希瓦氏菌在 30℃下能快速形成微生物被膜，在 12 h 微生物被膜形成量较高，结晶紫染色的 OD_{540} 为 0.45。在 15℃下希瓦氏菌在 24 h 就开始快速形成微生物被膜，在 36 h 后 OD_{540} 达到 0.51（$P < 0.05$）。在 4℃下微生物被膜形成缓慢，而生成能力最强（$P < 0.05$），该菌在 4℃下培养 96 h 的 OD_{540} 达到 1.04，且 4℃形成的被膜总量明显多于 15℃和 30℃。相似地，希瓦氏菌在 30℃培养 12 h 的黏附量明显，培养 24 h 后大量细菌聚集。而 4℃培养 72 h 后细菌密集黏附，被膜维持时间长。可见，波罗的海希瓦氏菌在低温下微生物被膜生成周期延长，被膜量显著增多，黏附力也明显增加。

7.4.3　希瓦氏菌黏附因子在微生物被膜形成中的作用

　　已较早报道奥内达希瓦氏菌（*Shewanella oneidensis*）微生物被膜形成促进因子

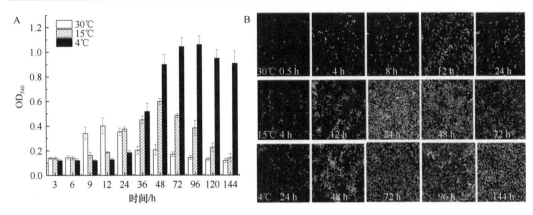

图 7-26　培养温度对希瓦氏菌微生物被膜形成的影响

（biofilm-promoting factor A，BpfA）是其被膜形成中的重要蛋白[68]，并发现 BpfA 促进 *S. oneidensis* MR-1 微生物被膜的不可逆黏附。Zhou 等[69]阐明三种黏附蛋白的作用，其中 BpfA 作为分子"胶水"直接参与生物膜的形成；BpfG 不仅是生物膜形成过程中协调 BpfA 分泌的必要蛋白，而且能将 BpfA 转化为微生物被膜释放的活性物质；BpfD 通过与 BpfA 和 BpfG 相互作用来调控微生物被膜的发育，并可能响应信号分子环二鸟苷酸（c-di-GMP）。此外研究发现，BpfA 的分泌受到 c-di-GMP 的调控。

7.4.4　群体感应 LuxR 蛋白结构及其对希瓦氏菌微生物被膜形成的影响

AHL 介导的群体感应是多种革兰氏阴性菌中重要的调控系统。然而，希瓦氏菌中仅发现有未配对的 LuxR 受体蛋白，而缺少相对应的 LuxI 型 AHL 合成酶，即称为 LuxR solo 或 orphans 的蛋白。大黄鱼源波罗的海希瓦氏菌（*Shewanella baltica*）能够分泌环二化类信号并可激活 LuxR 受体基因，且环二肽能够调控其致腐能力[70, 71]。研究将分离鉴定的强致腐株波罗的海希瓦氏菌进行全基因组测序，把测序获得的序列进行组装及注释，在 SB19 菌株中发现 9 个 LuxR-type 蛋白，经与 NCBI 比对，其蛋白序列的相似性如表 7-8 所示。

表 7-8　*S. baltica* 中 LuxR-type 蛋白与 NCBI 库比对

靶蛋白	蛋白质序号	描述	相似性	
LuxR01	S19_000421	PFAM 调节蛋白 LuxR	*S. baltica* OS155	100%
LuxR02	S19_000582	LuxR 家族双组分转录调节因子	*S. baltica* OS155	98%
LuxR03	S19_000707	LuxR 家族双组分转录调节因子	*S. baltica* BA175	98%
LuxR04	S19_001223	螺旋-转-螺旋转录调节因子	*S. baltica* OS185	100%
LuxR05	S19_001264	PFAM 调节蛋白 LuxR	*S. baltica* OS185	100%
LuxR06	S19_001911	PFAM 调节蛋白 LuxR	*S. baltica* OS195	100%
LuxR07	S19_003052	LuxR 家族双组分转录调节因子	*S. baltica* OS155	100%
LuxR08	S19_003185	PFAM 调节蛋白 LuxR	*S. baltica* BA175	97%
LuxR09	S19_004111	LuxR 家族双组分转录调节因子	*S. baltica* OS195	99%

通过蛋白质序列比对发现，10 个蛋白质的序列相似性不高，表明希瓦氏菌中 LuxR 蛋白可能存在多种功能。LuxR-type 蛋白一般由 200～260 个氨基酸构成，由两个功能域

组成，一个参与 AHL 结合的氨基末端域（SBD）和一个包含螺旋-转-螺旋（HTH）DNA 的羧基末端转录调控域结合基序（DBD）[72]。几乎所有 LuxR solo 蛋白在 DNA 结合域都有 3 个高度保守的氨基酸位点，包括谷氨酸（E）、亮氨酸（L）、甘氨酸（G）[73]。将希瓦氏菌 9 个 LuxR 蛋白质序列与典型的 LuxR 蛋白进行比对，在 HTH 区域发现 3 个保守位点，E_{191}、L_{195}、G_{201}，与叶晓锋等[73]发现的 3 个保守位点位置相似，这 3 个位点对 DNA 结合很重要。典型的 AHL 传感器 TraR、LasR、QscR、SdiA 在信号分子结合域的保守氨基酸几乎无变化，而非 AHL 传感器 PluR 和 PauR 会发生变化，与此同时 LuxR-type 蛋白质在 SBD 区域具有很高的蛋白质序列相似性。

　　将 9 个蛋白质进行 LuxR 蛋白的二级结构预测。结果显示，这些预测的 LuxR 蛋白质二级结构中 α 螺旋占比最多，在 45%以上，其次是无规卷曲，β 折叠最少，提示 α 螺旋是 LuxR 蛋白质二级结构的主要形式之一。另外，LuxR08 和 LuxR09 中无规卷曲占比是最高的，分别为 31.82%和 31.67%，推测这两个 LuxR 蛋白的功能可能与其他蛋白不同。同时，LuxR 蛋白三级结构预测显示，希瓦氏菌 S19 三个 LuxR 蛋白 LuxR04、LuxR05、LuxR07 的三维结构相似（图 7-27）。Wang 等[74]发现 *S. baltica* OS155 的两个 *luxR* 缺失菌株的微生物被膜形成减弱，且两缺失菌株与生物膜相关的基因 *pomA* 下调。结果提示，群体感应相关的受体蛋白 LuxR 参与微生物被膜的形成，可以激活特定基因的转录来调节微生物被膜的形成。

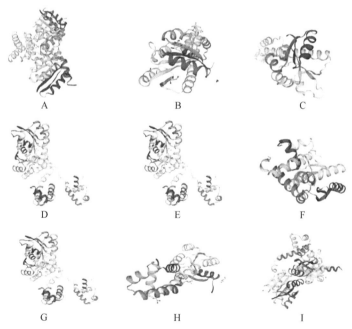

图 7-27　波罗的海希瓦氏菌 SB19 LuxR-type 蛋白质三维结构图

A. LuxR01，B. LuxR02，C. LuxR03，D. LuxR04，E. LuxR05，F. LuxR06，G. LuxR07，H. LuxR08，I. LuxR09

7.4.5　环二肽信号对希瓦氏菌微生物被膜的调控

　　二酮哌嗪（diketopiperazine，DKP）类化合物是近年来发现的一类新的群体感应信号分子。二酮哌嗪类化合物也称环二肽（cyclodipeptide，CDP），是已知最小的环肽类物质，在能产生 DKP 的微生物中革兰氏阴性菌占 90%。DKP 有抗癌、抗菌、抗病毒等多种重要的生物活性，还发现其能激活或者竞争性抑制 LuxR 受体蛋白，因此被认为是一种群体感应信号分子。

7.4.5.1 环二肽信号分子的活性

采用气相色谱来检测 *S. baltica* 中两种环二肽信号。如图 7-28 所示，环-（L-脯氨酸-L-苯丙氨酸）和环-（L-脯氨酸-L-异亮氨酸）标品的出峰时间分别为 15.21 min 和 18.72 min，而在 *S. baltica* 上清液的气相图谱中存在相应的两种信号分子，表明 *S. baltica* 能够分泌产生环-（L-脯氨酸-L-苯丙氨酸）和环-（L-脯氨酸-L-异亮氨酸）信号分子。

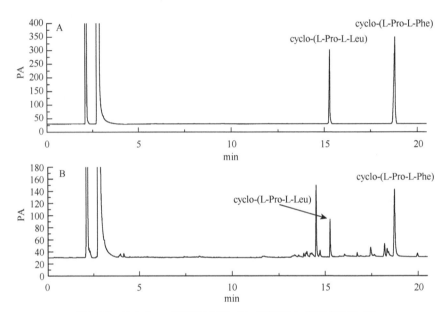

图 7-28　*S. baltica* 提取液中环-（L-脯氨酸-L-苯丙氨酸）和
环-（L-脯氨酸-L-异亮氨酸）气相色谱图

PA 即皮安（pA），cyclo-（L-Pro-L-Phe）即环-（L-脯氨酸-L-苯丙氨酸），cyclo-（L-Pro-L-Leu）
即环-（L-脯氨酸-L-异亮氨酸）

7.4.5.2 环二肽刺激对 *S. baltica* 微生物被膜和黏附能力的影响

如图 7-29 所示，添加外源 0.1 mmol/L 环-（L-脯氨酸-L-异亮氨酸）不影响 *S. baltica* 生长，但影响其微生物被膜形成和黏附能力。结果显示，*S. baltica* 微生物被膜形成量快速上升，在 30℃ 静置培养 12 h 后，添加组和对照组结晶紫染色 OD_{600} 分别为 0.389 和 0.297，而培养 48 h 后，OD_{600} 分别增加至 0.945 和 0.797。*S. baltica* 黏附量增长明显，添加环-（L-脯氨酸-L-异亮氨酸）处理组和对照组 6 h 后黏附量分别为 5.15 lg CFU/cm^2 和 4.89 lg CFU/cm^2；在 24 h 后添加组与对照组黏附量分别为 6.87 lg CFU/cm^2 和 6.47 lg CFU/cm^2，而在黏附 48 h 后，两者都达到 7.02 lg CFU/cm^2。结果表明，添加环-（L-脯氨酸-L-异亮氨酸）能显著促进希瓦氏菌微生物被膜的形成（$P<0.05$），加速微生物被膜的黏附。

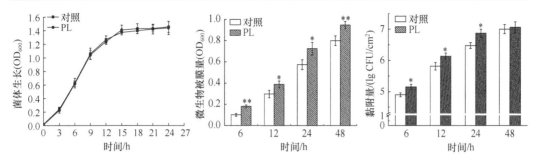

图 7-29 添加环-（L-脯氨酸-L-异亮氨酸）对 *S. baltica* 生长、微生物被膜和黏附能力的影响

PL 即环-（L-脯氨酸-L-异亮氨酸）添加组

*：*P*<0.05，**：*P*<0.01，下同

7.4.5.3 环二肽刺激对 *S. baltica* 泳动能力的影响

研究测定了外源环-（L-脯氨酸-L-异亮氨酸）添加对 *S. baltica* 泳动能力的影响，如图 7-30 所示，静置培养泳动 12 h 后，添加组 N3 和对照组 M3 泳动直径分别为 12.1 mm 和 10.1 mm。培养 24 h 后泳动快速，分别达到 24.6 mm 和 20.7 mm。培养 48 h 后，两者增加至 57.1 mm 和 51.5 mm，处理组泳动性增大 10.8%。结果表明环-（L-脯氨酸-L-异亮氨酸）的添加提高了 *S. baltica* 的泳动能力。

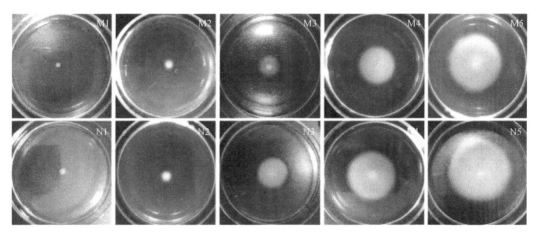

图 7-30 环-（L-脯氨酸-L-异亮氨酸）添加对 *S. baltica* 在 28℃泳动能力的影响

N 为添加组，M 为对照组；N1/M1 为培养 4 h 后菌体形态，N2/M2 为培养 8 h 后菌体形态，N3/M3 为培养 12 h 后菌体形态，N4/M4 为培养 24 h 后菌体形态，N5/M5 为培养 48 h 后菌体形态。

7.4.5.4 环二肽刺激对 *S. baltica* 三甲胺和挥发性盐基氮形成的影响

外源环-（L-脯氨酸-L-异亮氨酸）添加对三甲胺形成的影响如图 7-31 所示。结果显示，在氧化三甲胺（TMAO）-LB 培养基中，*S. baltica* 能够利用 TMAO 快速形成三甲胺（TMA），24 h 后 TMA 形成量便基本稳定，达到最大值。环-（L-脯氨酸-L-异亮氨酸）添加后能够明显加快 TMA 的生成，在 *S. baltica* 生长的整个过程中都表现出明显的促进效果，经 48 h 培养后比对照组增加了 25%（*P*<0.01）。接种 *S. baltica* 的鱼汁在冷藏条件下第 3 天挥发性盐基氮（TVB-N）含量快速上升，在 4 d 后达到稳定。环-（L-脯氨酸-L-异亮氨酸）添加均能显著促进 TVB-N 的形成，该菌培养 3 d 和 5 d 后对照组 TVB-N 值

分别为 23 mg N/100 mL 和 33.75 mg N/100 mL，而处理组增加至 28.32 mg N/100 mL 和 41.31 mg N/100 mL。

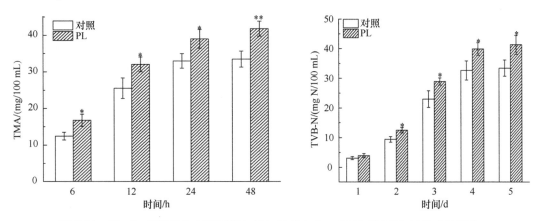

图 7-31　环-（L-脯氨酸-L-异亮氨酸）添加对 *S. baltica* TMA 和 TVB-N 生成的影响

PL 即环-（L-脯氨酸-L-异亮氨酸）添加组

7.4.5.5　环二肽刺激下 *S. baltica* 的转录组学分析

进一步分析 0.1 mmol/L 环-（L-脯氨酸-L-异亮氨酸）刺激 *S. baltica* 后的转录组差异变化。将 *S. baltica* 对照组和环二肽刺激组，在 28℃ LB 培养 4 h 和 12 h 后，提取总 RNA，分析转录组差异基因表达。结果显示，希瓦氏菌培养 4 h 和 12 h 分别获得 3585 个和 3544 个差异表达基因，且有 130 个和 89 个均有显著性差异表达基因，其中 130 个显著性差异表达基因中有 8 个基因下调，122 个基因上调，分别占总显著性差异表达基因的 6.15% 与 93.85%；而 89 个差异表达基因中共有 24 个基因下调，65 个基因上调，分别占 27.0% 和 73.0%。

以 *S. baltica* BA175 基因组为参考基因组，将转录组分析得到的差异表达基因进行 KEGG Pathway 富集分析（图 7-32）。结果表明，希瓦氏菌培养 4 h 和 12 h 的差异基因 KEGG Pathway 显著富集的通路分别有 10 条和 9 条。培养 4 h 组显著富集的生物功能有核糖体（ribosome，28 个），碳代谢（carbon metabolism，14 个），氧化磷酸化（oxidative phosphorylation，6 个），双组分系统（two-component system，6 个），柠檬酸循环（citrate cycle，5 个），丁酸代谢（butanoate metabolism，5 个）。培养 12 h 组显著富集的生物功能有核糖体（12 个），碳代谢（4 个），糖酵解/糖异生（glycolysis/gluconeogenesis，4 个），氨基酸生物合成（biosynthesis of amino acids，4 个），RNA 降解（RNA degradation，3 个），双组分系统（2 个），RNA 聚合酶（RNA polymerase，1 个）。

通过对显著性差异表达基因进行归类整理（表 7-9 和表 7-10），研究发现外源环-（L-脯氨酸-L-异亮氨酸）刺激培养 4 h 后有 12 个与微生物被膜相关的基因上调，其中 3 个与菌毛基因相关，4 个与鞭毛基因相关，2 个与细菌趋化基因相关，还有与微生物被膜相关的 c-di-GMP 合成酶等。外源环-（L-脯氨酸-L-异亮氨酸）刺激培养 12 h 后，4 个与微生物被膜相关基因上调。相似地，在培养 4 h 后处理组的 *S. baltica* 脂肪代谢基因表达量明显上调。而在培养 12 h 后，处理组的氧化三甲胺还原酶 *torA* 基因和 *torF* 基因与鸟氨酸脱羧酶基因 *ODC* 基因均有上调，与表型结果大致相同。

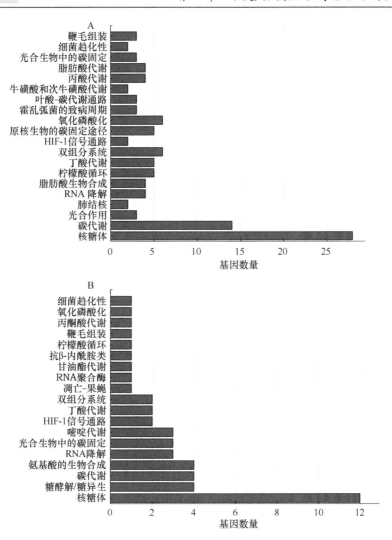

图 7-32　环-（L-脯氨酸-L-异亮氨酸）刺激下培养 4 h（A）和 12 h（B）
S. baltica 差异基因的 KEGG 富集分析

表 7-9　环-（L-脯氨酸-L-异亮氨酸）刺激培养 4 h 后 S. baltica 显著性差异表达基因

基因序号	Log₂ 比率	基因描述
SBAL175_RS06900	2.30	IV 型菌毛生物合成/稳定性蛋白 PilW
SBAL175_RS13030	3.13	LuxR 家族转录调控因了，CsgAB 操纵子转录调控蛋白
SBAL175_RS00960	2.21	II 型分泌系统蛋白 GspG，涉及菌毛蛋白
SBAL175_RS07195	3.12	鞭毛基体杆修饰蛋白 FlgD
SBAL175_RS07165	2.31	鞭毛生物合成抗 σ 因子 FlgM
SBAL175_RS07375	2.36	RNA 聚合酶 σ 因子 FliA
SBAL175_RS07325	2.41	鞭毛运动开关蛋白 FliM
SBAL175_RS15460	5.00	甲基接受趋化性感觉传感器
SBAL175_RS08570	1.94	乙酸激酶（AckA 利用乙酸，乙酰化 CheY，增加鞭毛旋转过程中的信号强度）
SBAL175_RS02065	1.41	类似于 S. oneidensis MR-1 的 BPFA（生物膜促进蛋白 BpfA）
SBAL175_RS15095	1.60	环二鸟苷酸（c-di-GMP）

基因序号	Log₂ 比率	基因描述
SBAL175_RS03910	1.46	RNA 聚合酶 σ-54 因子
SBAL175_RS12120	3.46	细胞包膜生物发生蛋白 AsmA
SBAL175_RS13425	3.05	酰基载体蛋白
SBAL175_RS15920	2.78	主要外膜脂蛋白，推定
SBAL175_RS13435	2.58	丙二酰辅酶 A-酰基载体蛋白转酰基酶
SBAL175_RS14835	2.20	I 型聚酮合酶
SBAL175_RS04005	2.85	腺苷酸琥珀酸合酶
SBAL175_RS18450	1.92	控制有氧呼吸反应调节器 ArcA 的二元信号转导系统
SdhA	2.10	琥珀酸脱氢酶黄素蛋白亚基
SBAL175_RS11565	1.65	醛脱氢酶
SBAL175_RS16375	1.94	外膜蛋白 OmpA
SBAL175_RS04135	3.58	磷酸二酯酶
SBAL175_RS18595	3.43	转录调节剂 Crp
SBAL175_RS09785	2.80	翻译起始因子 IF-1
SBAL175_RS11200	2.03	翻译起始因子 IF-3
SBAL175_RS15970	1.66	RNA 聚合酶 σ 因子 RpoD
SBAL175_RS13095	1.92	超氧化物歧化酶
SBAL175_RS13785	2.65	细胞包膜生物发生蛋白 TonB
SBAL175_RS09150	−1.73	甘氨酸裂解系统转录阻遏物

表 7-10　环-（L-脯氨酸-L-异亮氨酸）刺激培养 12 h 后 *S. baltica* 显著性差异表达基因

基因序号	Log₂ 比率	基因描述
SBAL175_RS07195	2.50	鞭毛基体杆修饰蛋白 FlgD
SBAL175_RS02055	0.70	类似于奥内达希瓦氏菌 MR-1 的 BPFD
SBAL175_RS21335	1.63	TMAO 还原酶系统孔蛋白 TorF
SBAL175_RS05840	0.950	三甲胺-*N*-氧化物还原酶 TorA
SBAL175_RS13745	2.13	LysR 家族转录调节因子
SBAL175_RS13425	2.63	酰基载体蛋白
SBAL175_RS17850	2.42	替考拉宁抗性蛋白 VanZ
SBAL175_RS02845	0.80	鸟氨酸脱羧酶
SBAL175_RS20380	2.03	C 型细胞色素生物发生蛋白 CcmF
SBAL175_RS13345	1.76	过氧化物酶
SBAL175_RS20620	1.76	细胞色素 c 亚硝酸还原酶亚基 NrfD
SBAL175_RS05680	3.42	磷酸丙糖异构酶
SBAL175_RS03770	1.54	硫醇还原酶硫氧还蛋白
SBAL175_RS02855	1.34	尿苷磷酸酶
SBAL175_RS16975	2.63	还原型辅酶 I（NADH）
SBAL175_RS08585	1.22	甲酸乙酰转移酶
SBAL175_RS07795	2.26	短链脱氢酶
SBAL175_RS15770	−2.63	RNA 焦磷酸水解酶
SBAL175_RS17080	−1.99	甲基接受趋化蛋白
SBAL175_RS19280	−1.18	SAM 依赖性甲基转移酶
phoR	−1.99	包含 PAS 结构域的传感器组氨酸激酶

7.4.6　AI-2/LuxS 对希瓦氏菌微生物被膜的影响

7.4.6.1　缺失株 ΔluxS 基因扩增和活性分析

S. baltica SB11 经自杀性质粒转入和同源重组获得 *luxS* 基因缺失株 ΔluxS。PCR 扩增野生株与缺失株的 *luxS* 基因，发现野生株扩增出约 550 bp 的产物，与预期相符，而 ΔluxS 无条带（图 7-33），表明缺失株中 *luxS* 基因已成功敲除。采用哈维氏弧菌（*Vibrio harveyi*）BB170 报告菌检测两株菌的 AI-2 活性，野生株上清液可使哈维氏弧菌 BB170 培养 12 h 的荧光强度达到 78 650 RLU（相对荧光素酶活性），而 ΔluxS 荧光强度很低（*P*<0.01），表明 ΔluxS 无 AI-2 活性，提示 *luxS* 基因敲除导致功能丧失。

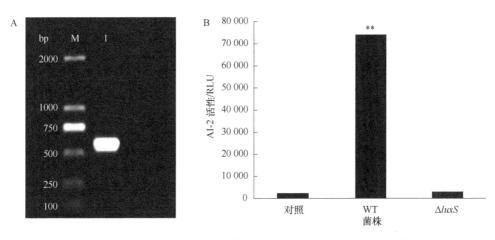

图 7-33　*S. baltica* 野生株与 ΔluxS 株 *luxS* 基因扩增（A）与 AI-2 活性（B）
M. DL2000，1. 以野生型菌株为模板扩增条带，2. 以 ΔluxS 为模板扩增条带（A）

7.4.6.2　*luxS* 缺失对 *S. baltica* 生长和微生物被膜的影响

野生株（WT）与 *luxS* 缺失株在 4℃和 28℃下的生长和微生物被膜，如图 7-34 所示。野生株与 ΔluxS 在 4℃前 24 h 生长缓慢，之后生长迅速，96 h 后到达稳定期（图 7-34A），而在 28℃培养 18 h 达到稳定期（图 7-34B）。野生株与 ΔluxS 在低温和常温下表现相似的生长状况（*P*>0.05）。同时，野生株与 ΔluxS 在静止培养下微生物被膜量随着时间的延长不断增长，在 4℃ 96 h 与 28℃ 48 h 达最大值后开始缓慢下降。野生株和 ΔluxS 在 4℃初期的 12 h 微生物被膜量相似，24 h 后野生株微生物被膜形成量明显大于 ΔluxS，在 96 h ΔluxS 微生物被膜比野生株减少 20%（*P*<0.05）（图 7-34C）。相似地，野生株在 28℃下微生物被膜形成量明显大于 ΔluxS（*P*<0.05），在 48 h ΔluxS 微生物被膜比野生株减少 19%（图 7-34D）。而且在 4℃下 SB11 野生株微生物被膜生成显著大于 28℃（*P*<0.05）。结果表明，*luxS* 缺失显著减弱 *S. baltica* 在低温和常温下的微生物被膜形成能力。

7.4.6.3　*luxS* 缺失对 *S. baltica* 黏附能力的影响

细菌黏附在介质表面为微生物被膜形成的第一步，因此菌体的黏附能力对被膜形成十分重要。研究者分析了野生株与 *luxS* 基因缺失株在不锈钢片上的黏附能力，如图 7-35

所示。SB11 野生株与 ΔluxS 在 4℃下黏附速度较为缓慢,在初期 12 h 两者黏附量均较少,24 h 后黏附量快速增加,72 h 达到最大,分别为 7.25 lg CFU/cm² 和 6.78 lg CFU/cm²,之后黏附量开始缓慢减少并趋于稳定。野生株与 ΔluxS 在 28℃培养 24 h 黏附量达到最大,分别为 6.85 lg CFU/cm² 与 6.40 lg CFU/cm²。ΔluxS 在 4℃和 28℃下黏附量均显著低于野生株,其中黏附量最大时 ΔluxS 分别比野生株低 6.48%和 6.57%。结果表明,luxS 基因缺失导致 S. baltica 黏附能力降低。

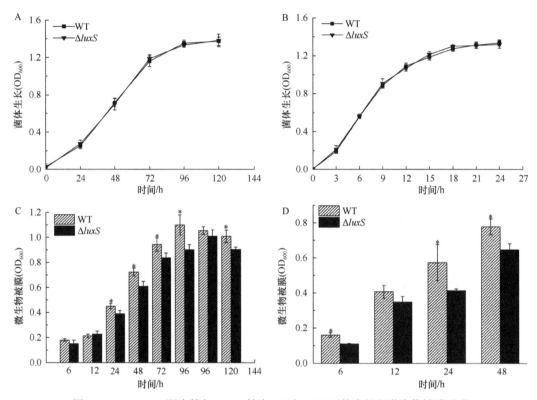

图 7-34　S. baltica 野生株与 ΔluxS 株在 4℃和 28℃下的生长和微生物被膜形成

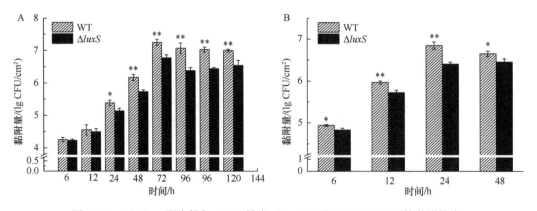

图 7-35　S. baltica 野生株与 ΔluxS 株在 4℃（A）和 28℃（B）下的黏附能力

运用荧光显微镜观察 S. baltica 野生株和 ΔluxS 株在玻璃片上的黏附,如图 7-36 所示。在 4℃黏附初期细菌分布稀疏,24 h 后 SB11 细菌聚集增多,形成细菌团块,到 72 h

整块玻璃片几乎覆盖 *S. baltica* 细胞，并有堆积显现，96 h 后逐渐减少。而 Δ*luxS* 细菌初期无聚集成团，分布均匀，微生物被膜较少且较为平坦。相似地，野生株在 28℃黏附量显著高于 Δ*luxS*，在 24 h 黏附量达到最大值，之后便进入离散状态，细菌在玻璃片上的黏附量少于 4℃（结果未显示）。可见，*S. baltica* 野生株黏附量都大于 Δ*luxS*，且 Δ*luxS* 分离得更快。CLSM 观察也发现 SB11 野生株在 4℃黏附 5 d 形成的被膜厚 58.95 μm，而 Δ*luxS* 仅 36.44 μm，其成熟被膜显著薄于野生株，与荧光显微镜观察结果一致。

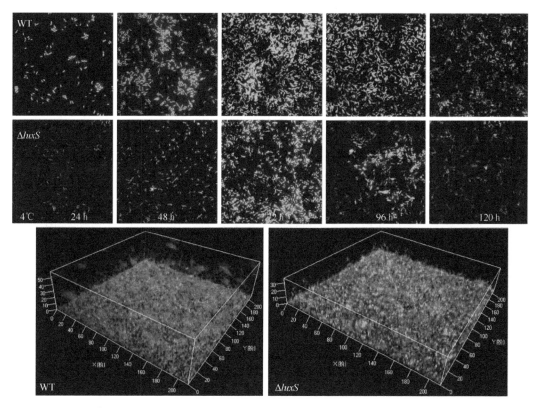

图 7-36 荧光显微镜和 CLSM 观察 *S. baltica* 野生株与 Δ*luxS* 株在 4℃下黏附和被膜结构

7.4.6.4 *luxS* 缺失对 *S. baltica* 泳动性的影响

细菌泳动是一种由鞭毛控制的细菌运动现象，与细菌黏附、被膜形成、播撒关系密切[75]。如图 7-37 所示，*S. baltica* 野生株与缺失株 Δ*luxS* 在 4℃泳动缓慢，培养 72 h 后 Δ*luxS* 泳动的扩散直径明显大于野生株，其扩散直径分别达到 32.3 mm 和 25.9 mm，而在 120 h 后，野生株扩散直径仅为 Δ*luxS* 的 80%。在 28℃培养 12 h 后泳动的扩散直径快速增大，野生株与缺失株泳动差距也随之增大，培养 48 h 后分别为 53.1 mm 和 71.5 mm。可见，Δ*luxS* 在 4℃和 28℃下泳动性均强于野生株（$P < 0.01$），表明 *luxS* 基因对 *S. baltica* 泳动性有抑制作用。

7.4.7 小结

水产品腐败菌 *S. baltica* 能生成微生物被膜，环境条件影响其被膜形成，葡萄糖

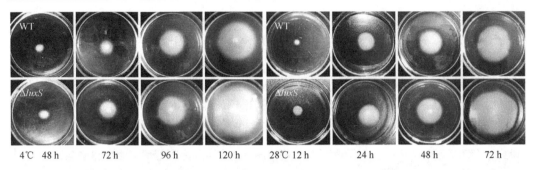

图 7-37 *S. baltica* 野生株与 ΔluxS 株在 4℃和 28℃下的泳动性

和低温条件能促进被膜形成，而高 NaCl 和酸性条件抑制被膜形成。*S. baltica* 存在多个
LuxR 家族蛋白，而缺少 LuxS 蛋白，具有环-（L-脯氨酸-L-苯丙氨酸）和环-（L-脯氨酸
-L-异亮氨酸）活性，外源环-（L-脯氨酸-L-异亮氨酸）能够增强 *S. baltica* 致腐表型，转
录组学分析提示环-（L-脯氨酸-L-异亮氨酸）添加后，黏附、泳动、腐败等相关基因表
达上调。*S. baltica* 含有 AI-2 活性，*luxS* 缺失株生物被膜形成和黏附能力显著减弱。

参 考 文 献

[1] Kohanski M A, Dwyer D J, Collins J J. How antibiotics kill bacteria: from targets to networks[J]. Nature Reviews Microbiology, 2010, 8(6): 423-435.

[2] Kaplan J B. Antibiotic-induced biofilm formation[J]. International Journal of Artificial Organs, 2011, 34(9): 737-751.

[3] Mlynek K D, Callahan M T, Shimkevitch A V, et al. Effects of low-dose amoxicillin on *Staphylococcus aureus* USA300 biofilms[J]. Antimicrobial Agents and Chemotherapy, 2016, 60(5): 2639-2651.

[4] Ara J, Juhee A. Phenotypic and genotypic characterisation of multiple antibiotic-resistant *Staphylococcus aureus* exposed to subinhibitory levels of oxacillin and levofloxacin[J]. BMC Microbiology, 2016, 16: 170.

[5] Pexara A, Burriel A, Govaris A. *Staphylococcus aureus* and staphylococcal enterotoxins in foodborne diseases[J]. J Hellenic Vet Med Soc, 2010, 61: 316-322.

[6] Tan X, Qin N, Wu C, et al. Transcriptome analysis of the biofilm formed by methicillin-susceptible *Staphylococcus aureus*[J]. Scientific Reports, 2015, 5: 11997.

[7] Wu Y, Liu J, Jiang J, et al. Role of the two-component regulatory system arlRS in *ica* operon and *aap* positive but non-biofilm-forming *Staphylococcus epidermidis* isolates from hospitalized patients[J]. Microbial Pathogenesis, 2014, 76: 89-98.

[8] Walker J N, Crosby H A, Spaulding A R, et al. The *Staphylococcus aureus* ArlRS two-component system is a novel regulator of agglutination and pathogenesis[J]. PLoS Pathogens, 2013, 9(12): e1003819.

[9] Sadykov M R, Bayles K W. The control of death and lysis in staphylococcal biofilms: a coordination of physiological signals[J]. Current Opinion in Microbiology, 2012, 15(2): 211-215.

[10] Ma L, Conover M, Lu H, et al. Assembly and development of the *Pseudomonas aeruginosa* biofilm matrix[J]. PLoS Pathogens, 2009, 5(3): e1000354.

[11] Bayles K W. Bacterial programmed cell death: making sense of a paradox[J]. Nature Reviews Microbiology, 2014, 12(1): 63-69.

[12] Mann E E, Rice K C, Boles B R, et al. Modulation of eDNA release and degradation affects *Staphylococcus aureus* biofilm maturation[J]. PLoS One, 4(6): e5822.

[13] Rice K C, Mann E E, Endres J L, et al. The cidA murein hydrolase regulator contributes to DNA release and biofilm development in *Staphylococcus aureus*[J]. Proceedings of the National Academy of Sciences of the United States of America, 2007, 104(19): 8113-8118.

[14] Brown S, Zhang Y H, Walker S. A revised pathway proposed for *Staphylococcus aureus* wall teichoic acid biosynthesis based on *in vitro* reconstitution of the intracellular steps[J]. Chemistry and Biology,

2008, 15(1): 12-21.

[15] Yeswanth S, Abhijit C, Venkata P, et al. Quantitative expression analysis of *SpA*, *FnbA* and *Rsp* genes in *Staphylococcus aureus*: actively associated in the formation of biofilms[J]. Current Microbiology, 2017, 74(12): 1394-1403.

[16] Cincarova L, Polansky O, Babak V, et al. Changes in the expression of biofilm-associated surface proteins in *Staphylococcus aureus* food-environmental isolates subjected to sublethal concentrations of disinfectants[J]. Biomed Research International, 2016, 2016: 4034517

[17] Sun H, Yang Y, Xue T, et al. Modulation of cell wall synthesis and susceptibility to vancomycin by the two-component system AirSR in *Staphylococcus aureus* NCTC8325[J]. BMC Microbiology, 2013, 13: 286.

[18] Sharma-Kuinkel B K, Mann E E, Ahn J S, et al. The *Staphylococcus aureus* LytSR two-component regulatory system affects biofilm formation[J]. Journal of Bacteriology, 2009, 191(15): 4767-4775.

[19] Thomsen L, Gottlieb G T, Gottschalk S, et al. The heme sensing response regulator HssR in *Staphylococcus aureus* but not the homologous RR23 in *Listeria monocytogenes* modulates susceptibility to the antimicrobial peptide plectasin[J]. BMC Microbiology, 2010, 10: 307.

[20] Swoboda J G, Campbell J, Meredith T C, et al. Wall teichoic acid function, biosynthesis, and inhibition[J]. Chembiochem a European Journal of Chemical Biology, 2010, 11(1): 35-45.

[21] Holland L M, Conlon B, O' Gara J P. Mutation of tagO reveals an essential role for wall teichoic acids in *Staphylococcus epidermidis* biofilm development[J]. Microbiology, 2011, 157(Pt2): 408-418.

[22] Ranjit D K, Endres J L, Bayles K W. *Staphylococcus aureus* CidA and LrgA Proteins[J]. Journal of Bacteriology, 2011, 193(10): 2468-2476.

[23] Abraham N M, Jefferson K K. *Staphylococcus aureus* clumping factor B mediates biofilm formation in the absence of calcium[J]. Microbiology, 2012, 158(Pt6): 1504-1512.

[24] Walsh E J, Miajlovic H, Gorkun O V, et al. Identification of the *Staphylococcus aureus* MSCRAMM clumping factor B (ClfB) binding site in the αC-domain of human fibrinogen[J]. Microbiology, 2008, 154(Pt 2): 550.

[25] Bose J L, Lehman M K K, Fey P D, et al. Contribution of the *Staphylococcus aureus* Atl AM and GL murein hydrolase activities in cell division, autolysis, and biofilm formation[J]. PLoS One, 2012, 7(7): e42244.

[26] Heilmann C, Hussain M, Peters G, et al. Evidence for autolysin-mediated primary attachment of *Staphylococcus epidermidis* to a polystyrene surface[J]. Molecular Microbiology, 1997, 24(5): 1013-1024.

[27] Hirschhausen N, Schlesier T, Schmidt M A, et al. A novel staphylococcal internalization mechanism involves the major autolysin Atl and heat shock cognate protein Hsc70 as host cell receptor[J]. Cellular Microbiology, 2010, 12(12): 1746-1764.

[28] Iversen C, Waddington M, On S L, et al. Identification and phylogeny of *Enterobacter sakazakii* relative to *Enterobacter* and *Citrobacter* Species[J]. Journal of Clinical Microbiology, 2004, 42(11): 5368-5370.

[29] Beuchat L R, Kim H, Gurtler J B, et al. *Cronobacter sakazakii* in foods and factors affecting its survival, growth and inactivation[J]. International Journal of Food Microbiology, 2009, 136(2): 204-213.

[30] Yan Q Q, Condell O, Power K, et al. *Cronobacter* species (formerly known as *Enterobacter sakazakii*) in powdered infant formula: A review of our current understanding of the biology of this bacterium[J]. Journal of Applied Microbiology, 2012, 113(1): 1-15.

[31] Healy B, Cooney S, O'Brien S, et al. *Cronobacter* (*Enterobacter sakazakii*): An opportunistic foodborne pathogen[J]. Foodborne Pathogens Disease, 2010, 7(4): 339-350.

[32] 刘喜红, 丁宗一. 阪崎肠杆菌污染与婴幼儿配方粉安全管理[J]. 中国妇幼卫生杂志, 2010, (2): 110-113.

[33] 裴晓燕, 刘秀梅. 中国市售配方粉中阪崎肠杆菌和其它肠杆菌的污染状况[J]. 中国食品学报, 2016, 6(5): 6-10.

[34] Valdés A, Ibáñez C, Simó C, et al. Recent transcriptomics advances and emerging applications in food science[J]. Analytical Abstracts, 2013, 52(12): 142-154.

[35] Ivy R A, Wiedmann M, Boor K J. *Listeria monocytogenes* grown at 7℃ shows reduced acid survival

and an altered transcriptional response to acid shock compared to *L. monocytogenes* grown at 37℃[J]. Applied & Environmental Microbiology, 2012, 78(11): 3824.

[36] Bowman J P, Bittencourt C R, Ross T. Differential gene expression of *Listeria monocytogenes* during high hydrostatic pressure processing[J]. Microbiology, 2008, 154(2): 462-475.

[37] Giotis E S, Muthaiyan A, Natesan S, et al. Transcriptome analysis of alkali shock and alkali adaptation in *Listeria monocytogenes* 10403S[J]. Foodborne Pathogens & Disease, 2010, 7(10): 1147.

[38] Tessema G T, Møretrø T, Snipen L, et al. Microarray-based transcriptome of, *Listeria monocytogenes*, adapted to sublethal concentrations of acetic acid, lactic acid, and hydrochloric acid[J]. Canadian Journal of Microbiology, 2012, 58(9): 1112-1123.

[39] Bassi D, Colla F, Gazzola S, et al. Transcriptome analysis of *Bacillus thuringiensis*, spore life, germination and cell outgrowth in a vegetable-based food model[J]. Food Microbiology, 2016, 55: 73-85.

[40] Suo Y, Gao S, Baranzoni G M, et al. Comparative transcriptome RNA-Seq analysis of *Listeria monocytogenes*, with sodium lactate adaptation[J]. Food Control, 2018, 91: 193-201.

[41] Valdés A, Simó C, Ibáñez C, et al. Emerging RNA-Seq Applications in Food Science[J]. Comprehensive Analytical Chemistry, 2014, 64: 107-128.

[42] Caldera L, Franzetti L, Coillie E V, et al. Identification, enzymatic spoilage characterization and proteolytic activity quantification of *Pseudomonas* spp. isolated from different foods[J]. Food Microbiology, 2016, 54: 142-153.

[43] Zarei M, Yousefvand A, Maktab S, et al. Identification, phylogenetic characterisation and proteolytic activity quantification of high biofilm-forming *Pseudomonas fluorescens* group bacterial strains isolated from cold raw milk[J]. International Dairy Journal, 2020, 109: 104787.

[44] Liu Y J, Xie J, Zhao L J, et al. Biofilm Formation characteristics of *Pseudomonas lundensis* isolated from meat[J]. Journal of Food Science, 2015, 80(12): M2904-M2910.

[45] Wang Y, Hong X, Liu C, et al. Interactions between fish isolates *Pseudomonas fluorescens* and *Staphylococcus aureus* in dual-species biofilms and sensitivity to carvacrol[J]. Food Microbiology. 2020, 91: 103506.

[46] 严羽萍, 刘丽, 朱军莉, 等. 鱼源荧光假单胞菌生物被膜形成和致腐表型的研究[J]. 中国食品学报, 2019, 19(9): 202-209.

[47] Wang H, Cai L, Li Y, et al. Biofilm formation by meat-borne *Pseudomonas fluorescens* on stainless steel and its resistance to disinfectants[J]. Food Control, 2018, 91: 394-403.

[48] Mann E E, Wozniak D J. *Pseudomonas* biofilm matrix composition and niche biology[J]. FEMS Microbiology Reviews, 2012, 36: 893-916.

[49] Taguett F, Boisset C, Heyraud A, et al. Characterization and structure of the polysaccharide produced by *Pseudomonas fluorescens* strain TF7 isolated from an arid region of Algeria[J]. Comptes Rendus Biologies, 2015, 338(5): 335-342.

[50] Rodriguez A, Autio W R, Mclandsborough L A. Effect of surface roughness and stainless steel finish on *Listeria monocytogenes* attachment and biofilm formation[J]. Journal of Food Protection, 2008, 71(1): 170-175.

[51] Midelet G, Carpentier B. Impact of cleaning and disinfection agents on biofilm structure and on microbial transfer to a solid model food[J]. Journal of Applied Microbiology, 2004, 97(2): 262-270.

[52] Ping L, Birkenbeil J, Monajembashi S. Swimming behavior of the monotrichous bacterium *Pseudomonas fluorescens* SBW25[J]. FEMS Microbiology Ecology, 2013, 86(1): 36-44.

[53] Mukherjee S, Moustafa D, Smith C D, et al. The RhlR quorum-sensing receptor controls *Pseudomonas aeruginosa* pathogenesis and biofilm development independently of its canonical homoserine lactone autoinducer[J]. PLoS Pathogens, 2017, 13(7): e1006504.

[54] 李蒙英. 3,5-DNBA 降解菌和生物膜形成菌对硝基芳香烃废水的生物强化处理研究[D]. 南京: 南京农业大学博士学位论文, 2007.

[55] Barahona E, Navazo A, Yousef-Coronado F, et al. Efficient rhizosphere colonization by *Pseudomonas fluorescens* F113 mutants unable to form biofilms on abiotic surfaces[J]. Environmental Microbiology, 2010, 12: 3185-3195.

[56] Liu L, Yan Y, Feng L, et al. Quorum sensing asaI mutants affect spoilage phenotypes, motility, and biofilm formation in a marine fish isolate of *Aeromonas salmonicida*[J]. Food Microbiology, 2018, 76: 40-51.

[57] O'Toole G A, Kolter R. Flagellar and twitching motility are necessary for *Pseudomonas aeruginosa* biofilm development[J]. Molecular Microbiology, 1998, 30: 295-304.

[58] Tang R, Zhu J, Feng L, et al. Characterization of LuxI/LuxR and their regulation involved in biofilm formation and stress resistance in fish spoilers *Pseudomonas fluorescens*[J]. International of Journal of Food Microbiology, 2019, 297(16): 60-71.

[59] Zhang C, Zhu S, Wu H, et al. Quorum sensing involved in the spoilage process of the skin and flesh of vacuum-packaged farmed turbot (*Scophthalmus maximus*) stored at 4℃[J]. Journal of Food Science, 2016, 81(11): 2776-2784.

[60] Alvarez-Ordóñez A, Broussolle V, Colin P, et al. The adaptive response of bacterial food-borne pathogens in the environment, host and food: implications for food safety[J]. International Journal of Food Microbiology, 2015, 213: 99-109.

[61] Zhu S, Wu H, Zeng M, et al. The involvement of bacterial quorum sensing in the spoilage of refrigerated *Litopenaeus vannamei*[J]. Int J Food Microbiol, 2015, 192: 26-33.

[62] Li J, Yu H, Yang X, et al. Complete genome sequence provides insights into the quorum sensing-related spoilage potential of *Shewanella baltica* 128 isolated from spoiled shrimp[J]. Genomics, 2020, 112(1): 736-748.

[63] 吴加一. FlrA 调控希瓦氏菌生物膜形成的机制研究[D]. 合肥: 安徽大学硕士学位论文, 2018.

[64] Constant J, Chernev I, Gomez E. *Shewanella putrefaciens* infective endocarditis[J]. The Brazilian journal of infectious diseases: an official publication of the Brazilian Society of Infectious Diseases, 2014, 18(6): 686-688.

[65] Ullah S, Mehmood H, Pervin N, et al. *Shewanella putrefaciens*: an emerging cause of nosocomial pneumonia[J]. Journal of investigative medicine high impact case reports, 2018, 6: 909.

[66] Liu X, Ji L, Wang X, et al. Role of RpoS in stress resistance, quorum sensing and spoilage potential of *Pseudomonas fluorescens*[J]. International Journal of Food Microbiology, 2018, 270: 31-38.

[67] 姜春新, 王雅莹, 洪小利, 等. 柠檬酸和乙酸对致腐假单胞菌的抗生物被膜研究[J]. 核农学报, 2021, 35(1): 120-127.

[68] Theunissen S, De Smet L, Dansercoer A, et al. The 285 kDa Bap/RTX hybrid cell surface protein (SO4317) of *Shewanella oneidensis* MR-1 is a key mediator of biofilm formation[J]. Research in Microbiology, 2010, 161(2): 144-152.

[69] Zhou G, Yuan J, Gao H. Regulation of biofilm formation by BpfA, BpfD, and BpfG in *Shewanella oneidensis*[J]. Front Microbiol, 2015, 6: 790.

[70] Zhu J, Zhao A, Feng L, et al. Quorum sensing signals affect spoilage of refrigerated large yellow croaker (*Pseudosciaena crocea*) by *Shewanella baltica*[J]. Int J Food Microbiol, 2016, 217: 146-155.

[71] Gu Q, Fu L, Wang Y, et al. Identification and characterization of extracellular cyclic dipeptides as quorum-sensing signal molecules from *Shewanella baltica*, the specific spoilage organism of *Pseudosciaena crocea* during 4℃ storage[J]. Journal of agricultural and food chemistry, 2013, 61(47): 11645-11652.

[72] Nasser W, Reverchon S. New insights into the regulatory mechanisms of the LuxR family of quorum sensing regulators[J]. Analytical and Bioanalytical Chemistry, 2007, 387(2): 381-390.

[73] 叶晓锋, 朱军莉, 汪海峰. 细菌群体感应 LuxR solos 蛋白研究进展[J]. 微生物学报, 2017, 57(3): 341-349.

[74] Wang Y, Wang F, Wang C, et al. Positive regulation of spoilage potential and biofilm formation in *Shewanella baltica* OS155 via quorum sensing system composed of DKP and Orphan LuxRs[J]. Front Microbiol, 2019, 10: 135.

[75] Nguyen H D N, Yang Y S, Yuk H G. Biofilm formation of *Salmonella typhimurium* on stainless steel and acrylic surfaces as affected by temperature and pH level[J]. LWT-Food Science and Technology, 2014, 55(1): 383-388.

第八章　微生物被膜成熟与分散脱落的分子调控

8.1　概　　述

细菌微生物被膜（bacterial microbial biofilm）是细菌相互黏附或黏附于惰性或活性实体表面，在繁殖分化的过程中，同时分泌多糖基质（藻酸盐多糖）、纤维蛋白、脂质蛋白等，将其自身包绕其中而形成的一种大量微生物群体聚集的膜状结构[1]。任何细菌在成熟条件下都可以形成微生物被膜，而单个微生物被膜可由同种或不同种细菌形成。

8.1.1　微生物被膜的特征

微生物被膜可由一种或多种微生物组成，但结构总体上是一致的。多年来，微生物被膜一直被认为是由细菌及其分泌的多糖基质外壳所构成，其中根据细菌在微生物被膜内位置不同可分为：游离菌、表层菌和里层菌。游离菌与表层菌比较相似，它们相对容易获得营养和氧气，代谢通常比较活跃，菌体较大；而里层菌被包裹于多糖中，其养料的获取及代谢只能通过周围的间质水道进行，代谢率较低，多处于休眠状态，一般不频繁地进行分裂，菌体较小[2, 3]。细菌所分泌的多糖主要是细胞间多糖黏附素（polysaccharide intercellular adhesin，PIA）和多聚 N-乙酰葡萄糖胺[4]。Lawrence 等应用激光共聚焦扫描显微镜技术观察微生物被膜，发现微生物被膜呈独特的三维结构，其中细菌只占不足 1/3，其余部分包括细菌分泌的黏性物质和胞外多糖[5, 6]。微生物被膜中存在各种生物大分子，如蛋白质、多糖、DNA、RNA 和磷脂等，主要来源包括细菌分泌的大分子多聚物、吸附的营养物质、代谢产物和裂解产物等[7-10]；其中水分含量高达 97%，在微生物被膜内由大量充满水的管道相互交叉组成网络结构，这些管道起着向被膜内输送营养物质和向外排泄废物的作用，具有原始的循环系统特征[11-13]。

8.1.2　微生物被膜与食品安全

随着食品加工工业化和机械化的普及，加工设备长期与各种富营养物质的原辅料接触，这种富营养的加工环境为通过原料带入的微生物提供了生长与繁殖的条件，容易滋生各种微生物。统计表明，致病性微生物引起的食源性疾病可能是食品安全的最大隐患，有关专家估计，约 65% 人类细菌性感染是由微生物被膜形式的细菌引起的，因此，在食品工业中由有害微生物形成的微生物被膜可能才是引起食源性疾病的最大安全隐患。由于各类食品加工设备定期进行消毒与清洗，零散浮游生长的有害微生物不易生存和繁殖，对食品安全的影响十分有限。然而，细菌以微生物被膜形式存在于食品加工过程中长期以来被忽视，直到最近几年在乳品发酵和肉制品加工上才出现相关的报道[14-17]。如上所述，细菌以微生物被膜形式存在，对高温、抗生素、消毒剂及紫外线等抵抗力更强，更难于清除[17]。在食品工业中，食源性病原菌通过在厂房地板和天花板、输送管道、不锈钢等材料表面形成微生物被膜，成为严重的潜在污染源，可引发食品污染或食源性疾病的传播。在加工过程中，食品组分的构成如营养条件以及不同工艺条件决定的温度和盐浓度等因素均对微生物被膜的形成及黏附能力具有重要影响作用。研究表明，金黄色葡萄球菌在形成微生物被膜过程中，能吸收利用多种糖，在培养环境中添加糖分后微生物被膜的 OD 值显著增加；而在富营养条件及最适生长温度条件下，细菌能形成强黏附性微生物被膜[18, 19]。如上所述，微生物被膜的形成包括两个阶段，第一阶段是细菌黏附作用，在此阶段，细菌还没有成熟微生物被膜的保护，是一个可逆过程；加工过程中冲洗、加热等方法除菌效果相对较好。第二阶段是细菌形成单细菌层，进一步分泌胞外多糖，形成胞外基质保护层，从而形成微菌落，此阶段是不可逆过程；加工过程中的冲洗处理已无法清理细菌。而在微菌落进一步生长，以及微生物被膜成熟后，则被膜内部深层的里层菌对高温、抗生素、消毒剂和紫外线的抵抗力进一步增强，从而逃逸于常规的灭菌处理。

目前，国际上对微生物被膜的研究主要着眼于医院环境和临床应用领域，在食品领域，尤其以复杂的食品加工物料体系为着眼点的研究鲜有报道。国内对微生物被膜在食品领域的研究存在较大的局限性，主要表现为：①研究集中于单一及个别机制，缺乏全面系统性的分析与研究；②大多数报道均在宏观上对微生物被膜的表型进行分析表征，在微观方面对微生物被膜形成及发展过程内在规律与分子机制的研究则未见报道。食品加工过程中，病原菌能形成微生物被膜，导致最终产品的腐败和引起疾病的传播；同时，以微生物被膜形式存在的细菌，可成为新的黏附位点，使更多浮游状态的细菌黏附至被膜中；在微生物被膜成熟后，部分微生物被膜会脱落，成为游离状态，并分泌有害物质与因子，造成二次污染与侵袭[20-23]。因此，食品工业中微生物被膜的形成对食品安全的威胁是不容忽视的。

8.2　葡萄球菌微生物被膜成熟与分散脱落的分子调控模型分析

8.2.1　概述

细菌的生长状态从浮游状态到微生物被膜，是一个从低密度到高密度、从无组织状态到有组织状态的过程，其中涉及一系列基因的开启或关闭：①*atlE* 基因，*atlE* 基因编码一种与金黄色葡萄球菌自溶素（autolysin）高度同源的蛋白，该蛋白不同程度地在葡萄球菌黏附作用与微生物被膜形成过程中起重要作用。②*ica* 簇，*ica* 簇（*ica* cluster）包括 *icaA*、*icaB* 和 *icaC* 基因，编码 PIA 合成酶，是葡萄球菌属微生物被膜形成的关键基因簇。PIA 是胞外基质的重要组成成分，能使菌体嵌于微生物被膜中。该基因簇包含一个操纵子结构 *icaADBC*，是生物合成 PIA 的结构基因。IcaA 基因编码一个位于胞质膜上、具多糖合成功能的酶，为介导 PIA 合成所必需；*icaB* 处于 *icaA* 的下游，包含一种胞外分泌蛋白的信息，但其具体功能目前仍未知；*icaC* 编码一种膜内蛋白，该蛋白发挥一种对多糖抗原的受体功能。这三个基因的同时表达，是葡萄球菌合成 PIA 及后续微生物被膜形成和成熟所必需的。*IcaA* 单独表达仅能诱导 *N*-乙酰葡萄糖氨基转移酶的低水平表达，然而通过与 *icaD* 基因的协同表达则可大大增强酶的活性。③*pls* 基因，该基因编码一种表面蛋白，与黏附作用高度相关。

虽然细菌形成的微生物被膜会随着菌种、接触表面、营养状态和环境条件不同，因此具有不均质性，但细菌在形成微生物被膜后，对热、抗生素、消毒剂等压力环境的抵抗力增强，是因为微生物被膜发挥了以下功能：①屏障作用。微生物被膜的胞外多糖基质和膜内细胞的紧密结构可阻止如抗生素或消毒剂等外来分子渗入微生物被膜，对细菌造成破坏；微生物被膜外层是由胞外聚合物组成的，胞外聚合物可通过阻止抑菌物质的渗入，与部分抗菌药物结合而削弱其杀菌作用。②延缓生长作用。在微生物被膜内，营养浓度随空间位置变化；而由于表层的菌体几乎完全消耗了氧气，因此深层基本上为无氧环境；再加上内部深层排泄性产物的堆积，使微生物被膜内部深层是一个低营养、低氧分压和高代谢产物的微环境。如前所述，游离菌与表层菌活跃于被膜表面，相对容易获得营养和氧气，代谢通常比较活跃；而里层菌被包裹于多糖中，微生物被膜内部深层的排泄性产物堆积使里层菌多处于休眠状态，代谢率较低，一般不频繁地进行分裂；因此被膜内部大多数细菌处于 G_0 期，部分细菌甚至可进入类似芽孢菌的分化状态。由于利用抗生素、消毒剂、高温等对细菌进行杀灭的时间与剂量浓度均有规定，因此处于休眠状态的里层菌与游离菌和表层菌相比，具有更强的逃逸和生存能力；同时，微生物被膜内部深层 pH（局部堆积的酸性代谢产物使其与培养液的 pH 相差大于 1）、渗透压和菌体密度的不同，使里层菌对热、抗生素、消毒剂等压力环境的抵抗力较强。③微菌落效应。由于微生物被膜内部形成了不同的细菌微菌落，各微菌落具有相对独立和高度保护性表型；而由多种微生物共生形成的微生物被膜，不同细菌间还具有协同保护作用；这些特征都使细菌对逆环境的抵抗性增强。

食品加工过程中，病原菌能形成微生物被膜，导致最终产品的腐败和引起疾病的传播；同时，以微生物被膜形式存在的细菌，可成为新的黏附位点，使更多浮游状态的细菌黏附至被膜中；在微生物被膜成熟后，部分微生物被膜会脱落，成为游离状态，并分泌有害物质与因子，造成二次污染与侵袭。微生物被膜的形成是通过两步方式（two-step manner）实现的，包括初始的细菌黏附作用和后续的微生物被膜形成；在被膜形成后，随着微菌落的生长和积聚，微生物被膜发育形成蘑菇状并含有液体通道的成熟被膜；此后，微生物被膜中的菌体通过蔓延、脱落并最终释放出浮游细菌，造成二次侵袭和污染。本章将对葡萄球菌成熟微生物被膜中，菌体从黏附于微生物被膜到脱落成浮游状态过程的分子调控模式进行研究与分析。

8.2.2 葡萄球菌微生物被膜模型

目前在微生物被膜的研究中，体外微生物被膜模型主要分为微孔板或流体模型，微孔板法由于操作简单及便于高通量测试，因此得到广泛的应用。然而微孔板法中，脱落的微生物被膜难以收集，因此笔者设计了一个微生物被膜流体模型，实现黏附菌体与脱落菌体的分离及收集。

1. 金黄色葡萄球菌微生物被膜培养

本部分培养方法参考 7.1.3 中实验方法（2），区别在于不加抗生素。

2. 金黄色葡萄球菌微生物被膜黏附与脱落状态菌体的培养

在金黄色葡萄球菌微生物被膜形成并成熟后，部分菌体微生物被膜会脱落；本实验将在体外建立金黄色葡萄球菌微生物被膜黏附与脱落状态模型，同时在微生物被膜培养成熟后，分别收集黏附状态和脱落状态的菌体，以进一步对其基因表达谱进行研究与分析。

（1）金黄色葡萄球菌微生物被膜黏附与脱落状态体外模型的构建

构建体外流体模型（如图 8-1 所示），配制 CY 培养基 10 L：称量酪蛋白氨基酸 10 g，酵母 10 g，葡萄糖 5 g，NaCl 5.9 g，溶解于一定体积的超纯水，并定容至 10 L；然后倒入培养液罐中，高温高压灭菌 150 min。用针筒套上针头，吸取 40 mL 经过滤的 1.5 mol/L 磷酸甘油，在注射口插入，加进上述培养液罐中；同样，加进 10 mL 经过滤的苯唑西林（40 mg/mL）。开动泵，使 CY 培养液从培养液罐流至收集罐，并检查整个流体模型是否有液体泄漏；如一切正常，可进入微生物被膜黏附与脱落菌体的培养和收集，或静置于 37℃。

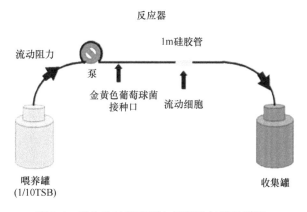

图 8-1　微生物被膜黏附与脱落体外流体模型

（2）金黄色葡萄球菌微生物被膜黏附与脱落状态菌体的培养和收集

具体实验步骤如下：复苏保存于−80℃的 MRSA USA300 菌株，于 TSB 培养基中 37℃ 培养过夜；把过夜培养的 MRSA USA300 菌株划于带 10 mg/mL 苯唑西林的血平板上，37℃培养过夜；在过夜培养的血平板上，挑取单菌落，于新鲜带 10 mg/mL 苯唑西林的 TSB 培养基中 37℃于摇床上 250 r/min 培养 2 h；于上述构建的体外流体模型（图 8-1）中，打开泵，并调节至合适的流速；用针筒吸取 10 mL 培养的菌液，套上针头，并在注射处加入菌液至体外流体模型中；37℃培养 14 d，期间需保持流速一定，保证培养液供应；培养 14 d 后，分别在 1 m 硅管处收集微生物被膜黏附菌体，在废物罐流入口处收集微生物被膜脱落菌体（5 mL）。由于收集菌体用于转录组学研究，因此收集菌体后，立即溶于 RNAlater 中。

8.2.3 微阵列技术分析基因表达谱

1. 实验方法

（1）RNA 提取

具体步骤请参考 7.1.4 方法（2）。

（2）DNase 处理

具体实验步骤如下：①加入 0.1 体积的 10× DNase 缓冲液（buffer）和 3 μL 的 DNase I 至 RNA 中，混匀。②于 37℃培养 20～30 min。③加入 0.2 体积的 DNase Inactivation Reagent，混匀。④在室温静置 2 min，混匀。⑤于 10 000 g 离心 1.5 min，然后转移上清 RNA 至新离心管。

（3）逆转录及 Cy 标记

逆转录是 RNA 在逆转录酶的作用下，逆转录生成 cDNA，并标记 Cy 染料。其步骤按照基因组研究院（The Institute for Genomic Research，TIGR）机构的微阵列的微生物核糖核酸氨基烯丙基标记（SOP：M007）和标记 DNA 和 cDNA 探针的杂交（SOP：M008）。具体实验步骤如下：①在离心管中混合 2 μg 总 RNA、2 μL 随机六聚体（random hexamer）和 1 μL RNaseOUT，并加超纯水使其体积至 18.5 μL。②混匀并于 70℃中培育 10 min。③置于 0℃中约 30 s，并于 10 000 g 离心 10 s。④加入 6 μL 第一链缓冲液（first strand buffer）、3 μL 0.1 mol/L 二硫苏糖醇（DTT）、0.6 μL 25 mmol/L dNTP/aa-UTP 标记混合物（labeling mix）和 2 μL PowerScript RT。⑤42℃水浴 8～16 h。⑥加入 10 μL 0.5 mol/L EDTA 和 10 μL 1 mol/L NaOH，65℃水浴 15 min。⑦10 000 r/min 离心 10 s。⑧加入 25 μL 1 mol/L Tris 平衡 pH。⑨用 Qiagen MinElute PCR Purification 试剂盒去除零散的 dNTP/aa-UTP labeling mix。⑩重悬 cDNA 于 4.5 μL 0.1 mol/L 碳酸钠溶液中，并调 pH 为 9.3。⑪加入同体积（4.5 μL）的 Cy 染料。⑫避光静置 1 h。⑬加入 35 μL 100 mmol/L 的 NaOAc，并调 pH 为 5.2。⑭用 Qiagen MinElute PCR purification 试剂盒去除零散的 Cy 染料。⑮紫外分光光度计定量 Cy 标记。其中，在 OD_{260} 为 cDNA 吸收峰，OD_{550} 为 Cy3 吸收峰，OD_{650} 为 Cy5 吸收峰。⑯于 42℃预热预杂交液及杂交液。把微阵列（基因芯片）于预杂交液中 42℃静置 1 h。用超纯水冲洗微阵列。冲洗后，将微阵列于室温中静置待其干燥。⑰配制杂交探针，把步骤⑭和⑮中配制的已标记 Cy 染料的探针，与 50 μL 杂交液混匀；95℃ 5 min，混匀；95℃ 5 min。⑱吸取步骤⑰的杂交探针，均匀加入至微阵列中。避光 42℃静置 8～16 h。⑲把溶液预热于 55℃。用溶液冲洗微阵列，每种溶液冲洗 2 次，每次 5 min。最后置于超纯水中 5 min。室温下干燥微阵列。⑳微阵列需保存于避光处，可马上进行扫描与数据分析，或置于−80℃保存。

（4）扫描及数据分析

微阵列在杂交、冲洗并干燥后，通过扫描可获得杂交信息；然后通过软件分析处理数据，或者基因表达谱。具体实验步骤如下：①避光保存的微阵列于扫描仪进行扫描，获得.tif 微阵列文件。②把扫描后获得的.tif 微阵列文件，用基因组研究院（TIGR）机构的 Spotfinder 软件打开，生成.mev 文件；该文件中列出了微阵列上每个基因的相对转录量；由此可得出转录量差异较大的基因。③根据微阵列的型号，在 Comprehensive

Microbial Resource（CMR）网站上下载与所使用微阵列型号相符的.gal 文件；该文件中列出了微阵列上每个点对应的基因名称与信息。④结合.mev 和.gal 文件，可得到转录量差异较大基因的名称与信息。

2. 实验结果与讨论

（1）RNA 提取

紫外分光光度计检测 RNA 的质量如表 8-1 所示，RNA 的 A_{260}/A_{280} 值在 1.8～2.0 附近，提示 RNA 中 DNA 和蛋白质较少。因此，本实验提取的 RNA 质量较好，适合于微阵列技术应用。

表 8-1　微生物被膜黏附与脱落菌体 RNA 紫外分光检测结果

编号	A_{260}	A_{280}	A_{260}/A_{280} 值	RNA 浓度/（μL/μg）
B-1	0.601	0.297	2.023	1.202
B-2	0.429	0.212	2.024	0.858
B-3	0.729	0.352	2.071	1.458
B-4	0.811	0.393	2.064	1.622
D-1	0.341	0.178	1.916	0.682
D-2	0.477	0.250	1.908	0.954
D-3	0.404	0.205	1.971	0.808
D-4	0.540	0.275	1.964	1.080

注：B-1、B-2、B-3 和 B-4 为微生物被膜黏附状态菌体 RNA，D-1、D-2、D-3 和 D-4 为微生物被膜脱落状态菌体 RNA

（2）微阵列分析与数据处理

将微生物被膜黏附状态和脱落状态的 RNA 逆转录成 cDNA，标记 Cy-3 或 Cy-5 染料，在微阵列（基因芯片）上进行杂交。在基因扫描仪 GenePix-4000 上获得.tif 微阵列文件；然后用 TIGR 机构的 Spotfinder3.1.1 对微阵列文件进行分析，并得到.mev 文件。在.mev 文件上显示出微阵列上每个点的吸光度，一个.mev 文件所代表的微阵列上共有 12 672 个点。不同点对应不同基因的转录量，而基因的信息则根据微阵列的型号，在 Comprehensive Microbial Resource（CMR）网站上下载与所使用微阵列型号相符的.gal 文件；该文件中列出了微阵列上每个点对应的基因名称与信息；因此，根据.mev 文件，可在.gal 文件中找到唯一对应的基因名称与信息；而转录量则在.mev 文件上表示。

综合.mev 文件上转录量信息与.gal 文件上基因名称，得到微生物被膜黏附状态和脱落状态的基因表达谱，结果显示，在脱落菌体中，24 个基因转录量显著上调，43 个基因转录量显著下调。

其中转录量显著上调的蛋白包括：杀白细胞素（leukocidin），胶状多糖生物合成蛋白 5E、5F、5G、5I 和 5J（Cap 5E、5F、5G、5I、5J），半胱氨酰 tRNA 合成酶（cysteinyl-tRNA synthetase），肠毒素（enterotoxin），外毒素 9（exotoxin 9），蛋白 A（protein A），透明质酸裂合酶前体（hyaluronate lyase precursor），钾离子转运 ATP 酶链 A（K^+-transporting ATPase chain A），RNAIII 激活蛋白 TRAP（RNAIII-activating protein TRAP），早期终止功能未知但预计参与 DNA 修复的蛋白质（early termination of proteins with unknown functions but expected to be involved in DNA repair），肽链 ABC 转运 ATP 结合蛋白（peptide ABC transporter，ATP-binding protein），可能的 ATP 依赖解旋酶（probable ATP-dependent helicase），苏氨酰-tRNA 合成酶（threonyl- tRNA synthetase），热诱导转录抑制蛋白 HrcA（heat-inducible transcription repressor HrcA），钠离子/氢离子逆向转运蛋白 MnhE 组件（Na$^+$/H$^+$ antiporter MnhE component），砷泵膜蛋白（arsenical pump membrane protein），外切核酸酶（exonuclease），DNA 修复外切酶家族蛋白质（DNA repair exonuclease family protein）和 ATP 依赖解旋酶 PcrA 转换框（ATP-dependent helicase PcrA frameshift）。

转录量显著下调的基因包括：HU DNA 结合蛋白 II（HU DNA binding protein II）、纤连蛋白结合蛋白（fibronectin-binding protein）、DNA 修复蛋白 RadA（DNA repair protein RadA）、C 型肠毒素前体（enterotoxin type C precursor）、糖基蛋白（glycosyl）、Holing-MES 蛋白、SOS 修复 LexA 抑制子 MES（LexA repressor SOS repair-MES）、lrgB 蛋白（lrgB protein）、对苯二酚氧化酶（quinol oxidase）、重组蛋白 RecR-MES（recombination protein RecR-MES）、二羧酸钠转运体（sodium dicarboxylate symporter）、MES 家族蛋白（MES family protein）、葡激酶前体（staphylokinase precursor）、琥珀酸脱氢酶（succinate dehydrogenase）、琥珀酰 CoA 合成酶 β 亚基（succinyl-CoA synthase, beta subunit）、UDP-N-乙酰-D-甘露糖胺蛋白（UDP-N-acetyl-D-mannosamine）、4-磷酸盐转运酶家族蛋白（4-phosphate transferase family protein）、ABC 转运 ATP 结合蛋白（ABC transporter，ATP-binding protein）、AgrA 蛋白、AgrC 蛋白、AgrD 蛋白、丙氨酸脱氢酶（alanine dehydrogenase）、聚集因子 B（clumping factor B）、壳多糖酶相关蛋白（chitinase-related protein）、FitZ 蛋白、甘油激酶（glycerol kinase）、HD HDIG KH 域蛋白（HD HDIG KH domain protein）、Holin 同源蛋白（Holin homolog）、噬菌体 phi Sa 3mw（bacteriophage phi Sa 3mw）、羟甲基戊二酸-CoA 合酶（hydroxymethylglutaryl-CoA synthase）、结构与 II 类 MHC 相似蛋白（similar in structure to MHC class II analog）、免疫抗原蛋白 A（immunoantigen protein A）、脂肪酶（lipase）、硫辛酸盐合酶（lipoate synthase）、磷酸盐转运家族蛋白（phosphate transporter family protein）、PTS 系统 IIA 组件-MES（PTS system，IIA component-MES）、丙酮酸激酶（pyruvate kinase）、磷酸核糖焦磷酸激酶（ribose-phosphate pyrophosphokinase）、葡萄球菌凝固酶前体（staphylocoagulase precursor）、葡萄球菌金黄色素生物合成蛋白（staphyloxanthin biosynthesis protein）、转录调控子 AraC 家族蛋白-MES（transcriptional regulator，AraC family，MES）、酮基移换酶（transketolase）、提前终止未知功能但与肠毒素 SEO 相似的蛋白（truncated hypothetical protein，similar to enterotoxin SEO）、V8 蛋白酶（V8 protease）和外毒素同源蛋白（exotoxin homologous protein）。

8.2.4 荧光定量 PCR 精确定量

1. 实验方法

通过微阵列技术，对金黄色葡萄球菌全基因组的转录谱进行了高通量的转录组学分析，并得到转录量差异显著的基因。由于微阵列技术所得到的结果信息量极大，但假阳性率较高，因此需对转录量差异显著的基因进行荧光定量 PCR 进一步精确定量。

（1）DNase 处理

在提取 RNA 后，虽已经过 DNase 处理，但由于荧光定量 PCR 的灵敏度较高，因此对 RNA 质量要求极高，RNA 样品中极少量残留的 DNA，会对结果有较大影响。因此，在荧光定量 PCR 前，需对 RNA 样品进行 DNase 处理。本实验采用 TURBO DNase 和相应的缓冲液（buffer），同 8.2.3 方法（2）。

（2）逆转录生成 cDNA

对经过 DNase 处理后的 RNA，取 2 µL 进行逆转录反应［同 7.1.4 中实验方法（3）］。

（3）荧光定量 PCR

对逆转录生成的 cDNA，进行荧光定量 PCR 反应。①引物设计、合成及引物溶液配制。本部分实验对 24 个上调基因与 43 个下调基因分别设计特异性引物，进行荧光定量 PCR 反应。确定引物序列后，由马里兰大学巴尔的摩分校合成。荧光定量 PCR 反应体系为 50 µL 体系，其中包括 25 µL 荧光定量 PCR 染料预混液 SYBR Green，3 µL 引物工作液（每条引物）和 1 µL DNA 模板（100 ng/µL），最后补充超纯水至体积为 50 µL。②荧光定量 PCR 反应。将反应体系置 PCR 仪中反应，程序为：94℃预变性 2 min；然后按 94℃变性 30 s，60℃退火 30 s，72℃延伸 30 s，进行 40 个循环；最后 72℃延伸 5 min。反应后读取管家基因及各检测基因的 Ct 值。③数据分析与处理。采用 ΔΔCt 法计算转录量上调和下调倍数，步骤如下：读取管家基因和待测基因的 C_T 值。计算管家基因和待测基因的三次平衡反应的平均 Ct 值。计算 ΔCt 值，计算方法是用待测基因平均 Ct 值减去管家基因平均 Ct 值。计算 ΔΔCt 值，计算方法是通过比较两个待测基因的转录量，基因转录量的差距为 $e^{-\Delta\Delta Ct}$。

2. 实验结果与讨论

上述经微阵列技术确定转录量具显著差异的 67 个基因，其中 24 个基因的转录量在脱落菌体中显著上升，43 个基因的转录量显著下调。由于微阵列技术的优点是高通量，但同时存在精确度稍低和假阳性率较高的缺点，因此对微阵列技术中确定转录量具显著差异的基因，进一步通过荧光定量 PCR 的方法进行精确定量。采用相对定量法，通过荧光定量 PCR 计算出 Ct 值，并进一步比较同一基因在黏附和脱落状态中的转录量。其中根据转录量比分成 4 个组别：①重要差异组（转录量比大于 100）；②明显差异组（转录量比为 5~100）；③具一定差异组（转录量比为 1.5~5）；④无明显差异组（转录量比小于 1.5）。

在 24 个转录量显著上调的基因中（表 8-2），6 个基因属于有重要差异组，包括杀白细胞素（leukocidin）、胶状多糖生物合成蛋白 5I、胶状多糖生物合成蛋白 5J、半胱氨酰 tRNA 合成酶（cysteinyl-tRNA synthetase）、肠毒素（enterotoxin）和外毒素 9（cxotoxin 9）；5 个基因属于有明显差异组，包括蛋白 A（protein A）、透明质酸裂合酶前体（hyaluronate lyase precursor）、钾离子转运 ATP 酶链 A（K^+-transporting ATPase chain A）、RNAIII 激活蛋白 TRAP（RNAIII-activating protein TRAP）和早期终止功能未知但预计参与 DNA 修复的蛋白质（early termination of proteins with unknown functions but expected to be involved in DNA repair）；6 个基因属于有一定差异组，包括肽链 ABC 转运 ATP 结合蛋白（peptide ABC transporter，ATP-binding protein）、可能的 ATP 依赖解旋酶（probable ATP-dependent helicase）、胶状多糖生物合成蛋白 5M、苏氨酰-tRNA 合成酶（threonyl-tRNA synthetase）、热诱导转录抑制蛋白 HrcA（heat-inducible transcription repressor HrcA）和

钠离子/氢离子逆向转运蛋白 MnhE 组件（Na$^+$/H$^+$ antiporter MnhE component）；7 个基因属于无明显差异组，包括砷泵膜蛋白（arsenical pump membrane protein）、胶状多糖生物合成蛋白 5G、胶状多糖生物合成蛋白 5E、胶状多糖生物合成蛋白 5F、外切核酸酶（exonuclease）、DNA 修复外切酶家族蛋白质 DNA（DNA repair exonuclease family protein DNA）和 ATP 依赖解旋酶 PcrA 转换框（ATP-dependent helicase PcrA frameshift）。

表 8-2 在微阵列中转录量显著上调基因

	基因名称	平均值	转录量相差倍数
重要差异（>100）	杀白细胞素	<−20	≫1000
	胶状多糖生物合成蛋白 5I	<−10	≫1000
	胶状多糖生物合成蛋白 5J	<−10	≫1000
	半胱氨酰 tRNA 合成酶	<−10	≫1000
	肠毒素	<−7.34	>1000
	外毒素 9	−8.42	>1000
明显差异（5~100）	蛋白 A（IgG）	−3.68	39.65
	透明质酸裂合酶前体	−2.37	10.7
	钾离子转运 ATP 酶链 A	−2.77	15.96
	RNAIII 激活蛋白 TRAP	−2.02	7.54
	提前终止未知功能但预计与 DNA 修复相关的蛋白	−4.42	83.09
一定差异（1.5~5）	肽链 ABC 转运 ATP 结合蛋白	−0.72	2.05
	可能的 ATP 依赖解旋酶	−1.19	3.29
	胶状多糖生物合成蛋白 5M	−0.52	1.68
	苏氨酰-tRNA 合成酶	−0.64	1.90
	热诱导转录抑制蛋白 HrcA	−0.44	1.55
	钠离子/氢离子逆向转运蛋白 MnhE 组件	−0.42	1.52
无明显差异（<1.5）	砷泵膜蛋白	−0.02	1.02
	胶状多糖生物合成蛋白 5G	−0.27	1.31
	胶状多糖生物合成蛋白 5E	−0.05	1.05
	胶状多糖生物合成蛋白 5F	−0.37	1.45
	外切核酸酶	−0.02	1.02
	修复外切核酸酶家族蛋白	0.01	0.99
	ATP 依赖解旋酶 PcrA 转换框	0.06	0.95

在 43 个转录量显著下调的基因中（表 8-3），2 个基因属于有明显差异组，包括 HU DNA 结合蛋白 II（HU DNA binding protein II）和纤连蛋白结合蛋白（fibronectin-binding protein）；13 个基因属于有一定差异组，包括 DNA 修复蛋白 RadA（DNA repair protein RadA）、C 型肠毒素前体（enterotoxin type C precursor）、糖基蛋白（glycosyl）、Holing-MES 蛋白、SOS 修复 LexA 抑制子（LexA repressor SOS repair-MES）、lrgB 蛋白（lrgB protein）、对苯二酚氧化酶（quinol oxidase）、重组蛋白 RecR（recombination protein RecR-MES）、二羧酸钠转运蛋白（sodium dicarboxylate transporter）、MES 家族蛋白（family protein-MES）、葡激酶前体（staphylokinase precursor）、琥珀酸脱氢酶（succinate dehydrogenase）、琥珀酰

CoA 合成酶 β 亚基（succinyl-CoA synthase，beta subunit）；27 个基因属于无明显差异组，包括 4-磷酸盐转运酶家族蛋白（4-phosphopantetheinyl transferase family protein）、ABC 转运 ATP 结合蛋白（ABC transporter，ATP-binding protein）、AgrA 蛋白、AgrC 蛋白、AgrD 蛋白、丙氨酸脱氢酶（alanine dehydrogenase）、聚集因子 B（clumping factor B）、壳多糖酶相关蛋白（chitinase-related protein）、FitZ 蛋白（FitZ protein）、甘油激酶（glycerol kinase）、HD HDIG KH 域蛋白（HD HDIG KH domain protein）、Holin 同源蛋白（Holin homolog）、噬菌体 phi（bacteriophage phi Sa 3mw）、羟甲基戊二酸-CoA 合成酶（hydroxymethylglutaryl-CoA synthase）、结构与 II 类 MHC 相似蛋白（hypothetical protein，similar to MHC class II analog）、免疫抗原蛋白 A（immunodominant antigen A）、脂肪酶（lipase）、硫辛酸盐合酶（lipoate synthase）、磷酸盐转运家族蛋白（phosphate transporter family protein）、PTS 系统 IIA 组件（PTS system，IIA component-MES）、丙酮酸激酶（pyruvate kinase）、磷酸核糖焦磷酸激酶（ribose-phosphate pyrophosphokinase）、葡萄球菌凝固酶前体（staphylocoagulase precursor）、葡萄黄素生物合成蛋白（staphyloxanthin biosynthesis protein）、转录调控子 AraC 家族蛋白（transcriptional regulator，AraC family，MES）、酮基移换酶（transketolase）、提前终止未知功能但与肠毒素 SEO 相似的蛋白（truncated hypothetical protein，similar to enterotoxin SEO）；另有 1 个基因，V8 蛋白酶（V8 protease）在荧光定量 PCR 中无扩增结果。

表 8-3 在微阵列中转录量显著下降基因

	基因	平均值	转录量相差倍数
明显差异（5～100）	HU DNA 结合蛋白 II	2.52	12.43
	纤连蛋白结合蛋白	1.65	5.21
一定差异（1.5～5）	DNA 修复蛋白 RadA	0.57	1.79
	C 型肠毒素前体	1.27	3.56
	糖基蛋白	0.42	1.52
	Holing-MES 蛋白	0.83	2.29
	SOS 修复 LexA 抑制子	1.24	3.46
	lrgB 蛋白	0.55	1.73
	对苯二酚氧化酶	1.07	2.92
	重组蛋白 RecR	1.13	3.10
	二羧酸钠转运蛋白	0.69	1.99
	MES 家族蛋白	0.48	1.62
	葡激酶前体	1.13	3.10
	琥珀酸脱氢酶	0.58	1.78
	琥珀酰 CoA 合成酶 β 亚基	1.20	3.32
无明显差异（<1.5）	4-磷酸盐转运酶家族蛋白	0.15	1.16
	ABC 转运 ATP 结合蛋白	0.23	1.25
	AgrA 蛋白	0.26	1.30
	AgrC 蛋白	0.13	1.14
	AgrD 蛋白	0.07	1.07

续表

	基因	平均值	转录量相差倍数
无明显差异（<1.5）	丙氨酸脱氢酶	−0.29	0.75
	聚集因子 B	0.25	1.28
	壳多糖酶相关蛋白	0.2	1.22
	FitZ 蛋白	0.2	1.22
	甘油激酶	0.27	1.30
	HD HDIG KH 域蛋白	0.32	1.37
	Holin 同源蛋白	−0.23	0.79
	噬菌体 phi	0.12	1.13
	羟甲基戊二酸-CoA 合成酶	0.27	1.31
	结构与 II 类 MHC 相似蛋白	0.15	1.16
	免疫抗原蛋白 A	0.13	1.14
	脂肪酶	0.06	1.06
	硫辛酸盐合酶	0.27	1.31
	磷酸盐转运家族蛋白	−0.15	0.86
	PTS 系统 IIA 组件	−0.07	0.93
	丙酮酸激酶	0.12	1.13
	磷酸核糖焦磷酸激酶	0.01	1.01
	葡萄球菌凝固酶前体	0.13	1.14
	葡萄黄素生物合成蛋白	0.16	1.17
	转录调控子 AraC 家族蛋白	0.31	1.36
	酮基移换酶	0.08	1.08
	提前终止未知功能但与肠毒素 SEO 相似的蛋白	0.02	1.02
无扩增	V8 蛋白酶	—	—

8.2.5 微生物被膜中黏附与脱落菌体基因调控的分析

本实验通过微阵列技术确定金黄色葡萄球菌在微生物被膜中从黏附状态转变为脱落状态过程中转录量具显著差异的 67 个基因，其中 24 个基因的转录量在脱落菌体中显著上升，43 个基因的转录量显著下降。进一步通过荧光定量 PCR 精确定量，结果显示，在 24 个转录量显著上升的基因中，6 个基因属于有重要差异组，5 个基因属于有明显差异组，6 个基因属于有一定差异组，7 个基因属于无明显差异组；在 43 个转录量显著下降的基因中，2 个基因属于有明显差异组，13 个基因属于有一定差异组，27 个基因属于无明显差异组，另有 1 个基因在荧光定量 PCR 中无扩增结果。

通过对应基因信息和背景信息，结果显示，在脱落菌体 24 个转录量显著上升的基因中，11 个基因的转录量相差 5 倍以上，因此被认为在菌体从黏附到脱落过程中起关键作用或赋予脱落菌体中主要的表型特征；在 11 个基因中，根据该基因编码蛋白的功能主要可分为：①毒素因子蛋白，如杀白细胞素、肠毒素和外毒素 9；毒素因子是 MRSA USA300 菌株的主要表型之一，现有研究表明，该菌株耐药基因较少，但携带毒素基因；但在微生物被膜中，毒素基因转录量较低，因此在微生物被膜黏附菌体中，并不表现其致毒性。但本研究表明，在微生物被膜中，金黄色葡萄球菌从黏附状态脱落成浮游状态后，毒素基因得到显著上调，其转录量显著上升。②具有免疫原性蛋白，如蛋白 A 等；葡萄球菌蛋白 A 具有较强的免疫原性和过敏原性，其免疫原性在动物体内能刺激免疫活性细胞合成 Ig，又能与其相应抗体的 Fab 段结合呈现特异的抗原抗体反应，因此具有一定侵袭作用。③多糖合成蛋白，如胶状多糖生物合成蛋白 5I 和 5J；多糖生物合成蛋白是金黄色葡萄球菌合成胶状多糖所必需的。结果显示，通过微阵列分析脱落菌体转录谱，5 个胶状多糖生物合成相关基因的转录量显著上升，而荧光定量 PCR 精确定量显示，与黏附状态相比，胶状多糖生物合成蛋白 5I 和 5J 转录量上升远超过 1000 倍，5M 转录量上升数倍，而 5E 和 5F 略有上升，但不明显；多糖生物合成是细菌细胞壁形成所必需的，当细菌从微生物被膜状态转变为游离状态时，细胞壁合成活动较为活跃。结果提示，金黄色葡萄球菌微生物被膜从黏附脱落为游离状态，涉及一系列细胞壁生物合成作用，其间，菌体间细胞接触与信号交换可能起关键作用，但具体机制有待进一步深入研究。④离子泵相关蛋白，如钾离子转运 ATP 酶相关蛋白；离子泵是生命活动的表征，其相关激酶转录量的显著上升，可能与脱落菌体生命活动活跃有关。

在脱落菌体 43 个转录量显著下降的基因中，仅有 2 个基因属于有明显差异组，13 个基因属于有一定差异组。由于经过 14 d 培养，金黄色葡萄球菌微生物被膜已进入后成熟阶段，因此被膜内菌体生命活动较缓慢，基因转录趋于稳定；与脱落游离菌体相比，其大部分基因转录量不呈现显著上升。但值得注意的是，2 个转录量呈现明显下降的基因分别是 HU DNA 结合蛋白和纤连蛋白结合蛋白；这两个基因均是微生物被膜形成的关键骨架蛋白，其转录量的显著下降，是菌体在微生物被膜中从黏附状态脱落成游离状态的主要原因。

8.3　小　　结

食品工业中由有害微生物形成的微生物被膜可能是引起食源性疾病的最大安全隐患，在食品加工过程中，病原菌能形成微生物被膜，导致最终产品的腐败和引起疾病的传播；同时，以微生物被膜形式存在的细菌，可成为新的黏附位点，使更多浮游状态的细菌黏附至被膜中；在微生物被膜成熟后，部分微生物被膜会脱落，成为游离状态，并分泌有害物质与因子，造成二次污染与侵袭。本章对金黄色葡萄球菌微生物被膜中菌体从黏附于微生物被膜到脱落成浮游状态过程的分子调控模式进行研究与分析，结果显示，金黄色葡萄球菌 2 个与微生物被膜形成有关键联系的骨架蛋白基因（HU DNA 结合蛋白和纤连蛋白结合蛋白）显著下降，可能是其从黏附状态脱落成游离菌体的主要原因；在脱落成游离菌体后，金黄色葡萄球菌大量繁殖，生命活跃，多种与生命活动（如细胞壁合成、离子泵等）相关的基因显著上调；同时，金黄色葡萄球菌的致毒性与侵袭性进一步增强，与黏附微生物被膜状态相比，金黄色葡萄球菌在脱落后，杀白细胞素、肠毒素和外毒素 9 转录量上升超过 1000 倍，而具有强免疫原性和过敏原性的蛋白 A 转录量也显著上升。因此，食品加工中以微生物被膜形式存在的金黄色葡萄球菌，通过脱落成为游离状态菌体；在金黄色葡萄球菌大量繁殖的同时，具有较强的致毒性和侵袭性，成为引起食源性疾病的最大安全隐患。

参 考 文 献

[1] Costerton J W. Introduction to biofilm[J]. Int J Antimicrob Agents, 1999, 11: 217-221.

[2] Bronwyn E R, Maria K, Susanne B. Biofilm formation in plant-microbe associations[J]. Current Opinion in Microbiol, 2004, 7: 602-609.

[3] 李燕杰, 杜冰, 董吉林, 等. 食品中细菌生物被膜及其形成机制的研究进展[J]. 现代食品科技, 2009, 25 (4): 435-438.

[4] Maira L T, Kropec A, Abeygunawardana C, et al. Immunochemical properties of the staphylococcai poly-N-acetylglu-cosamine surface polysaccharide[J]. Infect Immun, 2002, 70: 4433-4440.

[5] LawrenceJ R, WolfaardtG M, KorberD R. Determination of diffusion coefficients in biofilms by confocal laser[J]. Microscopy Appl Environ Microbiol, 1994, 60(4): 1166-1173.

[6] LawrenceJ R, KorberD R, HoyleB D, et al. Optical sectioning of microbial biofilms[J]. J Bacteriol, 1991, 173(20): 6558-6567.

[7] PaulN D, Leslie A P, Roberto K. Exopolysaccharide production is required for development of *Escherichia coli* K-12 biofilm architecture[J]. J Microbiol, 2000, 182: 3593-3596.

[8] Mieke V, Gilbert S, Xuetao T. Atmospheric plasma inactivation of biofilm forming bacteria for food safety control[J]. IEEE Transctions on Plasma Science, 2005, 33(2): 824-828.

[9] van Schaik W, Abee T. The role of the stress response of Gram-positive bacteria-targets for food preservation and safety[J]. Curr Opin Biotechnol, 2005, 16(2): 218-224.

[10] Knight G C, NicolR S, McMeekinT A. Temperature step changes: a novel approach to control biofilms of *Streptococcus thermophilus* in apilot plant-scale cheese-milk pasteurisation plant[J]. IntJ Food Microbiol, 2004, 93(3): 305-318.

[11] Van Wolferen M, Orell A, Albers S V. Archaeal biofilm formation[J]. Nature Reviews Microbiology, 2018, 16(11): 699-713.

[12] Marsh E J, Luo H, Wang H. A three-tiered approach to dilerentiate *Listeria monocytogenes* biofilm-forming abilities[J]. FEMS Microbiol Letters, 2003, 228: 203-210.

[13] 易华西, 王专, 徐德昌. 细菌生物被膜与食品生物危害[J]. 生物信息, 2005, 3(4): 189-191.

[14] Min S C, Heidi S. Comparative evaluation of adhesion and biofilm formation of *Listeria monocytogenes* strains[J]. IntJ Food Microbiol, 2000, 62: 103-111.

[15] Ryu J H, Beuchat L R. Biofilm formation by *Escherichia coli* O157: H7 on stainless steel: effect of exopolysaccharide and curli production on its resistance to chlorine[J]. Applied And Environ Microbiol, 2005, 71(1): 247-254.

[16] Gunduz G T, Tuncel G. Biofilm formation in an ice cream plant[J]. IntJ Food Microbiol, 2006, 89(3-4): 329-336.

[17] Kumar C G, Anand S K. Significance of microbial biofilms in food industry: a review[J]. IntJ Food Microbiol, 1998, 42: 9-27.

[18] Poulsen L V. Microbial biofilm in food processing[J]. Lebensm-Wiss U-Technol, 1999, 32: 321-326.

[19] Mah T F, O'Toole G. Mechanisms of biofilm resistance to antimicrobial agents[J]. Trends in Microbiol, 2001, 9: 34-39.

[20] O'Toole G, Kaplan H B, Kolter R. Biofilm formation as microbial development[J]. Annu Rev Microbiol, 2000, 54: 49-79.

[21] Goulter R M, Gentle I R, Dykes G A. Issues in determining factors influencing bacterial attachment: a review using the attachment of *Escherichia coli* to abiotic surfaces as an example[J]. Lett in Appl Microbiol, 2009, 49: 1-7.

[22] Heilmann C, Schweitzer O, Gerke C, et al. Molecular basis of intercellular adhesion in the biofilm-forming *Staphylococcus epidermidis*[J]. Molecular Microbiol, 1996, 20: 1083-1091.

[23] Meyer B. Approaches to prevention, removal and killing of biofilms[J]. International Biodeterioration & Biodegradation, 2003, 51: 249-253.

第九章　微生物被膜的抑制清除与安全控制

9.1　食品添加剂柠檬酸钠和肉桂醛
对微生物被膜的抑制清除

9.1.1　概述

近年来，食源性致病菌由于其潜在的危险性引起了人们的关注，包括多重耐药性水平的提高和相关毒力因子的产生导致食源性疾病的发生。研究表明，动物和植物生产中抗生素的滥用已使其通过食物链转移到人类体内[1]。因此，食源性致病菌的出现和传播已成为食品工业和公共卫生领域面临的严峻问题。随着对食源性致病菌研究的不断深入，人们发现食源性致病菌形成的被膜对食品工业中使用的清洁剂可产生较强的抗性，这带来了极大的挑战[2]。减少食品接触表面食源性致病菌微生物被膜的形成成为食品工业中亟待解决的问题。

被膜是细菌黏附于生物或非生物接触表面，分泌多糖、蛋白质和其他聚合物等，将其自身包绕其中而形成的大量细菌聚集膜样物[3]。微生物被膜在自然环境中对盐浓度、干燥环境、高温环境、抗生素和其他食品防腐剂有很高的耐受性[4]。此外，有研究表明，微生物通过形成复杂的微生物被膜结构，可以使对机械损伤的抵抗力提高几千倍[5]。同时，在食品加工和贮藏过程中，食源性致病菌附着在食品表面容易造成交叉污染，对人类健康带来极大隐患[6]。现已有多种方法被应用于食品工业中来控制微生物的交叉污染和微生物被膜的形成[7]。近年来有研究表明，牛蒡叶中抗微生物被膜成分的分离和富集可显著提高微生物被膜抑制率[8]。然而，高昂的成本使得这种方式在食品工业中不可行。因此，解决办法之一是最大化最优化地利用食品添加剂，从而替代损害食品质量、威胁人体健康及在食品接触表面形成微生物被膜的物理或化学方法[9]。有研究表明，从天然植物中提取的食品添加剂具有抗食源性致病菌的性能，同时它们的微生物被膜不会留下与其他抗菌剂相关的残留物[10]。

鉴于微生物被膜在食品保藏和食品工业中的负面影响，如何抑制微生物被膜逐渐成为近年来的研究热点。本研究选择食源性细菌金黄色葡萄球菌和大肠杆菌作为研究对象，柠檬酸钠和肉桂醛因具有应用广泛、抑菌和抗氧化性能好等特点被选择作为抑制微生物被膜的主要方法。首先，利用刚果红板法对金黄色葡萄球菌和大肠杆菌的微生物被膜形成能力进行鉴定。然后，以盖玻片为载体构建微生物被膜，通过擦拭平板法鉴定微生物被膜是否形成。通过结晶紫染色，在光学显微镜下观察生物膜在不同阶段的生长形势。通过药敏试验确定两种添加剂的最低抑菌浓度（MIC）和最低杀菌浓度（MBC）作为最关键的一步，可为在接下来的实验中探寻最佳抑菌点提供方向。另外，研究两种添加剂对微生物被膜的抑制作用可为控制微生物被膜提供理论依据。

9.1.2 大肠杆菌和金黄色葡萄球菌微生物被膜形成能力

本实验所用的大肠杆菌 O157：H7 和金黄色葡萄球菌（ATCC 19095）由武汉理工大学食品科学与工程微生物学实验室提供。首先，用平行划线法将金黄色葡萄球菌和大肠杆菌 O157：H7 菌株接种于 LB 琼脂培养基，在 37℃培养箱中培养 24 h。挑选在上述 LB 琼脂培养基上生长良好的单菌落接种于 LB 液体培养基中，在 37℃培养箱中培养 24 h。随后用 LB 液体介质进行稀释，达到目标浓度（10^6 CFU/mL）。将活化的细菌悬浮液置于 4℃冰箱中，以备以后使用。

将 50 μL 大肠杆菌和金黄色葡萄球菌分别转入刚果红培养基（中国上海中药化学试剂有限公司），37℃孵育过夜后观察 24 h 和 48 h 后的菌落生长状况。

微生物被膜的形成过程由 Cassat 等检测得到[11]。首先将等量的 2%琼脂溶液（1 mL）和经灭菌的盖玻片（18 mm×18 mm）加入到 12 孔微量滴定板。在琼脂彻底凝固和盖玻片固定后，将 3 mL 等量的悬浮液转移入每个 12 孔微量滴定板的 3 个孔中，在 37℃环境下培养 7 d。微生物被膜的形成由擦拭平板法确定。此外，将盖玻片用磷酸盐缓冲溶液轻微清洗三次（PBS；pH 7.4；8.0 g/L NaCl，0.2 g/L KCl，1.42 g/L $Na_2HPO_4 \cdot 7H_2O$，0.27 g/L NaH_2PO_4），再用 1%结晶紫（国药集团化学试剂有限公司，中国上海）于室温（25℃）染色 15 min。多余的结晶紫通过生理盐水洗涤三次清除，然后重悬于 95%乙醇中。最后，用 400 倍的显微镜观察微生物被膜的形态。通过测定紫外可见分光光度计的 OD_{600} 进行定量分析。每种菌株测定三次，取其平均值反映被膜形成能力。

刚果红培养基覆盖菌落的区域经接种后 48 h 发生明显的变化，菌落由红色变为黑色（图 9-1），表明大肠杆菌和金黄色葡萄球菌具有良好的生物膜形成能力。

图 9-1　刚果红平板法测定微生物被膜形成能力

A. 金黄色葡萄球菌接种至刚果红培养基培养 24 h；B. 金黄色葡萄球菌接种至刚果红培养基培养 48 h；
C. 大肠杆菌接种至刚果红培养基培养 48 h

通过擦拭平板法鉴定大肠杆菌菌株和金黄色葡萄球菌菌株是否在盖玻片上形成微生物被膜。将载体用棉棒涂布在 LB 琼脂培养基上，可观察到有较大的菌落形成（图 9-2A，B）。此外，大肠杆菌菌株的红色菌落在大肠杆菌选择培养基上形成（图 9-2C），这表明微生物被膜已在盖玻片表面形成。

采用结晶紫染色法在光学显微镜下观察试验菌株的生长趋势（图 9-3）。对于金黄色葡萄球菌菌株，生物被膜的数量从第 1 天到第 4 天逐渐增加（图 9-3A）。金黄色葡萄球菌在培养的第 1 天已附着在盖玻片上形成疏松的网状结构，通过结晶紫染色变为紫色，可认为金黄色葡萄球菌菌株已附着在盖玻片上形成生物膜。从第 2 天到第 3 天，微生物被膜的数量继续增加，染色加深，出现上覆阴影区，微生物被膜逐渐成熟。在第 3 天和第 4 天微生物被膜生长速率较慢。从第 5 天起，微生物被膜开始脱落，逐渐减少，且重叠区域逐渐消失，颜色逐渐消失。到第 7 天，微生物被膜的形成量在观察期间最少。

图 9-2　通过擦拭平板法检测载体表面生物被膜的形成

将从载体表面分离的金黄色葡萄球菌（A）和大肠杆菌（B）分别在 LB 琼脂培养基中 37℃培养 24 h；
将从载体表面分离的大肠杆菌微生物被膜在大肠杆菌选择性培养基中 37℃培养 24 h（C）

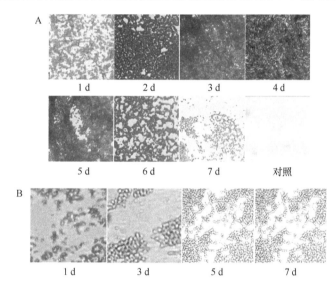

图 9-3　采用结晶紫染色，在光学显微镜下观察了生物膜从第 1 天到第 7 天的生长动态

A. 金黄色葡萄球菌菌株；B. 大肠杆菌菌株

对大肠杆菌菌株（图 9-3B）而言，第 1 天观察到大肠杆菌菌株单个菌落的紫红色杆状结构，菌落的分布较分散，几乎无团聚或成膜。培养第 3 天，小部分大肠杆菌菌株已逐渐聚集，但大多数仍保持与单个菌落相似的形态。培养第 5 天，大多数大肠杆菌呈黏膜状，只有少数仍为游离状态。培养第 7 天，大肠杆菌菌株已完全聚集形成被膜结构。即随着时间的推移，大肠杆菌逐渐积聚成生物膜。因此随着培养天数的增加，被膜面积逐渐增大。

9.1.3　食品添加剂柠檬酸钠和肉桂醛对微生物被膜的最低抑菌浓度及杀菌浓度

金黄色葡萄球菌和大肠杆菌的最低抑菌浓度（MIC）及最低杀菌浓度（MBC）采用双标准微量肉汤稀释法测定，即根据食品保存中的质量浓度将柠檬酸钠溶液和肉桂醛溶液用 LB 肉汤稀释两次。首先将二次稀释的食品添加剂（100 μL）和悬浮液（100 μL）分别加入 96 孔微量滴定板的孔中。同时设置 200 μL 细菌悬液为阴性对照组，LB 肉汤为空白对照组。最后,将样品在37℃下培养24 h,通过观察溶液的浊度测定两种食品添加剂对金黄色葡萄球菌的MIC值。对大肠杆菌菌株,通过测定OD_{600}来检测两种食品添加剂的MIC值,在37℃下培养24 h后OD值无明显增加即可。最低抑菌浓度(MIC)被定义为LB琼脂培养基在37℃下培养24 h后无菌落生长的最低浓度。

两种食品添加剂的最低抑菌浓度由抑制大肠杆菌和金黄色葡萄球菌的微生物被膜确定。金黄色葡萄球菌菌株的MIC值通过溶液的浊度测定(图9-4A、B)。随着柠檬酸钠和肉桂醛浓度的逐渐增加,溶液浊度逐渐降低。当柠檬酸钠和肉桂醛的浓度分别达到5 mg/mL和0.5 μL/mL时,液体未变浑浊,表明金黄色葡萄球菌没有大量生长。结果表明,柠檬酸钠和肉桂醛对金黄色葡萄球菌的MIC分别为5 mg/mL和0.5 μL/mL。而且从图9-4C、D中可以看出,当柠檬酸钠浓度达到40 mg/mL、肉桂醛浓度达到2 μL/mL时,金黄色葡萄球菌菌株完全消失。所以可以确定金黄色葡萄球菌对柠檬酸钠的MBC为40 mg/mL,对肉桂醛的MBC为2 μL/mL。

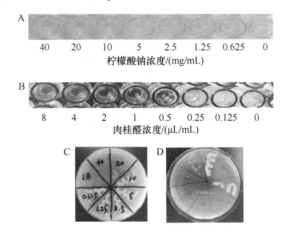

图9-4 采用双标准微量肉汤稀释法测定金黄色葡萄球菌菌株的最低抑菌浓度(MIC)和最低杀菌浓度(MBC),且观察LB琼脂培养基上溶液和涂层的浊度

A和B分别为柠檬酸钠溶液和肉桂醛溶液对金黄色葡萄球菌微生物被膜的抑制作用。金黄色葡萄球菌在LB培养基上的生长表明食品添加剂在不同浓度下的杀菌能力。C为柠檬酸钠,D为肉桂醛

通过结合OD_{620}值与培养基中菌落生长状况,分别测定大肠杆菌的MIC和MBC。结果表明当柠檬酸钠浓度小于20 mg/mL时,几乎没有抗菌作用(图9-5A)。随着柠檬酸钠浓度的增加,测得的OD_{620}也逐渐降低。当柠檬酸钠的浓度达到160 mg/mL后,OD_{600}不再降低,趋于稳定。因此,柠檬酸钠的MIC约为160 mg/mL。从图9-5B可以看出,在柠檬酸钠浓度为40 mg/mL和80 mg/mL的条件下生长的细菌很少,在浓度达到160 mg/mL时细菌完全没有生长。微孔板读数器测量数据表明,柠檬酸钠的MBC为160 mg/mL(对比文献可知数据在合理范围内)。相似地,由图9-5A~E可看出肉桂醛对大肠杆菌菌株生物膜的MIC和MBC为1 μL/mL。

9.1.4 食品添加剂柠檬酸钠对金黄色葡萄球菌微生物被膜抑制作用的显微镜观察

图9-6表明了柠檬酸钠对金黄色葡萄球菌微生物被膜的抑制作用。随着柠檬酸钠

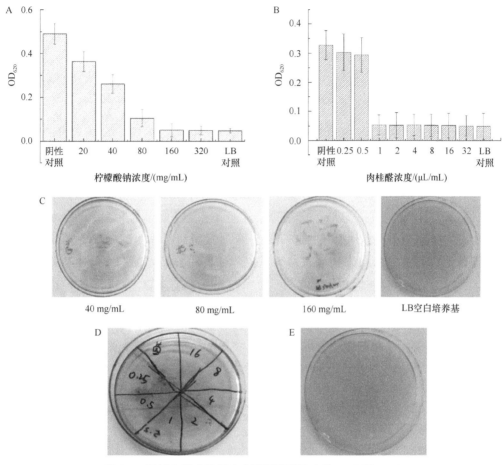

图 9-5　通过生长曲线测定大肠杆菌菌株中的 MIC 和 MBC

A 和 B 分别为柠檬酸钠溶液和肉桂醛溶液对大肠杆菌微生物被膜的抑制作用。数据为三次独立实验的平均值，竖条表示平均值±标准差。大肠杆菌在 LB 培养基上的生长显示出食品添加剂在不同浓度下的杀菌能力，C 为柠檬酸钠溶液，D 为肉桂醛溶液，E 为 LB 空白培养基

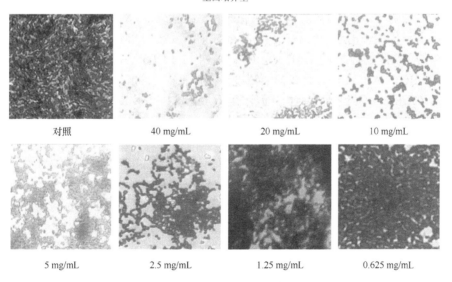

图 9-6　不同浓度柠檬酸钠对金黄色葡萄球菌微生物被膜作用的显微镜观察结果

浓度由 0.625 mg/mL 增加为 40 mg/mL，金黄色葡萄球菌菌株形成的微生物被膜数量逐渐减少，形成的微生物被膜越来越稀疏，与对照组相比，表明柠檬酸钠对金黄色葡萄球菌微生物被膜的形成有明显的抑制作用。当柠檬酸钠浓度达到 40 mg/mL 时，微生物被膜的形成数量明显减少，且在整个阶段内最小。相反，当柠檬酸钠浓度降至 0.625 mg/mL 时对微生物被膜的形成几乎无抑制作用，与未添加柠檬酸钠的结果相同。另外，当柠檬酸钠浓度由 0.625 mg/mL 增至 20 mg/mL 时，微生物被膜上结晶紫的颜色逐渐变浅，染色面积不断减小，表明柠檬酸钠对生物膜的抑制作用逐渐增强。

9.1.5 亚抑菌浓度柠檬酸钠和肉桂醛对大肠杆菌及金黄色葡萄球菌微生物被膜的影响

本研究中利用生长曲线分析评价了两种食品添加剂对金黄色葡萄球菌和大肠杆菌的亚抑菌浓度。首先将微生物被膜、等量双倍稀释的食品添加剂（1 mL）和 LB 肉汤（1 mL）接种于 96 孔微量滴定板，在 37℃下培养 2 d。然后用胶头滴管取上清液，用 PBS 轻轻冲洗，在室温下用甲醇（200 L）固定 20 min。除去甲醇后，用 1%结晶紫对样品染色 15 min，并用 PBS 洗涤两次。在室温下干燥样品后，向每个孔中加入 33%的冰醋酸（200 μL）以溶解经染色的微生物被膜。之后，利用紫外-可见分光光度计每隔 24～96 h 监测培养物的 OD_{620}。对金黄色葡萄球菌菌株的处理做了如下补充：用 PBS 对盖玻片上的微生物被膜进行三次清洗后，在室温（25℃）下用 1%结晶紫染色 15 min。多余的结晶紫用生理盐水洗涤三次除去，再重悬于 95%乙醇溶液中。最后，在 400 倍显微镜下观察微生物被膜的形貌。

微生物被膜抑制率由下述公式计算[9]：

$$抑制率\,(\%) = \frac{OD_{对照组} - OD_{实验组}}{OD_{对照组}}$$

图 9-7A～D 描述了两种食品添加剂对微生物被膜亚抑菌处理的结果，显示出大肠杆菌和金黄色葡萄球菌形成的微生物被膜随浓度逐渐减少。对于金黄色葡萄球菌（图 9-7A、B），与不加柠檬酸钠的对照组相比，当柠檬酸钠浓度达到 8MIC 时，对金黄色葡萄球菌菌株形成的生物膜的抑制率明显降低，OD_{620} 值下降了约 65%（图 9-7A）。同样，用柠檬酸钠（1/8MIC～4MIC）处理，亚抑菌浓度分别降低了 1.54%、5.32%、18.5%、28.93%、44.58%和 49.78%。除此之外，在肉桂醛浓度为 1/4MIC～16MIC 范围内，对金黄色葡萄球菌微生物被膜的抑制率分别为 2.07%、5.65%、20.11%、24.97%、32.2%、40.95%、50.73%。

结果表明，在相同亚抑菌浓度倍数下，柠檬酸钠对金黄色葡萄球菌微生物被膜的抑制能力强于肉桂醛。对于大肠杆菌，柠檬酸钠的亚抑菌浓度（0MIC～2MIC）处理结果表明，柠檬酸钠分别使微生物被膜量降低了 13.09%、19.06%、18.5%、28.06%、30.21%和 39.21%（图 9-7C）。当肉桂醛的浓度为 1/4MIC～4MIC 时，大肠杆菌分别表现出 1.05%、1.05%、19.30%、27.72%和 32.28%的被膜抑制率（图 9-7D）。对两种食品添加剂的对比分析表明，在大肠杆菌有相同的亚抑菌浓度时，柠檬酸钠的抑制能力强于肉桂醛。此外，由于柠檬酸钠对金黄色葡萄球菌产生的微生物被膜具有最佳的抑制作用，接下来将探讨柠檬酸钠对金黄色葡萄球菌微生物被膜的抑制作用与时间之间的关系。

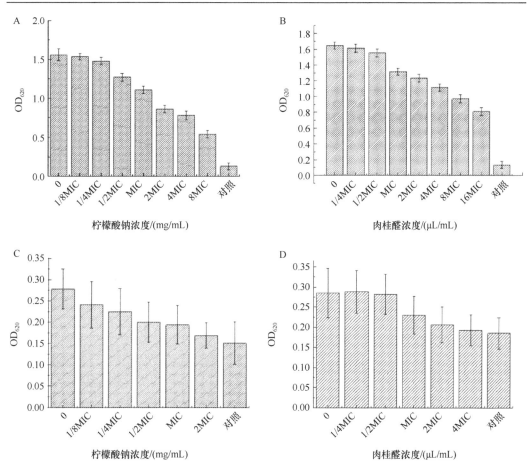

图 9-7　两种食品添加剂亚抑菌浓度对金黄色葡萄球菌和大肠杆菌生物膜形成的抑制作用
A. 亚抑菌浓度下柠檬酸钠对金黄色葡萄球菌微生物被膜的抑制作用；B. 亚抑菌浓度下肉桂醛对金黄色葡萄球菌微生物被膜的抑制作用；C. 亚抑菌浓度下柠檬酸钠对大肠杆菌微生物被膜的抑制作用；D. 亚抑菌浓度下肉桂醛对大肠杆菌微生物被膜的抑制作用。数据为三次独立实验的平均值，竖条表示平均值±标准差

　　图 9-8A 显示了柠檬酸钠在 24 h、48 h、72 h、96 h 处理对微生物被膜的影响。随着培养时间的延长，在柠檬酸钠浓度由 0.625 mg/mL 增至 10 mg/mL 时，微生物被膜量在 96 h 内增加。当柠檬酸钠的浓度为 0.625 mg/mL 和 1.25 mg/mL 时，微生物被膜在 48～96 h 内的生长趋势与仅含细菌溶液的样品（0 mg/mL）基本一致，表明在柠檬酸钠浓度为 0.625 mg/mL 和 1.25 mg/mL 时对金黄色葡萄球菌微生物被膜的抑制作用减弱。当柠檬酸钠浓度达到 20 mg/mL 时，由于细菌浓度不足以形成被膜，大量金黄色葡萄球菌被抑制，且 OD_{620} 与仅含 LB 液体培养基的对照组接近。当柠檬酸钠浓度达到 40 mg/mL 时，金黄色葡萄球菌在形成微生物被膜前几乎完全被杀死。在培养期间 OD_{620} 值变化不大，未发现微生物被膜形成。

　　由于柠檬酸钠浓度为 40 mg/mL 和 20 mg/mL 时，金黄色葡萄球菌基本不形成微生物被膜，因此在柠檬酸钠浓度为 0.625～10 mg/mL 时计算出对金黄色葡萄球菌的抑制率。由图 9-8B 可知，柠檬酸钠浓度由 0.625 mg/mL 增至 5 mg/mL 时，在 24～96 h 内抑制率先升高后降低。当柠檬酸钠浓度为 10 mg/mL 时，抑制率在 24～96 h 内达到 75% 以上，在 24 h 时柠檬酸钠对金黄色葡萄球菌微生物被膜的抑制率最高，可达 77.51%。

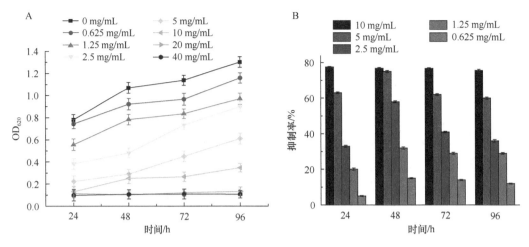

图 9-8　柠檬酸钠对金黄色葡萄球菌的抑制作用与时间的关系

A. 于 24 h、48 h、72 h、96 h 测定不同浓度柠檬酸钠溶液的 OD_{620}；B. 于 24 h、48 h、72 h、96 h 测定柠檬酸钠溶液
浓度为 0.625～10 mg/mL 时对微生物被膜的抑制率；数据为三次独立实验的平均值，竖条表示平均值±标准差

9.1.6　小结

许多种类细菌可在食品表面聚集并形成微生物被膜的能力对食品工业有着重要影响，微生物被膜的形成可导致食品的持续污染或疾病的传播[12, 13]。试验菌经刚果红平板法研究显示出较强的被膜形成能力。分别选择金黄色葡萄球菌和大肠杆菌菌株评价柠檬酸钠溶液及肉桂醛溶液的抗微生物被膜活性。一些研究表明，微生物被膜形成的变化可能是由于所研究的菌种相对有限，然而，微生物被膜在载体表面的形成也被认为与菌种相关[14]。尽管食源性致病菌形成微生物被膜已被公认为持续感染的重要原因[15]，但由于微生物被膜形成动态过程中的特性信息很少而导致其重要性被低估。

微生物被膜抑制试验表明，柠檬酸钠和肉桂醛在亚抑制浓度下能以剂量依赖的方式抑制各试验菌微生物被膜的形成。在柠檬酸钠为 1/2MIC 和 MIC 时对金黄色葡萄球菌微生物被膜没有完全抑制作用，表明高浓度的柠檬酸钠主要通过抑制细菌生长来减少细菌数量，从而减少微生物被膜的形成。我们的发现与 Packiavathy 等的研究[16]一致，他们证明用 10 g/mL 甲基丁香酚处理的革兰氏阴性菌病原体的微生物被膜形成明显慢于未处理组。微生物被膜抑制试验的结果还从 Zhang 等的观察中得到支持[17]，他们证明了柠檬醛和肉桂醛对微生物被膜的强烈抑制作用。在其他研究中，多种天然化合物如丁香酚、天竺葵和茶多酚也被报道可抑制食源性致病菌的微生物被膜形成[17, 18]。从图 9-8B 中可以看出，当柠檬酸钠浓度为 10mg/mL 时，金黄色葡萄球菌微生物被膜的抑制率在 24h 时达到最高（77.51%）。因此，应用从天然产物中提取的柠檬酸钠，可作为控制食源性致病菌生物膜形成的策略。

目前，有学者报道在酸性条件下利用 ε-聚赖氨酸结合乳链菌肽（nisin）能更好地抑制微生物的生长[19]，其机制主要是静电相互作用的影响，以及进入微生物被膜的能力的差异。微生物被膜的抑制受周围液体中二价阳离子的影响，降低 pH、增加 ε-聚赖氨酸的正电荷能有效地抑制微生物被膜的形成[20]。同样，食品添加剂在细菌生物膜控制方面也具有良好的应用前景，可进一步开发复合抗菌膜制剂，减少用量，提高效果。此外，虽然对微生物被膜的抑制机制尚不清楚，但已知细菌微生物被膜主要与其胞外聚合物有关。未来可从分子水平探索抑制细菌微生物被膜形成的方法，并进一步研究胞外聚合物的调节基因。

本研究结果表明，刚果红平板法证实了金黄色葡萄球菌和大肠杆菌具有良好的微生物被膜形成能力。同时，通过结晶紫染色法观察 7 d 内细菌的生长状况。在确定了 MIC 后，采用两种添加剂的亚抑菌浓度进行实验，结果表明微生物被膜的减少不是由生长抑制所致。最后，我们还探讨了柠檬酸钠对金黄色葡萄球菌微生物被膜的抑制作用与时间的关系。结果表明，金黄色葡萄球菌微生物被膜的抑制率在 24 h 达到最大（77.51%）。虽然两种添加剂抑制微生物被膜形成的机制尚不完全清楚，但我们的研究表明，天然来源的食品添加剂作为抗微生物被膜剂具有潜在的应用价值。

9.2 右旋龙脑和溶菌酶对微生物被膜的抑制清除

相关研究表明[21, 22]，跟一般浮游菌相比，微生物被膜包绕中的细菌对抗生素、杀菌剂等具有更强的抵抗力（1000 倍以上）。微生物被膜抗性来源于很多方面，如渗透过微生物被膜基质的能力减弱、微生物被膜里层中的细菌代谢活动水平较低、一些细胞进入休眠状态等[23]。在食品及医疗行业，金黄色葡萄球菌被认为是最强的致病菌之一，可以通过微生物被膜污染食品和医疗设备[24]，科学家们已经对金黄色葡萄球菌微生物被膜不同的形成机制、行为特点等进行过很多研究和报道。

体外抗菌实验表明，一些天然产物如天然冰片（natural borneol，NB），又称右旋龙脑，对细菌、酵母菌和霉菌均有一定的抑菌作用；而溶菌酶（lysozyme，Lys）对细菌细胞壁肽聚糖交联结构具有特异水解作用，可抑制细菌的生长。故本部分实验探究天然产物、生物酶及其复合物对金黄色葡萄球菌微生物被膜的控制作用。

实验菌株选取携带微生物被膜相关基因的菌株，首先对微生物被膜进行处理。在 37℃、100%的 TSB 培养基条件下进行振荡摇菌培养，取过夜培养的菌液稀释 100 倍，置于新鲜的液体培养基中再培养 3 h 以获得对数生长期的细菌，将稀释后的培养液以 200 μL/孔加入到无菌 96 孔板中，37℃下分别静置培养至相应时间，分别将右旋龙脑液、溶菌酶液和复合液加入微生物被膜液中作用处理一定时间，然后利用染色法检测抑制清除效果，空白对照为没有经过处理的微生物被膜液。配制右旋龙脑液：用分析天平称取 0.032 g 右旋龙脑于塑料管中，将其溶解于 1 mL 二甲基亚砜（DMSO）中配成储备液（0.032 g/mL），用锡纸包好后置于 4℃下备用。然后取一定量的右旋龙脑液，加入 TSB 液体培养基中并梯度稀释至 5 μg/mL、10 μg/mL、20 μg/mL、40 μg/mL 和 80 μg/mL。配制溶菌酶液：取一定量 50 mg/mL 的标准溶菌酶液，加入无菌超纯水并梯度浓度稀释至 5 mg/mL、10 mg/mL、20 mg/mL、40 mg/mL 和 80 mg/mL。最后，用结晶紫染色法在 540 nm 下测定各实验组和空白组的微生物被膜总量，清除率（%）指化学物质对微生物被膜的清除效率，计算方法为：

$$微生物被膜清除率=(OD_C−OD_S)/OD_C×100\%$$

式中，OD_S 表示不同实验组的 OD 值；OD_C 表示空白组的 OD 值。

运用 XTT 染色法在 490nm 下测定各实验组和空白组的微生物被膜代谢活性，杀菌

率（%）指化学物质对微生物被膜的杀菌效率，计算方法为

$$微生物被膜杀菌率=(OD'c-ODs)/OD'c×100\%$$

式中，ODs 表示不同实验组的 OD 值；OD′c 表示空白组的 OD 值。

9.2.1　右旋龙脑和溶菌酶质量浓度对金黄色葡萄球菌被膜的影响

选取微生物被膜形成能力分别为强、中、弱的金黄色葡萄球菌菌株 10008、120184、10071，根据之前微生物被膜形成过程的研究结果，微生物被膜生长至 1 d 时新陈代谢旺盛且总量较大，本实验首先探究了右旋龙脑和溶菌酶质量浓度对成熟度为 1 d 的微生物被膜的控制作用。

运用结晶紫染色法对各菌株微生物被膜总量进行定量检测，结果显示（图 9-9），对于强微生物被膜形成能力菌株 10008，经过 5～80 μg/mL 5 组梯度质量浓度右旋龙脑溶液处理后，其微生物被膜总量减少率分别为 1.22%、17.49%、31.85%、48.59%、48.68%；对于中等微生物被膜形成能力菌株 120184，经过右旋龙脑溶液处理后，其微生物被膜总量减少率分别为 6.42%、13.52%、24.32%、55.38%、55.41%；对于弱微生物被膜形成能力菌株 10071，经过右旋龙脑溶液处理后，其微生物被膜总量减少率分别为 12.27%、24.82%、57.58%、57.82%、57.86%。由此可见，与对照组相比，5 μg/mL、10 μg/mL、20 μg/mL、40 μg/mL、80 μg/mL 的右旋龙脑均可显著减少微生物被膜总量（$P<0.05$），随着右旋龙脑质量浓度的增加，降低微生物被膜总量作用逐渐增强。而且相同质量浓度的右旋龙脑对不同微生物被膜形成能力菌株 10008、120184、10071 的作用效果顺序为弱、中、强。

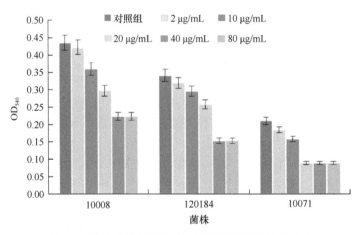

图 9-9　右旋龙脑质量浓度对微生物被膜总量的影响

运用 XTT 染色法对各菌株微生物被膜活性进行定量检测，结果显示（图 9-10），对于强微生物被膜形成能力菌株 10008，经过 5 组梯度质量浓度溶菌酶溶液处理后，其微生物被膜活性降低率分别为 10.29%、20.78%、41.52%、68.51%、68.74%；对于中等微生物被膜形成能力菌株 120184，经过溶菌酶溶液处理后，其微生物被膜活性降低率分别为 23.38%、23.95%、59.72%、74.65%、74.77%；对于弱微生物被膜形成能力菌株 10071，经过溶菌酶溶液处理后，其微生物被膜活性降低率分别为 31.93%、45.35%、75.69%、

75.87%、75.95%。由此可见，与对照组相比，5 mg/mL、10 mg/mL、20 mg/mL、40 mg/mL、80 mg/mL 的溶菌酶均可显著降低微生物被膜活性（$P<0.05$），随着溶菌酶质量浓度的增加，总量微生物被膜活性作用逐渐增强。而且相同质量浓度的溶菌酶对不同微生物被膜形成能力菌株 10008、120184、10071 的作用效果顺序为弱、中、强。

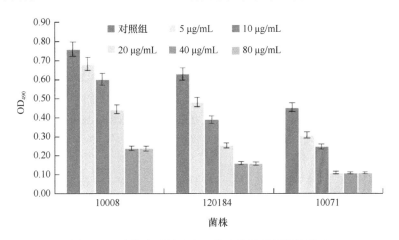

图 9-10　溶菌酶质量浓度对微生物被膜活性的影响

9.2.2　右旋龙脑和溶菌酶作用时间对金黄色葡萄球菌被膜的影响

选取强、中、弱微生物被膜形成能力的金黄色葡萄球菌菌株 10008、120184、10071，根据之前微生物被膜形成过程和上述研究结果，本实验首先探究了右旋龙脑和溶菌酶作用时间对微生物被膜培养时间为 1 d 的控制作用。

运用结晶紫染色法对各菌株微生物被膜总量进行定量检测，根据图 9-11 结果，对于强微生物被膜形成能力菌株 10008，经过右旋龙脑溶液不同时间（0.5～2.5 h）处理后，其微生物被膜总量减少率分别为 9.96%、12.65%、37.54%、42.76%、47.26%，可看出随着处理时间的延长，右旋龙脑对微生物被膜作用效果越来越显著；对于中等微生物被膜形成能力菌株 120184，经过右旋龙脑溶液处理 0.5 h、1 h 后，微生物被膜总量反而逐渐增加，而在处理时间为 1.5 h、2 h、2.5 h 条件下微生物被膜总量出现下降且减少

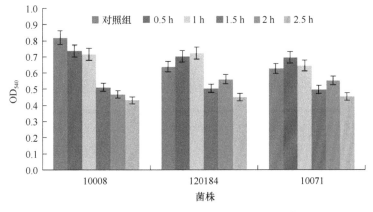

图 9-11　右旋龙脑作用时间对微生物被膜总量的影响

率分别为 21.01%、12.09%、29.37%；对于弱微生物被膜形成能力菌株 10071，经过右旋龙脑溶液不同时间处理后，微生物被膜总量也出现不规律的变化情况，即在 0.5 h、1 h 处理后被膜总量上升，然后开始下降，在经右旋龙脑溶液处理 1.5 h、2 h、2.5 h 后微生物被膜总量减少率分别为 20.80%、11.77%、27.75%。右旋龙脑对 10008、120184、10071 的作用效果随作用时间的延长呈现不同的变化趋势。由此可见，与对照组相比，随着右旋龙脑作用时间的增加，强微生物被膜呈现出时间依赖性，而中、弱微生物被膜没有时间依赖性，但三者均在经右旋龙脑溶液处理 2.5 h 后的作用效果最显著。

运用 XTT 染色法对各菌株微生物被膜活性进行定量检测，根据图 9-12 结果显示，对于强微生物被膜形成能力菌株 10008，经过溶菌酶溶液不同时间（0.5~2.5 h）处理后，其微生物被膜活性降低率分别为 45.03%、50.58%、37.28%、38.67%、32.88%，可看出随着处理时间的延长，溶菌酶对微生物被膜活性抑制作用在 1 h 时最强，随后逐渐减弱；对于中等微生物被膜形成能力菌株 120184，经过溶菌酶溶液不同时间处理后，微生物被膜活性降低率分别为 53.45%、47.91%、41.51%、42.01%、47.09%，可看出溶菌酶对微生物被膜活性抑制作用在 0.5 h 时最强，在 1 h、1.5 h 时逐渐减弱，而在 2 h、2.5 h 时又逐渐增强；对于弱微生物被膜形成能力菌株 10071，经过溶菌酶溶液不同时间处理后，微生物被膜活性降低率也出现类似情况，即在 0.5 h 时最高，为 60.35%，在 2.5 h 时最低，为 44.07%，而 1 h、1.5 h、2 h 时呈现不同趋势的现象。同理得出溶菌酶对 10008、120184、10071 的作用效果随作用时间的延长呈现不同的变化趋势。与对照组相比，随着溶菌酶作用时间的增加，强、中、弱三种类型微生物被膜对溶菌酶均没有表现出时间依赖性，但普遍在溶菌酶处理短时间后的抑制作用较好。

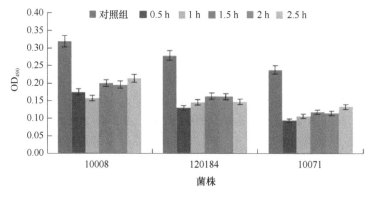

图 9-12　溶菌酶作用时间对微生物被膜活性的影响

9.2.3　单独及联合方法对金黄色葡萄球菌黏附的抑制作用

细菌黏附至材料表面是形成微生物被膜至关重要的第一步，黏附后的细菌可促进菌体的大量聚集。根据之前的研究结果，8 h 为金黄色葡萄球菌在形成微生物被膜过程中的前期黏附阶段，此阶段右旋龙脑、溶菌酶、姜黄素（curcumin，Cur）单独或联合作用对金黄色葡萄球菌在材料表面的黏附影响如图 9-13 和图 9-14 所示。

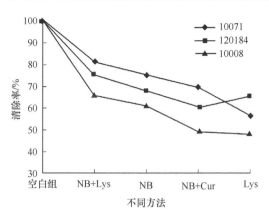

图 9-13 多种方法对黏附初期金黄色葡萄球菌微生物被膜的清除效果

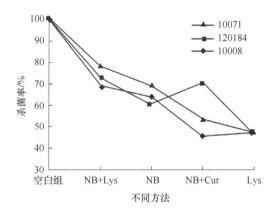

图 9-14 多种方法对黏附初期金黄色葡萄球菌的杀灭效果

运用结晶紫染色法和 XTT 染色法检测了空白组和各实验组中金黄色葡萄球菌微生物被膜的总量和活性，结果表明，经过右旋龙脑联合溶菌酶、右旋龙脑、右旋龙脑联合姜黄素（Cur）、溶菌酶 4 组抑制剂的处理后，它们对强微生物被膜形成能力菌株 10008 的清除率和杀菌率分别为 65.66%、61.21%、49.30%、47.93% 和 69.29%、63.38%、45.75%、47.57%，其中右旋龙脑联合溶菌酶抑制剂的抑制作用最为显著，其次为右旋龙脑、右旋龙脑联合姜黄素、溶菌酶；4 组抑制剂对中等微生物被膜形成能力菌株 120184 的清除率和杀菌率分别为 75.37%、68.38%、60.38%、65.47% 和 73.21%、60.47%、70.69%、45.88%，可看出对在同一抑制剂下对 120184 的清除率高于 10008；对弱微生物被膜形成能力菌株 10071 的清除率和杀菌率分别为 81.00%、75.61%、69.43%、56.94% 和 78.31%、68.89%、53.50%、46.65%，右旋龙脑联合溶菌酶对弱微生物被膜的清除率高达 81.00%，高于弱和中等微生物被膜的清除率。

9.2.4 单独及联合方法对金黄色葡萄球菌被膜形成的抑制作用

细菌黏附至材料表面后开始大量增殖并分泌多糖、蛋白质等胞外基质将其包绕其中逐步形成微生物被膜，此时的微生物被膜中既有活菌也有代谢分泌物等。根据之前的研究结果，24 h 为金黄色葡萄球菌微生物被膜形成中期，此时右旋龙脑、溶菌酶等单独或联合作用对金黄色葡萄球菌微生物被膜形成的影响如图 9-15 和图 9-16 所示。

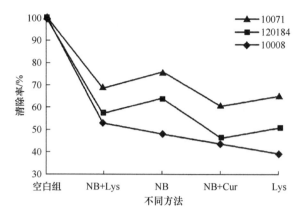

图 9-15　多种方法对微生物被膜形成期金黄色葡萄球菌的清除效果

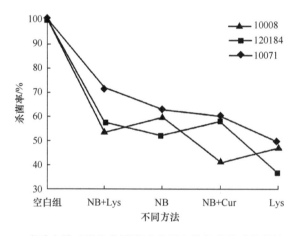

图 9-16　多种方法对微生物被膜形成期金黄色葡萄球菌的杀灭效果

运用结晶紫染色法和 XTT 染色法检测了空白组和各实验组中金黄色葡萄球菌微生物被膜的总量和活性，结果表明，经过右旋龙脑联合溶菌酶、右旋龙脑、右旋龙脑联合姜黄素、溶菌酶 4 组抑制剂的处理后，它们对强微生物被膜形成能力菌株 10008 的清除率和杀菌率分别为 52.57%、47.95%、43.37%、39.04% 和 53.63%、59.95%、41.43%、47.36%；4 组抑制剂对中等微生物被膜形成能力菌株 120184 的清除率和杀菌率分别为 56.60%、64.01%、45.61%、50.74% 和 56.49%、52.16%、58.01%、36.39%，可看出对 120184 的抑制作用普遍高于对 10008 的抑制作用；对弱微生物被膜形成能力菌株 10071 的清除率和杀菌率分别为 68.38%、75.37%、60.38%、65.47% 和 71.14%、62.47%、60.22%、49.72%；右旋龙脑对形成微生物被膜的清除作用强于其他实验组，而右旋龙脑联合溶菌酶、溶菌酶两组抑制剂对 24 h 微生物被膜的抑制作用弱于对 8 h 微生物被膜的抑制作用，右旋龙脑联合姜黄素的抑制效果较弱。

9.2.5　单独及联合方法对金黄色葡萄球菌被膜成熟及分化的抑制作用

　　细菌形成微生物被膜后继续趋于成熟且被膜内活菌新陈代谢开始变慢，根据之前的研究结果，72 h 时金黄色葡萄球菌微生物被膜开始进入成熟及分化状态，此时右旋龙脑、溶菌酶单独及联合作用对成熟微生物被膜的影响如图 9-17 和图 9-18 所示。

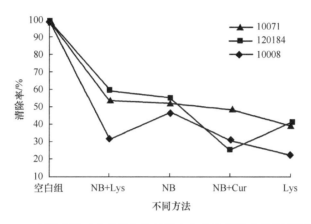

图 9-17　多种方法对成熟微生物被膜中金黄色葡萄球菌的清除效果

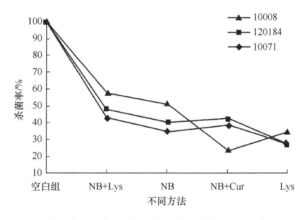

图 9-18　多种方法对成熟微生物被膜中金黄色葡萄球菌的杀灭效果

　　运用结晶紫染色法和 XTT 染色法检测了空白组和各实验组中金黄色葡萄球菌微生物被膜的总量和活性，结果表明，经过右旋龙脑联合溶菌酶、右旋龙脑、右旋龙脑联合姜黄素、溶菌酶 4 组抑制剂的处理后，它们对强微生物被膜形成能力菌株 10008 的清除率和杀菌率分别为 31.46%、46.38%、29.87%、22.25% 和 43.57%、35.01%、38.68%、28.01%；4 组抑制剂对中等微生物被膜形成能力菌株 120184 的清除率和杀菌率分别为 58.59%、55.63%、25.06%、41.27% 和 47.20%、40.12%、42.57%、27.17%，可看出对 120184 的抑制作用普遍高于对 10008 的抑制作用；对弱微生物被膜形成能力菌株 10071 的清除率和杀菌率分别为 53.03%、52.26%、47.94%、39.19% 和 56.75%、51.31%、24.10%、34.57%；右旋龙脑联合溶菌酶、右旋龙脑对成熟微生物被膜的清除作用强于其他实验组，而右旋龙脑联合姜黄素对不同实验组间抑制效果的差异较大，溶菌酶抑制剂对成熟微生物被膜的杀菌率降至 27.17%, 杀菌效果弱于 8 h、24 h 的微生物被膜。

综合上述分析可看出, 右旋龙脑与溶菌酶具有协同作用, 两者联合作用可提高对微生物被膜的清除率和杀菌率, 而右旋龙脑与姜黄素没有协同作用, 联合作用结果反而低于右旋龙脑单独作用; 与此同时, 不同抑制方法对 10071 菌株的抑制效果最为显著, 对 120184 的抑制效果低于前者, 而对 10008 的抑制效果最弱。对于不同阶段的微生物被膜, 随着其成熟度的上升, 每种方法对微生物被膜的清除率和杀菌率总体呈现下降趋势。

9.2.6 光学显微镜对微生物被膜的观察

以正方形的载玻片（1 cm×1 cm）为载体, 在 96 孔板中建立微生物被膜模型并培养至相应时间, 每隔 24 h 换一次培养基, 进行结晶紫染色后置于普通显微镜下进行观察, 空白组为没有经过处理的微生物被膜。

运用光学显微镜观察法证实上述实验结果（如图 9-19 所示）, 对照组金黄色葡萄球菌在 8 h 时在材料表面有一定的黏附作用, 紫色区域表示黏附的金黄色葡萄球菌菌株; 在 24 h 时紫色区域逐渐加深, 表明金黄色葡萄球菌大量聚集并分泌胞外基质形成一定量的微生物被膜; 至 72 h 时微生物被膜量及分泌基质不断增多。经过不同实验组处理后, 可发现右旋龙脑、溶菌酶实验组的紫色叠影区域相比对照组均出现不同程度的减少, 可见两者对不同时期的微生物被膜均有一定的抑制作用; 而观察右旋龙脑联合溶菌酶实验组可发现紫色叠影区域在 8 h、24 h、72 h 均少于之前实验组, 故右旋龙脑联合溶菌酶对金黄色葡萄球菌微生物被膜的抑制作用最为显著; 右旋龙脑联合姜黄素实验组观察到的紫色叠影区仍较多, 因此其对金黄色葡萄球菌微生物被膜的抑制作用不够显著。

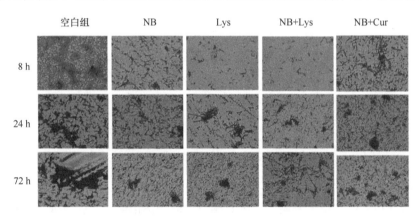

图 9-19 光学显微镜对不同时期微生物被膜控制作用的观察

9.2.7 扫描电镜对微生物被膜的观察

采用扫描电镜进一步证实不同方法对 24 h 金黄色葡萄球菌微生物被膜的控制作用, 结果如图 9-20 所示, 对照组中金黄色葡萄球菌形成微生物被膜, 膜状物大量附着在表面, 金黄色葡萄球菌聚集成团或黏附在表面。经右旋龙脑处理后, 微生物被膜膜状物减少且出现裂缝, 金黄色葡萄球菌量出现一定量减少。溶菌酶处理后, 微生物被膜中活菌量明显减少且微生物被膜间的连接变得较为松散,不够致密。右旋龙脑联合溶菌酶处理后,可看出微生物被膜总量明显减少,黏附在材料表面的金黄色葡萄球菌数也变少。以上结果进一步证实了上述清除率和杀菌率的结果。

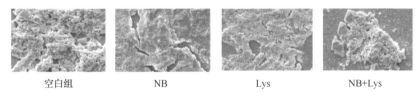

| 空白组 | NB | Lys | NB+Lys |

图 9-20 扫描电镜对 24 h 微生物被膜控制作用的观察(2000×)

采用扫描电镜进一步证实不同方法对 72 h 金黄色葡萄球菌微生物被膜的控制作用,结果如图 9-21 所示,对照组的微生物被膜金黄色葡萄球菌个体出现一定变形,菌体间连接相较 24 h 时更为紧密。经右旋龙脑处理后,微生物被膜中出现一定裂缝但比 24 h 时少。溶菌酶处理后,微生物被膜中活菌量明显减少且微生物被膜三维立体结构变薄。右旋龙脑联合溶菌酶处理后,可看出黏附在材料表面的金黄色葡萄球菌数变少且微生物被膜间形成一种封闭结构,膜状物减少。以上结果进一步证实了上述清除率和杀菌率的结果。

| 空白组 | NB | Lys | NB+Lys |

图 9-21 扫描电镜对 72 h 微生物被膜控制作用的观察(5000×)

参 考 文 献

[1] Kuile B H T, Kraupner N, Brul S. The risk of low concentrations of antibiotics in agriculture for resistance in Human Health Care[J]. Fems Microbiology Letters, 2016, 363(19): fnw210.

[2] Srey S, Jahid I K, Ha S D. Biofilm formation in food industries: a food safety concern[J]. Food Control, 2013, 31(2): 572-585.

[3] Costerton J W. Introduction to biofilm[J]. International Journal of Antimicrobial Agents, 1999, 11(3): 217-221.

[4] Davies D. Understanding biofilm resistance to antibacterial agents[J]. Nature Reviews Drug Discovery, 2003, 2(2): 22-114.

[5] Nishimura S, Tsurumoto T, Yonekura A, et al. Antimicrobial susceptibility of *Staphylococcus aureus* and *Staphylococcus epidermidis* biofilms isolated from infected total hip arthroplasty cases[J]. Journal of Orthopaedic Science, 2006, 11(1): 46.

[6] Kumar C G, Anand S K. Significance of microbial biofilms in food industry: a review[J]. International Journal of Food Microbiology, 1998, 42(1): 9.

[7] Simões M, Simões L C, Vieira M J. A review of current and emergent biofilm control strategies[J]. Lwt-Food Science and Technology, 2010, 43(4): 573-583.

[8] Lou Z, Song X, Hong Y, et al. Separation and enrichment of burdock leaf components and their inhibition activity on biofilm formation of *E. coli*[J]. Food Control, 2013, 32(1): 270-274.

[9] Simões M, Simões L C, Vieira M J. Species association increases biofilm resistance to chemical and

mechanical treatments[J]. Water Research, 2009, 43(1): 229.

[10] Sallam K I. Antimicrobial and antioxidant effects of sodium acetate, sodium lactate, and sodium citrate in refrigerated sliced salmon[J]. Food Control, 2007, 18(5): 566.

[11] Cassat J E, Lee C Y, Smeltzer M S. Investigation of biofilm formation in clinical isolates of *Staphylococcus aureus*[J]. Methods in Molecular Biology, 2007, 391(7): 127.

[12] L. Barth Reller, Melvin Weinstein, James H. Jorgensen, et al. Antimicrobial susceptibility testing: a review of general principles and contemporary practices[J]. Clinical Infectious Diseases, 2009, 49(1): 1749-1755.

[13] Wang J, Stanford K, Mcallister T A, et al. Biofilm formation, virulence gene profiles, and antimicrobial resistance of nine serogroups of non-O157 shiga toxin-producing *Escherichia coli*[J]. Foodborne Pathogens & Disease, 2016, 13(6): 316.

[14] Biscola F T, Abe C M, Guth B E. Determination of adhesin gene sequences in, and biofilm formation by, O157 and non-O157 shiga toxin-producing *Escherichia Coli* strains isolated from different sources[J]. Appl Environ Microbiol, 2011, 77(7): 2201-2208.

[15] Oliveira M, Bexiga R, Nunes S F, et al. Biofilm-forming ability profiling of *Staphylococcus aureus* and *Staphylococcus epidermidis* mastitis isolates[J]. Veterinary Microbiology, 2006, 118(1): 133-140.

[16] Packiavathy I A S V, Agilandeswari P, Musthafa K S, et al. Antibiofilm and quorum sensing inhibitory potential of *Cuminum cyminum* and its secondary metabolite methyl eugenol against Gram negative bacterial pathogens[J]. Food Research International, 2012, 45(1): 85-92.

[17] Zhang H, Zhou W, Zhang W, et al. Inhibitory effects of citral, cinnamaldehyde, and tea polyphenols on mixed biofilm formation by foodborne *Staphylococcus aureus* and *Salmonella enteritidis*[J]. Journal of Food Protection, 2014, 77(6): 927.

[18] Husain F. Antibacterial and antibiofilm activity of some essential oils and compounds against clinical strains of *Staphylococcus aureus*[J]. Medical Physics, 2014, 19(5): 65-71.

[19] Waal S V V D, Jiang L M, Soet J J D, et al. Sodium chloride and potassium sorbate: a synergistic combination against enterococcus faecalis biofilms: an *in vitro* study[J]. European Journal of Oral Sciences, 2012, 120(5): 452-457.

[20] Hui Z, Wei H W, Cui Y N, et al. Antibacterial interactions of monolaurin with commonly used antimicrobials and food components[J]. Journal of Food Science, 2009, 74(7): 418-421.

[21] Oliveira M, Nunes S, Carneiro C, et al. Time course of biofilm formation by *Staphylococcus aureus* and *Staphylococcus epidermidis* mastitis isolates[J]. Veterinary Microbiology, 2007, 124 (1): 187-191.

[22] Hiby N, Bjarnsholt T, Givskov M, et al. Antibiotic resistance of bacterial biofilms[J]. International Journal of Antimicrobial Agents, 2010, 35 (4): 322-332.

[23] Keren I, Shah D, Spoering A, et al. Specialized persister cells and the mechanism of multidrug tolerance in *Escherichia coli*[J]. Journal of Bacteriology, 2004, 186 (24): 8172-8180.

[24] Otto M. Staphylococcal biofilms[M]//Romeo T. Bacterial Biofilms. Berlin: Springer, 2008: 207-228.